高等职业教育旅游及餐饮管理类专业系列教材

茶　艺

主　编　王　珺　宋园园

副主编　靳　莹　盛婷婷

参　编　刘月娇

机 械 工 业 出 版 社

本书对茶艺的概念、范围、发展历史和分类进行了介绍，就茶叶的基础知识、名茶的认知、宜茶用水的选择、茶具的选配和使用技艺、饮茶环境的营造、如何泡好一杯茶及如何艺术地品饮等方面的知识进行了详尽地说明，此外对茶艺服务人员应该具备的基本素质、茶艺服务的基本礼仪、茶艺服务的具体服务环节、茶艺表演的相关知识、茶楼经营的特点、茶艺服务的基本要求、茶楼经营的内容、茶楼营销策划的具体内容、茶楼产品的营销方法等进行了详细的讲解。

本书在编写中融入了茶艺师职业技能鉴定的相关技能标准，将茶叶理论与茶艺服务训练相结合，使学生掌握茶叶的文化发展、生长条件及制作过程，明确茶艺服务目的、茶事服务要求；通过将生活茶艺与表演茶艺进行对比，体现了泡茶环境与冲泡手法的协调；此外还设计了有针对性的学习内容以达到适应旅游类、酒店类等专业的人才培养需求及相关茶艺服务企业的社会培训需要。

为方便教学，本书配备了电子课件等教学资源。凡选用本书作为教材的教师均可登录机械工业出版社教材服务网 www.cmpedu.com 免费下载。如有问题请致电 010-88379375 联系营销人员。

图书在版编目（CIP）数据

茶艺/王珺，宋园园主编. —北京：机械工业出版社，2015.2（2020.7 重印）
高等职业教育旅游及餐饮管理类专业系列教材
ISBN 978-7-111-49604-5

Ⅰ.①茶… Ⅱ.①王…②宋… Ⅲ.①茶叶-文化-中国-高等职业教育-教材 Ⅳ.①TS971

中国版本图书馆 CIP 数据核字（2015）第 047711 号

机械工业出版社（北京市百万庄大街 22 号 邮政编码 100037）
策划编辑：徐春涛 责任编辑：刘 畅
责任校对：刘 畅 责任印制：常天培
北京虎彩文化传播有限公司印刷
2020 年 7 月第 1 版第 2 次印刷
184mm×260mm · 12.75 印张 · 304 千字
3 001—3 500 册
标准书号：ISBN 978-7-111-49604-5
定价：35.00 元

电话服务	网络服务
客服电话：010-88361066	机 工 官 网：www.cmpbook.com
010-88379833	机 工 官 博：weibo.com/cmp1952
010-68326294	金 书 网：www.golden-book.com
封底无防伪标均为盗版	机工教育服务网：www.cmpedu.com

前　言

改革开放以来，我国人民生活水平不断提高，从20世纪的最后十年开始，全国各地的茶艺馆如雨后春笋纷纷涌现，逐渐发展成为一个新兴的产业，并在劳动就业上形成一个专门的工种——茶艺师。与此同时，为了适应茶艺行业的人才培养以及就业的需要，许多设有旅游与酒店管理专业的高等职业院校开始将茶艺作为一门专业必修或选修课程开设。本书正是为了满足茶艺教学的需要而编写的。

本书具有以下特点：

（1）突出实用性　本书针对高等职业院校对于茶艺人才的培养需要而精心设计，将茶艺行业快速发展的需要与茶艺企业实际工作相结合。

（2）讲求实效性　在教材编写和内容安排上注重实效性，遵循学习规律，每节都设相关知识介绍，每章后设有本章小结、思考与练习等，为检查教学效果和帮助学生提高知识的吸收率打下坚实的基础。

（3）注重可操作性　本书在讲解理论知识的同时，注重实践操作能力的培养与训练，每章都设有实际操作练习，以提高学生的实践操作能力。

本书由王珺、宋园园担任主编，负责全书的策划和统稿工作，具体编写分工如下：第一章由宋园园编写，第二章由王珺编写，第三章由靳莹编写，第四章由刘月娇编写，第五、六、七章由盛婷婷编写。

本书既可作为高等职业院校旅游管理、酒店管理及相关专业教材，同时还可作为茶艺馆以及酒店从事茶艺服务与管理的人员培训使用，还可供茶艺爱好者自学使用。

本书在编写的过程中借鉴和参考了大量专家的相关著作和文献，在此向他们表示衷心感谢！

由于编者的学识和能力有限，加之时间仓促，书中难免会有不足之处，还望同行与广大读者提出宝贵意见！

编　者

目　录

绪 论

学习目标

◎ 掌握茶艺的概念。
◎ 熟悉茶艺的发展历史。
◎ 了解茶道、茶文化的概念及与茶艺的相互关系。

本章主要介绍茶艺的概念、茶艺在我国的发展概况、茶艺的分类，以及茶道、茶文化的概念及与茶艺的相互关系。

第一节 茶艺概述

中国是茶的故乡，也是最早利用茶和饮用茶的国家。历史上茶与中国文化结缘颇深，无论是文学、美术还是音乐、舞蹈，都有大量以茶为题材的作品。茶是我国公认的“国饮”。老百姓说：“开门七件事，柴米油盐酱醋茶。”茶是我国人民生活的必需品。文人们说：“文人七件宝，琴棋书画诗酒茶。”茶是我国传统文化艺术的载体。在20世纪后半叶，中国台湾、香港地区的茶文化开始复兴，以“茶艺”为代表的茶文化广为流传，人们视茶为生活的享受，健身的良药，提神的饮料，友谊的纽带，文明的象征。饮茶之乐，其乐无穷。

茶文化源于具体的物质形态，茶叶长在茶树上，其功能与稻麦叶、桑麻叶、蔬菜叶等各种植物的叶片是相同的。如果我们的先人最初只把茶叶当作蔬菜直接食用，那么茶叶充其量不过是许多叶菜中的一种，犹如春天采摘的香椿嫩芽，转瞬即老，还有什么茶文化可言？但这小小的茶叶，一经加工，竟然变成那样多数不尽、认不清的茶品，为人们所赏识。人们由不认识茶到认识茶，由认识茶到“以茶为友”“以茶会友”，有的甚至与茶“相依为命”。可以说自然界很少有植物像茶这样，在给人以口福时，还与人的精神生活紧紧相伴。

茶作为世界上三大无酒精饮料（茶、咖啡、可可）之一，在我国已有五千多年的历史。随着社会的进步和人们生活水平的提高，茶已成为人们生活中必不可少的一部分。

一、茶艺

“茶艺”这个词是新生的名词，和它相似的词叫作“茶道”。中国的茶艺古已有之，但是很长时间却是有实无名。后来台湾出现茶文化复兴的浪潮，台湾民俗协会理事长娄子匡教授提出了“茶艺”一词，并被广泛接受。那为什么叫“茶艺”，而不叫“茶道”呢？这是因为“茶道”虽然中国自古有之，但是日本的茶道在世界被广泛认可，如果中国也使用“茶道”一词就会引起误会，认为中国是在仿效日本。此外，中国人自古认为“道”是高高在上的，是非常庄重的，中国人是轻易不言道的，而我们要弘扬的茶文化，是要使其既具有中国传统文化的内涵，更要使人们易于接受和掌握，因此权衡利弊，茶艺一词更适合中国的国情并利于国民接受，所以便决定使用茶艺一词作为中国茶文化的表现形式。

1．茶艺的概念

茶艺具体含义可以从广义和狭义两个方面进行分析：广义的茶艺是指研究茶叶的生产、制造、经营、饮用的方法和探讨茶叶原理，以达到物质和精神享受的学问。狭义的茶艺是指研究如何泡好一壶茶的技艺和如何享受一杯茶的艺术，即将茶艺限制在泡茶和饮茶范围之内。

我们研究的重点应该放在狭义的茶艺上，也就是研究如何泡茶和饮茶。狭义的茶艺包含了以下几方面的内容：

（1）茶艺应是在茶道精神指导下的茶事实践活动。

（2）茶艺应仅限于泡茶和饮茶的范畴。

（3）茶艺展现了泡茶和饮茶的技巧。

（4）茶艺体现了泡茶和品茶的艺术。

2．茶艺的特点

（1）哲理为先　中国茶艺最重要的就是道法自然，崇尚简净。它要求茶艺操作者应该从精神上追求自由，反对心为物所役，力求亲近自然。操作时动作上要求动如行云流水，静如苍松屹立，笑如春花烂漫，言如山泉絮语，举手投足都要发自内心，毫不造作。

（2）审美为重　中国茶艺之美表现为文质并重，自由旷达，毫不造作，注重内省，不拘一格。这里的“文”指文饰，也就是人的外表美；“质”是指人内在的道德品质，也就是内在美。文质并重就是内在美与外在美的统一。一个茶艺表演者单有华丽的外表，缺乏深刻的内涵，就会显得浮躁；有深刻的内涵却不注重自己的仪表、表演程序与技巧，则显得缺乏礼仪。因此，只有文质并重才能意境高远，韵味无穷。

（3）个性为要　中国茶艺表现形式讲究百花齐放，不拘一格。自古以来我国的泡茶形式就是多姿多彩、形式各异。单就乌龙茶的泡法就有闽北流派、闽南流派、广东流派、台湾流派四大流派。而台湾流派又有小壶泡法、盖杯泡法、同心杯泡法等不同的表现形式，小壶泡法又可细分为“吃茶流”“妙香式”“三才式”等不同的小流派。这些茶艺表现形式可谓是尽显个性。

（4）实用为佳　茶艺注重的是泡茶技巧和品茶艺术的完美结合，因此茶艺不仅注重冲泡方式，更注重饮者的感受。茶艺无论采取何种方式都必须做到能将所泡的茶叶内质发挥得淋漓尽致，泡出一壶色、香、味、形俱佳的好茶。

二、茶艺的范围

凡是有关茶叶的产、制、销、用等一系列的过程，都属茶艺的范围，如茶山之旅、参观制茶过程、如何选购茶叶、如何泡好一壶茶、如何享受一杯茶、茶文化的历史、茶叶的经营管理、茶的美学知识等，都属于茶艺活动的范围。

茶艺是多彩多姿、充满情趣的生活艺术，要想享受高品质的生活，茶艺生活是重要的象征之一。在工作之余，能够好好地享受一杯茶，按茶叶的特性选择适当的茶具来搭配，泡出一杯好茶来，细细品味，提升精神生活的境界，认识茶艺美学的内涵，会使生活更有品位。

茶艺生活可以促使人们涉足艺术、文学等文化领域。学习茶艺后，往往就会想要学插花、学书法、学陶艺、学香道、学国乐等，这些都是与茶艺相关的艺术。

三、茶道、茶文化

1. 茶道

（1）茶道的概念　“茶道”一词最早见于唐代，但长期以来都没有一个统一的定义，直到20世纪末，在茶文化复兴的浪潮中，许多专家学者才对什么是茶道有了具体的解释。

茶道，就是在操作茶艺过程中所追求、所体现的精神境界和道德风尚，它经常和人生处世哲学结合起来，成为人们的行为准则。茶道作为茶文化的核心，是我们的祖先在长期的茶事实践中，融入中华民族传统的文化精华所逐渐形成的，是现代茶事活动的指导思想。

（2）茶道的内涵

1）廉：廉是茶道的行为准则，即推行清廉、勤俭之德，也就是通过饮茶活动陶冶情操，使自己成为具有美好行为和高尚道德之人。

2）美：中国茶道修习过程中的身心感受。茶道中的美可以分为3个层次：一是怡目悦口的直接感受；二是怡心悦意的审美领悟；三是怡神悦志的精神升华。

3）和：“和”是中国茶道的哲学思想核心，是佛学、儒家、道家共同的哲学思想理念。

4）敬：客来敬茶，以茶示礼，具体体现在敬茶、敬具、敬人上。

2. 茶文化

（1）茶文化的概念　茶文化是人们在饮茶过程中所产生的文化现象和社会现象，有广义的茶文化和狭义的茶文化之说。广义的茶文化是指人类在社会历史过程中所创造的有关茶的物质财富和精神财富的总和。狭义的茶文化特指人类创造的有关茶的“精神财富”部分，如茶史、茶诗、茶画、茶道、茶艺、茶树栽培学、茶艺制作学等，其中的核心部分当属茶道和茶艺。

（2）茶文化的社会功能

1）以茶雅志，陶冶个人情操。通过茶艺活动涤尽凡尘，提高个人的道德品质和文化修养。

2）以茶敬客，协调人际关系。茶艺活动中注重人际关系的调整，讲究的是人人平等。

3）以茶行道，净化社会风气。茶文化以“和”为哲学思想核心，以“精行俭德”为人文思想基础，在茶事活动中重礼仪、讲雅静、倡内省、求怡真，既有利于社会秩序的安定，又能促进人们的互敬和团结。

小资料1-1

“茶艺”一词最早出现在宝岛台湾，并被有心人士加以推广。追溯到20世纪70年代中期，台湾人民一方面受到全世界掀起“中国热”的影响，对于自己的民族文化产生了强烈的好奇心，另一方面，通过反省而认识到自己的传统历史文化有其优越性的存在。于是，一群知识分子从中找寻，迫切地希望回归到中国文化的源头，因此，传统的民俗，从童玩到高层次的戏曲，如剪纸艺术、打陀螺、放风筝、布袋戏、国乐、国书、国剧、中国功夫等民俗活动，一时间热门起来，并俨然成为一种时尚，而最具民族文化亲切感的“茶艺”，也就应运而生。1977年，以中国民俗学会理事长娄子匡教授为主的一批茶的爱好者，倡议弘扬中华茶文化。

为了恢复弘扬品饮茗茶的民俗，有人提出“茶道”这个词。但是，有人指出“茶道”虽然建立于中国，但已被日本专使用于前，如果现在再用“茶道”，恐怕会引起误会，以为是把日本茶道搬到中国台湾来。另一个顾虑是怕“茶道”这个名词过于严肃，中国人向来对于“道”字是特别敬重的，感觉高不可攀，要很快且普遍被大家接受，可能不容易。于是又有人提出“茶艺”这个名词。经过一番讨论，大家同意之后才定案，“茶艺”就这么产生且确定下来了。

第二节 茶艺的发展概况

茶艺虽说是现代的一个新兴名词，但是茶艺的表现形式却是在我国古已有之。茶艺的发展过程同人类本身的发展一样历史悠久，它经历了由低档茶艺活动向高档茶艺活动、由简单粗糙的茶饮方式向复杂讲究的茶饮方式逐步发展的过程。茶艺活动中的礼仪、礼节、观念、习俗也同时应运而生。

一、茶艺发展概况

1. 唐前茶饮——茶艺发展的雏形阶段

陆羽在《茶经·六之饮》中说：“茶之为饮，发乎神农氏，闻于鲁周公。”这说明早在原始社会时期，人们就已经开始采摘茶树的叶子并进行利用了。当人们发现茶树叶子具有解渴、提神和治疗某些疾病的功效时，就将其熬煮食用，这也就是后人所谓的“生煮羹饮”。

《晋书》中记载：“吴人采茶煮之，曰茗粥。”甚至到了唐代，仍有吃茗粥的习惯。那么，茶叶是在什么时候被作为饮料得以广泛应用的呢？清代顾炎武在《日知录》中的记载“自秦人取蜀而后，始有茗饮之事”，指出各地对茶的饮用，是在秦国吞并巴、蜀以后才慢慢传播开来的。也就是说，中国和世界的茶叶文化，最初是在巴蜀发展为业的。顾炎武的这一结论，统一了中国历代关于茶事起源的种种说法，也为现代大多数学者所接受。因此，常称“巴蜀是中国茶叶或茶叶文化的摇篮”。

巴蜀饮茶风俗的传播最早是沿着长江流域，即与之毗邻的湖南、江西一带蔓延开来的。《三国志·吴志·韦曜传》中记载：孙皓每次宴会臣下时，都要强迫大家喝酒。无论能喝与否，都以7升为限，喝不够的也要灌够。韦曜的酒量不过2升，孙皓特别宽免他，密赐以茶，允许他以茶代酒。这从另一方面说明这时的饮茶风俗还只是局限于王公贵族之间，民间是很少饮茶的。西汉王褒《僮约》中记载有“烹茶尽具”“武阳买茶”之句。前者反映成都一带西汉时不仅饮茶成风，而且出现了专门用具；从后一句可以看出，茶叶已经商品化，出现了如“武阳”一类的茶叶市场，说明西汉时，成都不仅已经成为我国茶叶的一个重要消费中心，而且从后来的文献记载来看，很可能也已经形成了最早的茶叶集散中心。六朝以前，茶在南方的生产和饮用已有一定发展，但是由于受到地理条件的限制，北方饮茶者还不多，这种情况一直延续到唐朝，饮茶之风才得以广泛普及。

到了魏晋南北朝时期，饮茶之风已传播到长江中下游地区，茶叶已成为日常饮料，在宴会、待客和进行祭祀时都会用到它。晋代文人杜育还专门写了一篇歌颂茶叶的《荈赋》：“灵山惟岳，奇产所钟。瞻彼卷阿，实日夕阳……”这是第一首专门写茶的诗赋，涉及茶之性灵、生长情况，以及采摘、用水、择器、观汤色等各个方面。可以看出，这时的茶已不再是简单地用于解渴、提神、保健等需要，还具备了一定的冲泡、品饮要求，中国茶艺也逐步形成。

2. 唐代烹茶法——中国最早的茶艺表现形式

烹茶即煮茶，也称煎茶，即将茶叶放入烧沸的水中煮开饮用。唐代封演《封氏闻见记》卷六有这样的记载：“楚人陆鸿渐为茶论，说茶之功效，并煎茶、炙茶之法。造茶具二十四事，以都统笼贮之，远近倾慕，好事者家藏一副。有常伯熊者，又因鸿渐之论广润色之。于是茶道大行。王宫朝士无不饮者。御史大夫李季卿宣慰江南，至临淮县馆（今江苏洪泽县西），或言伯熊善茶者，李公请为之。伯熊著黄被衫、乌纱帽，手执茶器，口通茶名，区分指点，左右刮目。茶熟，李公为啜两杯而止。”文中所提到的泡茶方式就是唐朝时期受到上流社会阶层以及文人们十分推崇的烹茶法。由此可见早在唐代，泡茶就已经十分讲究服饰、程式并有一定的讲解，可以在客人面前进行表演，具有一定的观赏性，唐人饮茶讲究鉴茗、品水、观火、辨器，在饮茶方式上有烹茶法、煮茶法等，但以烹茶法最为盛行。因此烹茶法也就成为中国最早的茶艺表现形式。

烹茶的具体方法为：在晴天将茶叶采下，先放在甑釜中蒸一下，然后将蒸软的茶叶用杵捣成茶末，放在铁制的模中拍压成团饼，将茶饼穿起来进行烘焙，最后封存。饮用时，先要将饼茶放在火上烤炙，去掉水分，然后用茶碾将饼茶碾碎成为粉末状态，再用筛子筛成细末，放到开水中去煮，煮时，水刚开，水面出现细小的水珠像鱼眼一样，并“微有声”，称为一沸。此时加入一些盐到水中调味。当锅边水泡如涌泉连珠时，为二沸，这时要用瓢舀出一瓢开水备用，然后用竹夹在锅中心搅打，并将茶末从中心倒进去。稍后，锅中的茶末“腾波鼓浪”，称为三沸。此时要将刚才舀出的那瓢水再倒进锅里，一锅茶汤就算煮好了。最后将煮好的茶汤舀进碗里饮用，“凡煮水一升，酌分五碗，趁热连饮之”。

唐代饮茶风气得以普及的一个重要原因是茶叶贸易的繁盛。唐代中叶后，长江中下游茶区不仅茶产量大幅度提高，而且制茶技术也达到了当时的最高水平，茶叶生产和技术中心正式转移到了长江中下游，江南茶叶生产集一时之盛。史料记载，安徽祁门周围，千里之内，各地种茶，山无遗土，业于茶者七八。现在赣东北、浙西和皖南一带，在唐代时，其茶业确实有一个特大的发展。同时由于贡茶设置在江南，大大促进了江南制茶技术的提高，也带动了全国各茶区的生产和发展。唐代南方已有 43 个州、郡产茶，遍及今天南方 13 个产茶省区，由《茶经》和唐代其他文献记载来看，这时期茶叶产区已遍及今之四川、陕西、湖北、云南、广西、贵州、湖南、广东、福建、江西、浙江、江苏、安徽、河南 14 个省区，几乎达到了与我国近代茶区约略相当的局面，可以说，我国产茶地区的格局，早在唐代就已经奠定了基础。北方不产茶，北人所饮之茶全靠南方运来，因而当时的茶叶贸易非常繁荣。扬州是唐代南茶北运的主要中转站。《封氏闻见记》中有“茶自江淮而来，舟车相继，所在山积，色额甚多”之语，反映了当时南茶北运的热闹场面。唐朝饮茶盛行的另一个重要原因是佛教的盛行。唐代之前，隋时就有僧人献茶与帝王者，明代顾元庆《茶谱》述：“隋炀帝病脑痛，僧人告以煮茗作药，服之果效。”说的是隋炀帝杨广在江都生病，浙江天台山智藏和尚，为了向隋炀帝邀宠，携带天台茶到江都替他治病，隋炀帝得茶而治之后，推动了社会饮茶的兴起。唐朝开元（713—741）年间，泰山灵岩寺僧人坐禅，昼夜不眠，又不夕食，皆许其饮茶。从此转相仿效，遂成风俗。从山东、河北的部分地区，直至长安，“茶道大行，王公朝士无不饮者”，很多文学家、诗人饮茶作诗，以示风雅。因此唐代饮茶的兴起，与当时社会饮茶风俗的普及，帝王将相及文人雅士经常举办茶宴、茶会等有关。由于饮茶与禅宗关系密切，文人雅士在饮茶过程中追求禅的意境，因此就有了所谓的“禅茶一味”之说。

3．宋代点茶法——茶艺的繁荣兴盛

“茶兴于唐而盛于宋。”宋代茶叶生产得到了空前的发展，栽培面积比唐朝时增加了 2～3 倍，同时生产规模进一步扩大，出现了专业户和官营茶园。制茶技术更加精细，出现了专做贡茶的龙团凤饼（通称龙凤茶）和适于民间饮用的散茶、花茶。上层社会嗜茶成风，王公贵族经常举行茶宴，皇帝也经常在得到贡茶后举行茶宴招待群臣，以示恩宠。茶在民间也已成为民众日常生活中的必需品，大街小巷流动茶摊随处可见，可谓“君子小人靡不嗜之，富贵贫贱靡不用也”，因此也就有了“开门七件事，柴米油盐酱醋茶”之说。

宋代，烹茶法逐渐被淘汰，点茶法盛行。点茶法和唐朝的烹茶法最大的区别是不再将茶末放到锅里去煮，而是放到茶盏里用瓷瓶烧开水注入，再加以击拂产生泡沫后饮用，也不添加食盐以保持茶叶的真味。可见宋代点茶已经完全成为一种艺术行为。蔡襄曰“罗细则茶浮，罗粗则末浮”，“钞茶一钱匕，先注汤调令极匀。又添注入，环回击沸，汤上盏，可四分则止。视其面色鲜白，著盏无水痕为绝佳”。具体方法为：先将饼茶烤炙后，再敲碎成细末用茶箩筛分以备各用，然后将茶末放人茶盏中，加入少许开水，搅拌调匀后，再注入更多的开水，并以特制的工具击打调汤至理想状态（有泡沫，且茶盏边壁不留或少留水痕）。点茶法从宋代传入日本，流传至今，现在日本茶道中的所采用的就是点茶法。

宋代为了评比茶质的优劣和点茶技艺的高低，盛行斗茶。斗茶，即茶艺比赛。通常是二三人或三五知己聚在一起，煎水斗茶，互相审评看谁的点茶技艺更高明，斗茶时还有两条具体的标准：一是斗色，看茶汤表面的色泽和均匀程度，鲜白者为胜；二是斗水痕，看茶盏内的汤花与内壁相接处有无水痕，水痕少者为胜。宋代诗人范仲淹在《和章岷从事斗茶歌》中进一步为我们描述了当时斗茶的情景，“北苑将期献天子，林下群豪先斗美”，“胜若登仙不可攀，输同降将无穷耻”，可见当时的竞争是多么激烈。当时的文人墨客也参与了斗茶活动中，苏轼、范仲淹都曾是斗茶高手。斗茶的形成对宋代茶艺产生了两大贡献：①斗茶促进了茶具的改革创新。因为要想更好地衬托出茶汤的鲜白色泽以及茶盏上是否挂有水痕，就必须使用对比鲜明的茶具，因此福建建安生产的黑釉茶盏就成为首选；②斗茶不但促进了制茶技术的进一步提高，而且完善了茶叶的品饮方式，开始向泡茶方法逐步演变。

此外，宋代还有分茶和“茶百戏”等茶事活动，即在“注汤”的过程中，用茶匙击拂拨弄，使茶汤表面的茶末幻化成各种令人喜爱的图案。南宋诗人杨万里在《澹庵坐上观显上人分茶》诗中向我们描绘生动的分茶表演：“分茶何似煎茶好，煎茶不似分茶巧。蒸水老禅弄泉手，隆兴元春新玉爪。二者相遭兔瓯面，怪怪奇奇真善幻。……”

4. 明清瀹饮法——茶艺的创新改革

明洪武二十四年（1391）9月16日，明太祖朱元璋下诏：“罢造龙团，唯采茶芽以进。”从此向皇宫进贡的饼茶改为芽叶形的蒸青散茶，并规定了进贡的4个品种：探春、先春、次春、紫笋。皇室提倡饮用散茶，民间更是蔚然成风，并逐渐形成了瀹饮法，即将茶叶直接放入茶壶或茶杯中，用开水直接冲泡即可饮用。这种方法不仅简便，而且保留了茶叶的清香味，受到了讲究品茶情趣的文人们的喜爱与推广，这也是我国茶艺史上的一次革命，至今仍为人们所使用。

明清时期在茶叶品饮方面的最大成就是功夫茶艺的完善，功夫茶是乌龙茶特有的泡茶方式，是适应叶茶撮泡的需要，经过文人雅士的加工提炼而形成的品茶技艺。在整个冲泡过程中呈现出浓郁的韵味，明代时形成于江浙一带的都市里，后扩展到闽粤等地，在清代形成了以闽南潮汕为中心，至今仍以“潮汕功夫茶”的名称享有盛名，成为当今茶艺馆主要泡茶方式之一。据清代寄泉《蝶阶外史 • 功夫茶》记载，其冲泡方法如下：

“壶皆宜兴沙质。龚春、时大彬不一式。每茶一壶，需炉铫三候汤，初沸蟹眼，再沸鱼眼，至连珠沸则熟矣。水生汤嫩，过熟汤老，恰到好处颇不易。故谓天上一轮好月，人间中火候一瓯，好茶亦关缘法，不可幸致也。第一铫水熟，注空壶中荡之泼去；第二铫水已熟，预用器置茗叶，分两若干立下壶中，注水，覆以盖，置壶铜盘内；第三铫水又熟，从壶顶灌之周四面则茶香发矣。瓯如黄酒卮，客至每人一瓯，含其涓滴咀嚼而玩味之；若一鼓而牛饮，即以为不知味，肃客出矣。”

由上可知，功夫茶使用的茶具是十分讲究的宜兴紫砂，讲究的还要用龚春、时大彬等名家制作的紫砂壶。泡茶时，水开后，先要注入空壶中荡一荡再倒去，以提高壶的温度，然后放入茶叶，冲水，盖上壶盖，将茶壶放在铜盘里，再用开水从壶顶浇淋壶的四周，促使茶香散发，喝茶时，每人一小杯，慢慢品味欣赏，若一口就喝光，则会被视为牛饮，不懂得欣赏功夫茶，甚至可能被赶出门外。这说明当时的功夫茶已十分重视冲泡技巧和追求艺术韵味，这是达官贵人和文人雅士们的雅趣。至于普通老百姓就没有那么讲究了，只要将茶叶放进壶中冲入开水，稍停片刻就可以饮用了。

5. 现代茶艺的发展

现代茶艺的蓬勃发展主要体现为以下3个方面：

（1）泡茶方式的多样性　现代随着科学技术的进步、工业的发达，人们的生活节奏加快，传统的茶叶饮用方式已不能完全满足人们的需要，于是快速、简便、易于操作和携带的袋泡茶、速溶茶、浓缩茶和罐装茶饮料相继出现。

1）袋泡茶是将茶叶加工成碎末装在纸袋中，放入茶杯中用开水冲泡，喝完茶水后将纸袋拿出丢弃就可以了，比较方便也比较简单。

2）速溶茶是利用现代科学技术，以各种成品茶叶为原料，用热水萃取茶叶中的水可溶物，过滤茶渣，获得茶汤，经浓缩、干燥制成固态的速溶茶，饮用时直接将它放在开水中溶化即可；也可以不经干燥阶段直接制成液态的浓缩茶，兑水即可饮用。

3）罐装茶饮料是工业化产品，科技含量较高，携带方便，易于饮用，是目前深受人们喜爱的一种茶饮料，特别适合现代快节奏的生活，可以说这是自六百多年前朱元璋废除饼茶改散茶冲泡以来的又一次革命。

值得一提的是目前在台湾非常流行的泡沫红茶，是一种十分独特的饮茶方式。泡沫红茶，顾名思义，是在红茶中添加一些牛奶、咖啡、果汁、香料、冰块等调味品，采用调制鸡尾酒的方法，将红茶与相应的调味品放入调酒壶中摇和而成。由于调出的红茶在其表面浮有一层雪白的泡沫，故名泡沫红茶。泡沫红茶色彩艳丽，口感凉爽，既不失红茶的茶香韵味又具有独特的水果清香，深受青少年喜爱，目前我国大陆很多茶艺馆和饮品店中都有经营。

（2）茶文化的复兴　随着中华民族传统文化的复兴，茶与经济活动相结合渗透到相关领域，茶文化也随之蓬勃发展起来。人们从开始时对名茶的爱不释手，到逐渐深入与茶相关的各种茶事、茶艺活动中，茶艺已经从潜伏状态喷薄而出，不断滋润着爱茶之人。20 世纪 70 年代茶文化热潮在海峡两岸兴起之后，茶艺活动已开始推广到全国各地及海内外。1978 年台湾分别成立了“台北市茶艺协会”和“高雄市茶艺协会”。随后大陆也成立了“中国国际茶文化研究会”“中国茶叶流通协会”等一系列组织，还建立专门的社团组织，有计划、有组织地开展茶艺活动，组织、动员群众参与茶艺事业，使得茶艺事业积极、健康地向上发展。上海、浙江、北京、广州、江西等地，经常开展各种茶艺活动，特别是江西率先创办茶艺专业，被誉为全国最大的茶艺培训基地，还有着一支高素质的茶艺表演团，多次出访国外，将中国茶文化传播海内外。除此之外，茶艺实践也有很大发展，全国各地举办大大小小的茶艺大赛，在传统茶艺基础上改良出各种茶艺表演，受到广大群众的热烈欢迎。茶艺也就逐渐发展成为一种具有相对独立性的艺术形式，登上表演舞台。

（3）茶艺行业形成　随着人们对茶饮的日益偏爱，茶艺馆也正式登上行业舞台，成为服务行业中的一朵奇葩。茶艺馆，是指以茶艺为载体，满足消费者物质方面和精神方面的需求，具有品茗论艺、休闲娱乐、文化交流、艺术欣赏、商务洽谈、社会交往等多种功能的综合性服务场所。这些茶馆有的是以发展传统、创新文化为己任，有的纯为提供休闲茶饮，有的则是茶商业形态的改变，是试茶后再买的场所。虽然这些茶艺馆经营形态各异，但是对我国茶艺的发扬光大来说都是一种可喜现象。因为根据饮茶的统计数据表明，中国是产茶大国，但人均饮茶量却落后于不产茶的英法美等国，甚至连日本人也不及。茶艺馆的出现与蓬勃发展，不仅可以改变这项统计，更有直追唐宋盛世的趋势。更为可喜的是，随着茶艺馆经营发展的需要，目前在劳动就业上已经形成一个专门的茶艺职业工种——茶艺师。根据《中华人民共和国劳动法》的有关规定，为了进一步完善国家职业标准体系，为职业教育培训提供科学、规范的依据，原中华人民共和国劳动和社会保障部制定并颁布了《茶艺师国家职业标准》。在标准中，对茶艺师的职业名称做了如下定义：在茶艺馆、茶室、宾馆等场所专职从事茶饮艺术服务的人员，经有关部门鉴定合格者，可称为茶艺师。

茶艺师作为茶艺活动中的主要从业人员，其职业素质直接关系到我国茶艺的发展兴盛，因此对茶艺师进行必要的培训、考核是我国茶艺事业进一步发展兴盛的必由之路。

二、对现代茶艺发展的认识

茶文化与传统的“儒、道、佛”渊源深厚，这些在茶道中充分体现的优良传统，茶艺的创造发展应尽可能地借鉴吸收，诸如儒学中的“中庸”要求茶艺场所的设置要和谐得体，音乐要体现东方文化的柔和委婉，对道家的淡泊归真也要有所体现。对于茶道中儒家和道家的思想，茶艺在继承中进一步挖掘时代的内涵。有专家认为，茶道应以“道”为主，这种要求对一般人来说，太高深了，恐怕“天人合一”更合道的原意，茶艺参与者相互间的热情交流很有利于发扬道的精神。国人受“儒”的影响，在当代茶艺中体现为很强的“乐生”观和礼节性。“礼节”应更多地发自内心，以示对茶及参与者等的敬意。

中国的茶艺来源于对美好生活的追求，与各民族的饮茶习俗相关，是以朴素的人生与诸物本性自然契合的。现代茶艺除了应保留其自然、朴素的本性外，还应更趋向科学化、艺术化，应该是凝集着美学、文学、哲学的精致文化，以提高和丰富人们的精神生活，和谐社会关系，促进人们静思、奋发。这也是当代茶艺追求的精神所在。

现代的茶艺，还演变为一种表演茶艺术，它所表现的过程其实就是茶的泡饮方法。说它是“艺”，因其目的是给人以精神享受；说它为“术”，自然是因其具有很强的操作性和观赏性。茶艺者是艺术创作者，他要去创造一个更新、更美好、更理想的自然，在那里找到同自然万物默契的环境，那种心领神会、物我观照的对话。茶艺者要通过对环境的设置、茶具、茶品、水品的选择，并借助相关的形体动作，去创造一种艺术境界，给人以愉悦。茶艺自然、朴素、雅静和谐的内涵，贯穿于整套规范化的茶艺展示程序之中。茶艺者只有用心灵才能真正体现茶的内涵，才能将具体的茶艺过程中的动作从“有形”到“无形”，在各个招式间显示出韵律美、节奏美，并将其气度、涵养、信念、理性及谦和、爱心透过含蓄、典雅、端庄的气质感染观赏者，使观赏者与茶艺者之间产生一种心灵的默契，共同走进那诗文般的意境中……

由于社会的发展变化，茶艺是把过去的品茶所需的室外空间，移至室内进行。自然、空间、格局前提已发生了深刻的变化，但可通过人为的布置，使品茶的氛围别具一格。空间不在大，能雅有韵就行。过去的茶事以“静”和“悟”为美，现在的茶艺外观和动作的美就更讲究了。至于在公共场所或大厅里进行的“演出”性茶艺，那就要按其活动的性质和目的而定了。

由于社会经济的发展，人们的交往也讲究效率，以前的“对品”或“茶三酒四”的选择已不现实和不经济了。同样，茶艺活动过程参与的人数五六人不为多。茶艺的目的可以是融洽参与者的感情，也可以是从茶中获得情趣，并进而得到精神上的愉悦，还可以是“招待性”的消费方式。参与者中会有对茶不甚了解的，不了解茶文化的内涵也在所难免，反过来又要求茶艺者以深入浅出的艺术语言，来感染参与者。当今的茶艺，“艺茶者”的文化艺术修养、茶艺精湛与否直接影响到欣赏者的效果。而茶艺参与观赏者，看似被动，实则更自由、更主动了。完美茶艺是会得到一致认可的，而不完美的茶艺，各有各的不足。茶艺必须有扎实的“理论”基础，突出特色。

茶艺的发展要有扎实的基础，符合社会发展的要求，中华大地的56个民族的风土人情和文化背景，绚丽多彩，非常有利于孕育风格各异的茶艺，形成茶艺“百花争艳”的壮观。这是茶艺发展的基础和条件，是茶文化民族性的体现，也是中华茶艺的魅力和生命力所在。

此外，茶艺、茶文化工作不能脱离茶文化内涵这一根基，根深才能叶茂。

三、对茶艺实践操作的认识

茶艺的发展，必须由茶文化工作者和“实践至上”的人推动，同时也要正视现实中暴露出来的问题：

（1）茶艺不宜停留在“演”的层面上，如果说前些年为的是开创局面需要，现在要考虑总结经验和进一步发展完善。

（2）茶艺者宜“淡妆”，不宜“浓妆”，宜“清雅”，不宜“艳丽”。代表东方文化的茶文化的茶艺环境，要有浓郁的东方色彩，不宜配搭西式的快节奏音乐和类似酒吧的环境布置。

（3）茶艺中应尽可能实现主客之间的交流，以加深情感交流。

（4）茶艺不宜舞台化，而要贴近生活，轻松、随意，友好更重要。

小资料 1-2

茶艺与茶道的区别

茶道就是在操作茶艺过程中所追求、所体现的精神境界和道德风尚，它经常和人生处世哲学结合起来的，成为茶人们的行为准则。中国茶道就是通过过程引导个体走向完成品德修养以实现人类和谐的安乐之道，主要起一种教化的功能。茶艺一词最早出现于20世纪70年代的台湾，通俗地讲茶艺就是泡茶的技艺和品茶的艺术，其中又以泡茶的技艺为主题，因为只有泡出好茶之后才谈得上品茶。

它们既有区别又有联系，茶艺与茶道的精神是中国茶文化的核心。茶艺是制茶、品茶等艺茶之术，茶道是指茶艺过程中所贯彻的精神，有道而无艺那是空洞的理论，有艺而无道，艺则无精无神。茶艺有名有形，是茶文化的外在表现形式，茶道就是精神、道理、规律、本源与本质。

第三节 茶艺的分类

一、茶艺的分类

（1）从时间上看，茶艺可分为古代茶艺和现代茶艺。可从19世纪末20世纪初划分，古代茶艺注重茶叶与品茶者的匹配；现代茶艺更注重器具的选配、品茗的环境等。

（2）从形式上可分为表演茶艺和生活茶艺。表演茶艺以舞台效果为主，可配以音乐、舞蹈及诗歌，通常具有表演性质，操作手法、步骤的间隔时间较长，因此不适宜当场饮用；生活茶艺大多突出温馨的家庭氛围，茶艺冲泡者与欣赏者距离较近，因此在语言表达、泡饮手法上以茶性为主，不用添加过多花哨的动作。

（3）从地域上可分为民俗茶艺和民族茶艺。民俗茶艺以待客为主要目的，因此不仅讲究茶艺的形式，更重视待客过程中的饮食需要，它与所在地区的民俗民情有很密切的关系，有着各种各样的形式与风格。我国是一个多民族的国家，由于各兄弟民族的地理环境不同，历史文化有别，生活习惯也会有差异，就是同一民族也有“千里不同风，百里不同俗”的现象。在饮茶、嗜茶方面却有共同的爱好，无论茶的饮用方法有什么不同，都是中华民族共同珍爱的。

（4）从社会阶层上可分为宫廷茶艺、官府茶艺和寺庙茶艺等。宫廷茶艺无论是茶叶、茶具，还是茶艺师的技艺都是第一流的，富丽堂皇是宫廷茶艺最主要的特点。官府茶艺较宫廷茶艺的规模与档次稍简单些。中国茶从一诞生起，就与蜀中高邈而神奇的禅、道文化密不可分。无论是禅门还是道家的修行人，都首选上好茶叶作为其助道的饮品；日常的寺庙经济也以种茶、制茶为主。到了后来，寺庙道观形成了饮茶的定制。佛教寺庙以"请茶""普茶"等作为日常礼仪；而道观里则以入"茶寮"参加"神仙茶会"为礼仪。由此看来，在禅门、道家的礼数当中，吃茶这种休闲方式，早已从它的原始功能中衍化开来，上升为一种修身养性的精神活动。

二、茶艺的具体内容

茶艺的具体内容包含了技艺、礼法和道 3 个部分。技艺和礼法是属于形式部分，道是属于精神部分。

茶艺既是古老的，又是现代的，更是未来的。它的生命力是旺盛的，茶艺的发展是方兴未艾的，因为茶艺本身是以中华民族五千年灿烂文化内涵为底蕴的。

（1）技艺是指茶艺的技巧和工艺。茶艺起源于中国，茶艺与中国文化的各个层面有着密不可分的关系。作为一个中国人，弘扬中华文化是责无旁贷的。茶艺是我们中华民族的瑰宝，更应屹立于世界文化之林。茶是和平的饮料，只要心存恭敬，心中宁静，就可以泡一壶自己喜欢的茶来，就个人而言，饮茶可以提高生活品质，扩展艺术领域，这也是"茶"载"艺"的主要原因。

茶原本生长在大森林下层，是"没有树高，没有花香"、耐得阴苦、不出风头、紧紧和大地拥抱在一起、随和自然的常绿植物。茶作为一种物质，不管是药用、食用还是饮用，都能满足人们的物质需要。通过研习茶艺、品茶、评茶，往往能够进入忘我的境界，从而远离尘嚣，远离污染，给身心带来愉悦。因为茶洁净淡泊，朴素自然，茶味无味，乃至味也。茶耐得寂寞，自守无欲，与清静相依。

（2）礼法是指礼仪和规范。茶字由廾、人、木 3 部分组成。茶叶作为祭品、图腾，显然是种精神寄托与信仰的满足。唐代陆羽《茶经》说："茶宜精行俭德之人。"宋代苏东坡直截了当地说："戏作小诗君勿笑，从来佳茗似佳人。"清代郑板桥说："只和高人入茗杯。"儒学家推崇仁、义、礼、智、信，讲求自我修养，慎独自重，胸怀大志，标高树远，可以为不淡泊而忍受淡泊，为不寂寞而耐得寂寞，潜心茶艺，保持一种良好的心态，这无疑是茶对人类的贡献。

（3）道是指一种修行，一种生活的道路、方向，是人生哲学。在茶艺这门艺术中，人们可以寻求探索很多东西，因为茶艺涵盖面广，涉及学问精深，每一位茶人都必须了解掌握多层面、深层次的自然科学知识。从人的方面来说，茶人既不是工人、农民，也不是商人，更不是服务员。茶人应当是一位真正博学的学者；是哲学家、思想家；是一位既会当工人，又会当农民，更会当商人，还会做服务员的哲学家。因此，茶人应是一位有学识教养又有道德的令人尊敬的高尚人士。这是茶艺事业对茶人的要求。"茶是和平的饮料"，以茶为“道”，就是以茶为生活的路。茶道就是生活之道，是生活的一部分，人与人心灵相通，化解鸿沟，促进和谐和了解，使人从一般的生活中走出来，给人以美感、价值感和充实感。

小资料 1-3

中国茶道的具体表现形式

（1）煎茶　把茶末投入壶中和水一块煎煮。唐代的煎茶，是茶的最早艺术品尝形式。

（2）斗茶　古代文人雅士各携带茶与水，通过比茶面汤花和品尝鉴赏茶汤以定优劣的一种品茶艺术。斗茶又称为茗战，兴于唐代末，盛于宋代，最先流行于福建建州一带。斗茶是古代品茶艺术的最高表现形式。其最终目的是品尝，特别是要吸掉茶面上的汤花，最后斗茶者还要品茶汤，做到色、香、味三者俱佳，才算斗茶的最后胜利。

（3）功夫茶　清代至今某些地区流行的功夫茶是唐、宋以来品茶艺术的流风余韵。清代功夫茶流行于福建的汀州、漳州、泉州和广东的潮州。功夫茶讲究品饮功夫。饮功夫茶，有自煎自品和待客两种，特别是待客，更为讲究。

本章小结

本章对茶艺的概念进行了定义，并且对它的范围进行了界定，此外还对茶艺的发展历史和茶艺的分类进行了详细的论述。

思考与练习

一、选择

1. “茶道”一词最早见于（　　）。

   A. 唐　B. 宋　C. 明　D. 清

2. “茶道”内涵是廉、美、和、（　　）。

   A. 净　B. 静　C. 敬　D. 竞

3. 宋代，烹茶法逐渐被淘汰，（　　）盛行。

   A. 煮茶法　B. 煎茶法　C. 点茶法　D. 泡茶法

4. 宋代，为评审茶叶优劣和点茶技艺高低，盛行（　　）。

   A. 比茶　B. 泡茶　C. 斗茶　D. 赛茶

5. 从形式上划分，可以将茶艺分为表演茶艺和（　　）。

   A. 民俗茶艺　B. 宫廷茶艺　C. 民族茶艺　D. 生活茶艺

二、判断

1. 茶艺是研究如何泡好一壶茶的技艺和如何享受一杯茶的艺术。（　　）
2. 茶文化的社会功能是以茶雅致、以茶敬客。（　　）
3. “茶艺”一词最早出现在宝岛台湾。（　　）
4. 唐代饮茶风气盛行的原因之一是茶叶贸易的繁盛。（　　）

5. 将茶叶加工成碎末装在纸袋中，放入茶杯用开水冲泡的是速溶茶。 （ ）

三、简答

1. 何为茶艺？
2. 简述茶艺的发展过程。
3. 试述茶艺的分类。
4. 茶艺包括哪些具体内容？
5. 茶艺、茶道、茶文化的联系与区别是什么？

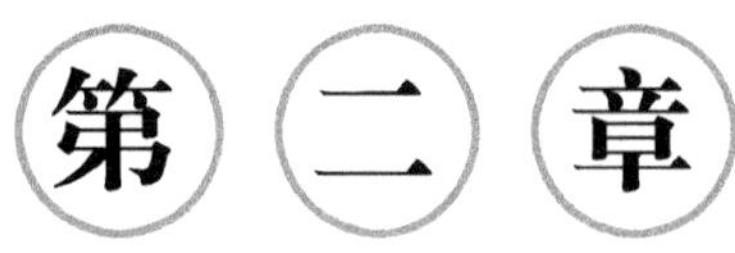

茶叶基础知识

学习目标

◎ 掌握茶树的基础知识、茶叶的分类、茶叶的鉴别知识。

◎ 了解茶叶的种植与加工，茶叶的成分与营养作用，茶叶的包装与存储知识。

中国是茶树的发源地，是世界上最早发现和利用茶的国家。不但茶区的分布较广，而且茶叶种类多样，每种茶叶在外形、香气或口感上都有细微的差别，因而造就了中国茶叶的多样风貌。本章主要介绍了茶树的基础知识、茶叶的种植与加工、茶叶的分类、茶叶的成分与营养作用、茶叶的鉴别、茶叶的包装与储存等知识。

第一节 茶叶概述

一、茶树基础知识

早在唐代，陆羽在《茶经》中就有指出：“茶者，南方之嘉木也。”意思是说茶是生长于南方的优良树种。在植物分类学中，茶树属于被子植物门→双子叶植物纲→山茶目→山茶科→山茶属的多年生木本常绿植物。

茶树原产于我国西南地区，包括云南、四川、贵州、重庆等省（市）都是茶树原产地的中心区域。在广西、广东、福建、湖南、台湾和海南等省（区），也发现有少量野生大茶树。

到目前为止，茶树如何分类没有一个统一的标准，但普遍采用的分类方法有如下 3 种：

1．按照茶树的树型分类

（1）乔木型　这类茶树有明显而高大的主干，可高达 20 多米，基部干围可达 1.5 米以上，树龄可长达数百年甚至上千年。在云南普洱市镇沅县千家寨有一棵野生古茶树，据专家测定此树高达 25.6 米，胸径达 1.2 米，树龄约为 2 700 年。

（2）小乔木型　这类茶树基部主干明显，可高达 4～6 米，干径可达数十厘米。例如，广西田林的白毛茶树高达 5 米，干径达 37.2 厘米；福建安溪蓝田的野茶树，高达 6.3 米，干径达 18 厘米。

（3）灌木型　此类茶树无明显主干，茶树栽培广泛，各茶区均有种植。

2．按照叶片的大小分类

（1）特大叶类　叶长大于 14 厘米，叶宽大于 5 厘米。

（2）大叶类　叶长 10.1～14 厘米，叶宽达 4.1～5 厘米。

（3）中叶类　叶长 7～10 厘米，叶宽 3～4 厘米。

（4）小叶类　叶长小于 7 厘米，叶宽小于 3 厘米。

3．按照发芽的迟早分类

（1）早生种　春茶一芽三叶期活动积温少于 400℃。

（2）中生种　春茶一芽三叶期活动积温少于 400～500℃。

（3）晚生种　春茶一芽三叶期活动积温大于 500℃。

二、茶叶的利用历史

茶在我国的利用经历了药用、食用、饮用、深加工综合利用 4 个阶段。这 4 个阶段既相互联系又相互渗透。茶并不仅仅是一种生津止渴的饮料，回顾茶叶数千年的历史可以发现茶应该是一种集药用、保健、止渴等功能于一体的多功能型饮料。

1．药用

茶的药用始于神农时代，东汉时期的《神农本草》是中国有关茶叶记载的最早的书籍。书中写道："神农尝百草，日遇七十二毒，得荼而解之。"（"荼"，又名苦荼，是中国茶叶的古称）神农氏是中国上古时代一位被神化了的人物形象，与伏羲、燧人氏并称为三皇。传说他不仅是中国农业、医药和其他许多事物的发明者，也是中国茶叶利用的创始人。神农氏不仅教给百姓们农业知识，还教会了百姓们如何识别可食用植物和药物的本领。据说有一次，神农氏采摘各种草木的果实尝其效用，结果连续中毒七十余次，最后是采摘到茶树的叶子食用后才得以解毒。如果说神农氏是中国茶叶利用的鼻祖，那么茶在中国的使用至少已经有 5 000 年的历史了。

正如《神农本草》中关于茶叶作用的记载："茶味苦，饮之使人益思、少卧、轻身、明目。"唐代茶的药用范围更加扩大，并开始了对茶的药用研究。唐代苏敬等 20 余人编写的我国政府颁行的第一部药典《新修本草》中说："茗味甘、苦、微寒、无毒。主茎疮，利小便，去痰。热喝，令人少睡。苦茶，主下气，消宿食。"其中的茗、苦荼即为茶。唐代医学家陈藏器在《本草拾遗》中称："诸药为各病之药，茶为万病之药。"明代顾元庆在《茶谱》中更是将茶的药用功能叙述得异常清楚："人饮真茶能止渴、消食、除痰、少睡、利尿、明目宜思、除烦去腻，固不可一日无茶。"名医李时珍更是从医药专家的角度将茶的品性、药用价值娓娓道来：茶味较苦，品性趋寒，因而最宜于用来降火，如果喝温茶那心中的火气就会被茶汤减去，如果喝热茶那火气就会随着茶汤而挥发，并且茶汤还有解酒的功能，能使人神清气爽，不再贪睡。

茶的药用功效对于我国少数民族而言更为显著。我国很多少数民族，如藏族、蒙古族、维吾尔族等都是生活在高寒地带，日常饮食主要是以牛羊等肉类和奶制品为主，不易消化，因此茶叶的促进消化功能更是显得格外重要。所以在我国少数民族地区自古就有"宁可三日无食，不可一日无茶"的说法。

现代科学研究表明茶叶对人体的药理功能，主要是因为茶叶中含有多种化学成分，目前已知的化学成分就有五百多种，虽然这些化学成分大部分含量很少，属于微量元素，但是对多种疾病都有预防和治疗作用。例如：绿茶的降胆固醇作用相当于或优于常用的降脂药，绿茶可以使胆固醇水平降低约 25%，在日本和中国台湾等地近年的研究也发现长期饮用乌龙茶具有良好的减肥作用，此外根据茶叶的药理作用与各种药材配制而成的药茶也广泛流行于我国台湾、闽南、粤东等地区。

2．食用

这是指将茶叶作为食物充饥，或是作为制作菜肴的原料。在原始农业早期，人们的主要食物来源是渔猎和采集，食物原料主要包含树叶、鱼虾、野草等。茶的食用应该就是从那时开始的。人们最初是将茶作为蔬菜来食用，后来人们发现茶叶具有解渴、提神和治疗某些疾病的作用，于是将茶叶单独煮成菜羹，以后又将其熬成茶水作为饮料。《桐君录》等古籍中，则有茶与桂姜及一些香料同煮食用，《广雅》中则有人用葱、姜、橘子等佐料与茶叶一起烹煮的记载。用茶的目的，一是增加营养，二是作为食物解毒。《晏子春秋》记载："晏子福景公，食脱粟之饭，炙三弋、五卵、茗菜而已。"晏子就是将茶叶作为下饭的菜来食用。将茶叶与其他佐料混在一起，煮熟后食用的方法一直延续到唐朝，唐人在此基础上又有所改进。

现代我国的一些地方仍然将茶作为一种食材。茶的食用方法也被延续了下来。例如，我国湖南、江西、福建、广东、浙江、江苏等地都有浓郁的吃擂茶的风俗。擂茶又名"三生汤"，是用生米、生姜、生茶叶为原料，擂碎后冲入清凉的山泉水调匀为浆，再经烧煮而成。

3．饮用

这是指将茶叶作为饮料，或用于解渴，或用于提神。中国饮茶的历史经历了漫长的发展和多样的变化，不同的历史阶段，饮茶的方法和特点都不尽相同。根据饮茶方法的演变，大致可以分为唐代的烹茶法、宋代的点茶法、明清的瀹饮法，以及现代的速溶茶、萃取茶、茶饮料等多种多样的饮茶方式。

4．深加工综合利用

到了近代，随着生产力的进步和人们对饮茶要求的不断提高，茶叶已经突破了其传统的用途，其深加工的产品涵盖了食品（如茶瓜子、茶蜜饯、茶糕点、茶冰激凌等）、饮料（冰茶、茶酒、茶果汁、茶饮料、罐装茶水等）、医药用品（保健茶、减肥茶、茶药枕等）、日用产品（茶浴包、茶皂、茶牙膏等）。

三、茶叶的传播

茶原产于我国西南地区，西汉时甘露禅师吴理真结庐于四川蒙山，亲植茶树，这是人工栽培茶树的最早记载，后来由于民族的迁徙和地区之间的往来，形成了茶树传播的 3 条路线：一是由云南、贵州传至湖南、广西、广东、福建、台湾；二是由云南、四川传至湖北、湖南及长江中下游各省；三是由四川北移，传至陕西、河南、甘肃，最终传至西藏。目前我国已经有上千个县（市）种茶。

唐顺宗永贞元年（公元 805 年），日本高僧最澄法师从我国携茶树种子回国，植于近江（滋贺县）坂本的日吉神社，这是茶种传入日本的最早记载。公元 806 年，空海法师从长安返回日本不仅带回了茶种和制茶工具，而且带回了制茶技术。

公元 828 年，韩国新罗时期的遣唐使金大廉自中国带回茶种，朝廷下诏种植于地理山，从此韩国本土茶叶生产开始发展，饮茶之风也随之相沿成俗。

我国云南的茶树顺着元江、红河传入越南，准确的年代尚未有人考证。

明代末期，1610 年荷兰人从澳门贩茶销往欧洲。清代康熙 1690 年中国茶获得在美国波士顿出售的特许执照。1785 年“中国皇后”号海轮运茶抵达纽约，开始华茶直销美国的新纪元。1833～1834 年英国殖民地印度派戈登两次来华收集茶籽、招聘制茶技工，回去后开创了印度、斯里兰卡的茶叶种植生产。此后，茶叶在世界范围内广泛传播，逐步发展成为与咖啡、可可并驾齐驱的“世界三大无酒精饮料”。

四、中国茶区的分布

我国的茶区分布东起东经 122° 的台湾东岸的花莲县，西至东经 94° 的西藏自治区米林，南起北纬 18° 的海南省榆林，北至北纬 37° 的山东省荣成的广阔范围内，有浙江、湖南、湖北、安徽、四川、福建、云南、广东、广西、贵州、江西、江苏、陕西、河南、台湾、山东、西藏、甘肃、海南等二十多个省区的上千个县市。在垂直分布上，茶树最高种植在海拔 2 600m 的高山上，最低仅距海平面几十米或百米。不同地区生长着不同类型和不同品种的茶树，从而决定着茶叶的品质和茶叶的适应性、适制性，形成了各类茶种的分布。

世界上有茶园的国家虽然不少，但是中国、印度、斯里兰卡、印尼、肯尼亚、土耳其等几国的茶园面积之和就占了世界茶园总面积的 80%以上。世界上每年的茶叶产量大约有 300 万吨，其中 80%左右产于亚洲。中国的茶园面积有一百余万公顷，茶区分布较广，每一茶区因土质、气候与人为因素影响，生产出的茶叶无论是在外观、香气或口感上，都有细微的差别，因而造就了中国茶叶的多样风貌与五花八门的名称。我国有 20 余个省、市、自治区，近千个县（市）全都产茶，茶学界根据我国产茶区的自然经济社会条件，把全国划分为 4 大茶区（如图 2-1 所示）。

图 2-1　我国四大茶区分布

1. 华南茶区

华南茶区位于中国南部，包括广东省、广西壮族自治区、福建省、台湾省、海南省等，是中国最适宜茶树种植的地区。这里年平均气温为 19～22℃（少数地区除外），年降水量在 2 000 毫米左右，为中国茶区之最。华南茶区资源丰富，土壤肥沃，有机物质含量很高，土壤大多为赤红壤，部分为黄壤。茶树品种资源也非常丰富，集中了乔木、小乔木和灌木等类型的茶树品种，部分地区的茶树无休眠期，全年都可以形成正常的芽叶，在良好的管理条件下可常年采茶，一般地区一年可采 7～8 轮。本茶区适宜制作红茶、花茶、普洱茶、黑茶、乌龙茶等。普洱茶、六堡茶、铁观音、英德红茶、台湾乌龙等名茶即产于这一地区。

2. 西南茶区

西南茶区位于中国西南部，包括云南省、贵州省、四川省、西藏自治区东南部，是中国最古老的茶区，也是中国茶树原产地的中心所在。这里地形复杂，海拔高低悬殊，大部分地区为盆地、高原；气候温差很大，大部分地区属于亚热带季风气候，冬暖夏凉。土壤类型较多，云南中北地区多为赤红壤、山地红壤和棕壤；四川、贵州以及西藏东南地区则以黄壤为主。本茶区所产茶类较多，主要有绿茶、红茶、黑茶和花茶等。都匀毛尖、蒙顶甘露等名茶即产于本茶区。

3．江南茶区

江南茶区是我国茶叶的主要产区，位于长江中下游南部，包括浙江、湖南、江西等省和安徽、江苏、湖北 3 省的南部等地，茶叶年产量约占我国茶叶总产量的 2/3。这里气候四季分明，年平均气温 15～18℃，年降水量约为 1 600 毫米。茶园主要分布在丘陵地带，少数在海拔较高的山区。茶区土壤主要为红壤，部分为黄壤。茶区种植的茶树多为灌木型中叶种和小叶种，以及少部分小乔木型中叶种和大叶种，是西湖龙井、洞庭碧螺春、武夷大红袍、武夷肉桂、闽北水仙、黄山毛峰、君山银针、安化松针、古丈毛尖、太平猴魁、安吉白茶、白毫银针、六安瓜片、祁门红茶、正山小种、庐山云雾等名茶的原产地。

4．江北茶区

江北茶区位于长江中下游的北部，包括河南、陕西、甘肃、山东等省和安徽、江苏、湖南 3 省的北部。江北茶区是我国最北的茶区，气温较低，积温少，年平均气温 15～16℃，年降水量约 800 毫米，且分布不均，茶树较易受旱。茶区土壤多为黄棕壤或棕壤，江北地区的茶树多为灌木型中叶种和小叶种，主要以生产绿茶为主，是信阳毛尖、午子仙毫等名茶的原产地。

小资料 2-1

茶树的起源及原产地

中国是最早发现和利用茶树的国家，有文字记载表明，我们祖先在 3 000 多年前已经开始栽培和利用茶树。

茶树的起源问题，历来争论较多，随着考证技术的发展和新发现，才逐渐达成共识，即中国是茶树的原产地，并确认中国西南地区，包括云南、贵州、四川是茶树原产地的中心。由于地质变迁及人为栽培，茶树开始由此普及全国，并逐渐传播至世界各地。

茶树起源于何时？必是远远早于有文字记载的 3 000 多年前。历史学家无从考证的问题，最后由植物学家解决了。他们按植物分类学方法来追根溯源，经一系列分析研究，认为茶树起源至今已有 6 000 万年至 7 000 万年历史了。茶树原产于中国，自古以来，一向为世界所公认。只是在 1824 年之后，印度发现有野生茶树，国外学者中有人对中国是茶树原产地提出异议，在国际学术界引发了争论。这些持异议者，均以印度野生茶树为依据，同时认为中国没有野生茶树。其实中国在公元 200 年左右，《尔雅》中就提到有野生大茶树，且现今的资料表明，全国有 10 个省区 198 处发现野生大茶树，其中云南的一株，树龄已达 1 700 年左右，仅是云南省内树干直径在 1 米以上的就有 10 多株。有的地区，甚至野生茶树群落大至数千亩。所以自古至今，我国已发现的野生大茶树，时间之早，树体之大，数量之多，分布之广，性状之异，堪称世界之最。此外，又经考证，印度发现的野生茶树与从中国引入印度的茶树同属中国茶树之变种。由此，中国是茶树的原产地遂成定论。

第二节　茶叶的分类

一、茶叶的分类方法

我国是一个茶叶品种繁多的国家，茶类之丰富，茶名之繁多，在世界上是独一无二的。茶叶界有句行话"茶叶学到老，茶名记不了"，便是指这琳琅满目的茶叶品名即使是从事茶叶工作一辈子也不见得能够全部记清楚。市场上关于茶类的划分有多种方法，我们将其归纳为以下 6 种：

1. 依据茶叶的发酵程度分类

依据茶叶的发酵程度可分为全发酵茶、半发酵茶和不发酵茶 3 类。

2. 依据产茶的季节分类

（1）春茶　又名头帮茶或头水茶，为清明至夏至（3 月上旬至 5 月中旬）期间所采摘的茶叶。茶叶质嫩，品质极佳。

（2）夏茶　又称二帮茶或二水茶，是在夏至前后（5 月中下旬）采制的茶叶。

（3）秋茶　又称三水茶或三番茶，是在夏茶采后 1 个月所采制的茶叶。

（4）冬茶　又称四番茶，即秋分以后采制的茶叶。我国东南茶区极少采制，仅在云南和台湾等少数气候较为温暖的茶区尚有采制。

3. 依据茶叶的形状分类

依据茶叶的形状分类可分为散茶、条茶、碎茶、圆茶、正茶、副茶、砖茶、束茶等。

4. 依据茶叶的制造程度分类

（1）毛茶　又称粗制茶或初制茶。各种茶叶经初制后的成品因其外形比较粗放，故统称为毛茶。

（2）精茶　又称精制茶、再制茶或成品茶。毛茶再经筛分、拣剔，使其成为外形整齐划一、品质稳定的成品。

5. 依据茶树品种分类

依据茶树品种可分为小叶种茶和大叶种茶。

6. 依据茶叶的生产工艺分类

依据茶叶的生产工艺可分为基本茶类和再加工茶类两种（见表 2-1），在影响茶叶品质的诸多因素中，生产工艺无疑是最直接也是最主要的，任何茶叶产品只要是以同一种工艺进行加工而成就会具备相同或相似的基本品质特征。因此，依据茶叶的制作工艺划分茶类是目前比较常用的茶叶划分方法。

表 2-1 中国茶叶分类表

基本茶类	绿茶	炒青绿茶	长炒青	珍眉、贡熙、雨茶、秀眉
			圆炒青	平水珠茶
			细嫩炒青	西湖龙井、洞庭碧螺春、南京雨花茶、安华松针
		烘青绿茶	普通烘青	闽烘青、湘烘青、徽烘青、浙烘青、苏烘青
			细嫩烘青	黄山毛峰、太平猴魁、高桥银峰、敬亭绿雪
		晒青绿茶		滇青、川青、桂青、黔青
		蒸青绿茶		煎茶、玉露
	红茶	小种红茶		正山小种、外山小种
		工夫红茶		滇红、川红、祁红、闽红、宁红、湖红
		红碎茶		片茶、末茶
	乌龙茶	闽南乌龙		铁观音、黄金桂、本山、毛蟹、奇兰
		闽北乌龙		大红袍、名枞、奇种、水仙、肉桂、铁罗汉、水金龟
		广东乌龙		凤凰单枞、凤凰水仙、岭头单枞、梅占
		台湾乌龙		白毫乌龙茶、文山包种、冻顶乌龙
	黄茶	黄芽茶		君山银针、蒙顶黄芽、霍山黄芽
		黄小茶		北港毛尖、沩山毛尖、平阳黄汤
		黄大茶		霍山黄大茶、广东大叶青
	白茶	白芽茶		白毫银针
		白叶茶		白牡丹、贡眉、寿眉
	黑茶	湖南黑茶		安化黑茶
		湖北老青茶		
		四川边茶		南路边茶、西路边茶
		广西黑茶		六堡茶
再加工茶类	花茶	窨制花茶		玫瑰花茶、茉莉花茶、桂花茶
		工艺造型花茶		海贝吐珠、牛郎织女、茉莉七仙女
		花草茶		贡菊、薰衣草、金盏花、梅花、金莲花
	紧压茶			米砖、花砖、茯砖、黑砖、沱茶、方茶
	萃取茶			速溶茶、浓缩茶、罐装茶
	果味茶			柠檬红茶、荔枝红茶、水蜜桃茶
	保健茶			杜仲茶、罗布麻茶、苦丁茶、银杏叶茶

二、基本茶类

凡是采用常规的加工工艺，茶叶产品的色香味形符合传统质量规范的，都属于基本茶类。基本茶类一般都是以茶的鲜叶为原料，经过不同的工艺加工制作而成，如同一批鲜叶用红茶的加工工艺制作，生产出的茶叶就具有红叶红汤的红茶品质，如采用绿茶的加工工艺制作，制出的茶叶则就具有绿茶绿叶绿汤的品质特点。不同茶叶所具有的基本品质特征是在不同的加工过程中得以完成的。习惯上按干茶或茶汤的色泽不同，将基本茶类划分为绿茶、红茶、乌龙茶、黄茶、白茶和黑茶 6 种类型。

1．绿茶

国家标准 GB/T 14456.2 2008《绿茶》中规定："绿茶是指用茶树新梢的芽、叶、嫩茎，经过杀青、揉捻、干燥等工艺制成的初制茶（或称毛茶）和经过整形、归类等工艺制成的精制茶（或称成品茶）保持绿色特征，可供饮用的茶。"绿茶属于不发酵茶类（发酵度为 0），是我国产区最广、品种最多、消费量最大、产量最多的一类茶叶，其产量占我国茶叶总产量的 70%左右。绿茶也是我国最主要的出口茶类，在世界绿茶总贸易量中，我国出口的占到 80%左右。其特点是"不发酵、外形绿、汤水绿、叶底绿"。绿茶又可细分为 4 类：

（1）炒青绿茶　杀青、揉捻后用炒滚方式为主干燥的绿茶称为炒青绿茶。炒青绿茶在干燥过程中由于机械或手工力的作用不同，又可细分为长炒青、圆炒青和细嫩炒青。

1）长炒青：长炒青是一种初制茶，因其外形酷似少女的弯眉，故又被称为眉茶。一般外形条索细嫩紧结有锋苗，色泽润绿，内质香气高鲜，汤色绿明，滋味浓而爽口，富有收敛性，叶底嫩绿明亮。主要品种有珍眉、贡熙、雨茶、秀眉等，以珍眉为主要品种。

珍眉的品质特征是条索细紧挺直，平伏匀称，色泽绿润起霜，香气高鲜，滋味浓爽，汤色、叶底嫩绿微黄，如图 2-2 所示。

贡熙是长炒青精制过程中分离出来的圆形茶，形似珠茶，产量不大，如图 2-3 所示。

图 2-2　珍眉

图 2-3　贡熙

雨茶原系珠茶中分离出来的长形茶，由于适销对路，供不应求，所以现在长炒青在精制过程中一般都提取雨茶，其品质特征是外形条索细短、尚紧，头圆脚细，色乌绿，香气纯，滋味浓，汤色黄绿，叶底嫩匀，如图 2-4 所示。

秀眉呈片状，身骨轻，是精制过程中分离出来的下脚料，品质较次，俗称"三角片"，如图 2-5 所示。

图 2-4　雨茶

图 2-5　秀眉

2）圆炒青：圆炒青又称平炒青，因起源于浙江省绍兴市平水镇而得名。圆炒青颗粒细圆紧实，色泽润绿，香味醇和，宛如绿色的珍珠，故也被称为珠茶。珠茶主要销往西北非，美国和法国也有一定的市场。主要品种有平水珠茶等，如图 2-6 所示。

3）细嫩炒青：细嫩炒青是采摘细嫩茶芽加工而成的炒青绿茶，按照外形可以分为扁形、卷曲形、、针形、圆珠形、直条形等。主要品种有西湖龙井（如图 2-7 所示）、洞庭碧螺春（如图 2-8 所示）、南京雨花茶（如图 2-9 所示）、安化松针等（如图 2-10 所示）。

图 2-6 平水珠茶

图 2-7 西湖龙井

图 2-8 洞庭碧螺春

图 2-9 南京雨花茶

图 2-10 安化松针

（2）烘青绿茶 杀青、揉捻后用烘焙方式干燥的绿茶称为烘青绿茶。外形挺秀，条索完整显锋苗，色泽润绿，冲泡后汤色青绿，香味香醇。烘青绿茶根据原料的老嫩和制作工艺的不同又可以分为普通烘青和细嫩烘青两类。烘青茶吸香能力较强，普通烘青多用来制作花茶，直接饮用者不多。市场上常见的茉莉花茶多是以烘青茶作为原料制作的，各产茶省都有生产，如福建的闽烘青、浙江的浙烘青、安徽的徽烘青、四川的川烘青、江苏的苏烘青以及湖南的湘烘青等。细嫩烘青绿茶是以细嫩的芽叶为原料精工细作而成的，多为名茶。大多数细嫩烘青绿茶条索紧细卷曲，白毫显露、色绿、香高味鲜醇、芽叶完整，如黄山毛峰（如图 2-11 所示）、太平猴魁（如图 2-12 所示）、敬亭绿雪等（如图 2-13 所示）。

（3）晒青绿茶 杀青、揉捻后用日晒方式干燥的绿茶称为晒青绿茶，主要产自云南、广西、四川、贵州、陕西等省（自治区）。色泽墨绿或黑褐，汤色橙黄，有不同程度的日晒气味。其中以云南大叶种制成的品质较好，称为滇青，如图 2-14 所示。条索肥壮多毫，色泽深绿，香味较浓，收敛性强。

图 2-11　黄山毛峰

图 2-12　太平猴魁

图 2-13　敬亭绿雪

图 2-14　滇青

（4）蒸青绿茶　先用蒸汽将茶叶蒸软，而后揉捻、干燥而成的绿茶称为蒸青绿茶（如图 2-15 所示），有中国蒸青、日本蒸青和印度蒸青之分。蒸青绿茶一般具有三绿的特征，即干茶深绿色、茶汤黄绿色、叶底青绿色。大部分蒸青绿茶外形做成针状。

图 2-15　蒸青绿茶

2. 红茶

通过萎凋、揉捻、充分发酵、干燥等基本工艺程序生产的茶叶称为红茶。红茶属于全发酵茶类（发酵度为 100%），其品质特点是“外形红、汤水红、叶底红”。干茶色泽黑褐油润，略带乌黑，所以英语称红茶为“black tea”。红茶收敛性很强，性情温和，具有很好的兼容性，能和牛奶、果汁、糖、柠檬、蜂蜜等物质相互交融，相得益彰，深受欧美人的喜爱。红茶是世界上消费量最大的茶类，国际市场上红茶的贸易量占世界茶叶总贸易量的 90%以上。红茶按照生产工艺可以分为小种红茶、工夫红茶和红碎茶 3 类。

（1）小种红茶　小种红茶是世界红茶的始祖，原产于福建省。由于加工过程中采用松柴明火加温萎凋和干燥，因此干茶中带有浓烈的松烟香。小种红茶以福建省武夷山市星村镇木关一带出产的品质为佳，被称作正山小种（如图 2-16 所示）或星村小种。福安、政和等县生产的称为外山小种，品质稍差一些。

图 2-16　正山小种

（2）工夫红茶　工夫红茶是在小种红茶的基础上演变发展成的一类红茶，按产地的不同有祁红（产于安徽祁门，如图 2-17 所示）、滇红（产于云南，如图 2-18 所示）、闽红（产于福建，如图 2-19 所示）、川红（产于四川，如图 2-20 所示）、宁红（产于江西，如图 2-21 所示）、湖红（产于湖南，如图 2-22 所示）等不同的品种。其中以安徽祁门出产的祁红和云南出产的滇红最为著名。祁红是小叶种工夫红茶，外形条索细嫩紧秀，色泽乌黑油润，汤色红艳明亮、香气高鲜嫩甜，具有类似玫瑰花的甘香，被称作“祁门香”，享誉国际市场。滇红是大叶种工夫红茶，条索肥壮重实，显金黄毫，汤色红艳，滋味浓醇，带有花果香。

图 2-17　祁红

图 2-18　滇红

图 2-19　闽红

图 2-20　川红

图 2-21　宁红

图 2-22　湖红

（3）红碎茶　在红茶加工过程中，茶青经过萎凋、揉捻后再揉切或以揉切代替揉捻，然后经过发酵、烘干而制成的红茶称为红碎茶（如图 2-23 所示）。切碎的目的在于充分破坏茶叶组织，使干茶中的成分更容易泡出。红碎茶的特点茶汁浸出快、浸出量大，适合做成“袋泡茶”。

图 2-23　红碎茶

3．乌龙茶

乌龙茶又名青茶，属于半发酵茶（发酵度为 10%～70%），是介于不发酵的绿茶和全发酵的红茶之间的一大茶类，主要产区为福建、广东、台湾 3 省。乌龙茶既有绿茶的清香，又有红茶的浓醇，并具有绿叶红镶边的美称。根据产地不同可将乌龙茶分为以下 4 类：

（1）闽北乌龙　产于福建省北部武夷山一带的乌龙茶都属于闽北乌龙，主要有武夷岩茶、闽北水仙、闽北乌龙，其中以武夷岩茶最为著名。根据 GB/T 18745—2006《武夷岩茶》规定：“武夷岩茶是指在独特的武夷山自然生态环境条件下选用适宜的茶树品种进行繁育和栽培，并用独特的传统加工工艺制作而成，具有岩韵（岩骨花香）品质特征的乌龙茶。”武夷岩茶的主要品种有大红袍（如图 2-24 所示）、名枞、奇种、肉桂（如图 2-25 所示）、水仙（如图 2-26 所示）、铁罗汉（如图 2-27 所示）、水金龟（如图 2-28 所示）、白鸡冠（如图 2-29 所示）等。

图 2-24　大红袍

图 2-25　肉桂

图 2-26　水仙

图 2-27　铁罗汉

图 2-28　水金龟

图 2-29　白鸡冠

（2）闽南乌龙　产于福建省南部安溪、华安、永春、平和等地的乌龙茶统称为闽南乌龙茶。闽南是我国最主要的乌龙茶产区，仅安溪一个县乌龙茶的产量就占全国乌龙茶总产量的 1/4，乌龙茶的优良品种也很多，其中铁观音（如图 2-30 所示）、黄金桂（如图 2-31 所示）、毛蟹（如图 2-32 所示）和本山（如图 2-33 所示）被称为闽南四大名枞。安溪县地处福建沿海，这里群山环抱，峰峦延绵，属亚热带季风气候，土壤大部分为酸性红壤，非常适宜种茶。

图 2-30　铁观音

图 2-31　黄金桂

图 2-32　毛蟹

图 2-33　本山

（3）广东乌龙　广东乌龙主要产于广东汕头地区的潮安和饶平等区县，主要品种有水仙和梅占等。潮安乌龙茶的主要产区为凤凰乡，一般以水仙的品种结合地名称为凤凰水仙。凤凰水仙根据原料的优次、制作工艺的不同可以分为凤凰单枞（如图 2-34 所示）、凤凰浪菜（如图 2-35 所示）和凤凰水仙（如图 2-36 所示）3 个品级。

图 2-34　凤凰单枞

图 2-35　凤凰浪菜

图 2-36　凤凰水仙

（4）台湾乌龙　台湾乌龙原产于福建，但是制茶的工艺传到台湾后有所改变，使得台湾的乌龙茶别具一格。台湾乌龙茶根据制作工艺和发酵程度的区别可以分成：

1）重发酵的白毫乌龙茶。白毫乌龙茶（如图 2-37 所示）发酵程度较重，一般为 50%～60%，芽叶肥壮，显白毫，色泽绚丽，香气浓郁，汤色橙红，与红茶类似。

2）轻发酵的文山包种茶和冻顶乌龙茶。文山包种茶（如图 2-38 所示）和冻顶乌龙茶（如图 2-39 所示）发酵程度较轻，一般为 8%～25%，外观呈深绿色，接近于绿茶，汤色黄绿清澈，具有香、浓、醇、韵、美 5 大特点。

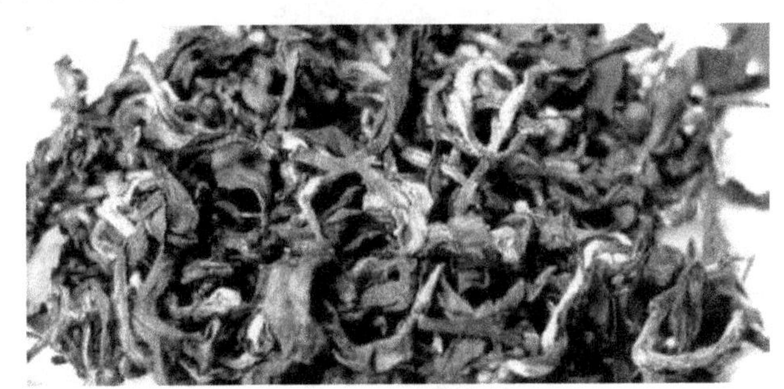

图 2-37　白毫乌龙

图 2-38　文山包种

图 2-39　冻顶乌龙

4. 黄茶

黄茶属于轻微发酵茶（发酵度为 10%），黄茶的制作与绿茶有很多相似之处，不同点是多了一道闷堆工序。这个闷堆过程是黄茶制作的主要特点，也是它和绿茶的根本区别。成品黄茶多数芽叶细嫩，色泽金黄，汤色橙黄，香气清高，叶底嫩黄，具有“黄叶、黄汤”的特点。黄茶的品种不同，闷茶的方法也不尽相同，一般分为湿坯闷黄和干坯闷黄两种。

湿坯闷黄就是将杀青后的茶叶或经过揉捻后的茶叶进行堆闷；干坯闷黄则是初烘后再进行装篮堆积闷黄，时间大约需要 7 天左右才能达到要求。黄茶按照茶叶的嫩度和芽叶的大小可以分为黄芽茶、黄小茶和黄大茶 3 类。

（1）黄芽茶　可分为银针和黄芽两种，如君山银针（如图 2-40 所示）和蒙顶黄芽（如图 2-41 所示）。

（2）黄小茶　如湖南的北港毛尖（如图 2-42 所示）、沩山毛尖（如图 2-43 所示）、浙江的平阳黄汤等。

（3）黄大茶　产量较多，主要有安徽霍山黄大茶（如图 2-44 所示）和广东大叶青（如图 2-45 所示）。

图 2-40　君山银针

图 2-41　蒙顶黄芽

图 2-42　北港毛尖

图 2-43　沩山毛尖

图 2-44　霍山黄大茶

图 2-45　广东大叶青

5. 白茶

白茶属于轻微发酵茶（发酵度为 10%），是我国茶类中的精品，其成品茶多为条状的白色茶叶，满身披毫，如银似雪，因此而得名。白茶是我国的特产，主产于福建省的福鼎、政和、建阳等县。白茶分为白芽茶和白叶茶两类。采用单芽加工而成的芽茶称之为银针；采用完整的一芽一叶加工而成的叶茶，称为白牡丹。

（1）白芽茶　完全采用大白茶的肥壮芽头制成，其代表品种有产于福建福鼎的“北路白毫银针”（如图2-46所示）和产于福建政和的“南路白毫银针”。

（2）白叶茶　采摘一芽二叶、一芽三叶或用单片叶按白茶生产工艺制成的白茶统称为“白叶茶”，其代表品种有白牡丹（如图2-47所示）、贡眉、寿眉等。

图2-46　白毫银针

图2-47　白牡丹

6. 黑茶

黑茶属于后发酵茶类，通过杀青、揉捻、渥堆发酵、干燥等工艺程序生产的茶，因其渥堆发酵时间较长，成品色泽呈油黑色或黑褐色，故名黑茶。黑茶主要销往我国边疆少数民族地区及出口到俄罗斯等国家，因此习惯上把以黑茶为原料制成的紧压茶称为边销茶。

（1）按照产地的不同分

1）湖南黑茶（如图2-48所示）：主产于湖南安化，在益阳、桃江、宁乡、汉寿等地也有少量生产。湖南黑茶经过蒸压装篓的称天尖，蒸压后成砖形的称黑砖、花砖或茯砖。

2）湖北老青茶（如图2-49所示）：主产于湖北省咸宁地区的咸宁、通山、崇阳、通城等地。用来压制青砖茶的老青茶分为面茶和黑茶两种。面茶较精细，黑茶较粗放，压制成的砖茶主要销往内蒙古自治区。

图2-48　湖南黑茶

图2-49　湖北老青茶

3）四川边茶（如图2-50所示）：主产于雅安、天全、荥经等地的称为南路边茶，蒸压后的产品称为康砖、金尖，专销康藏地区。主产于都江堰、崇州、大邑等地的称为西路边茶，蒸压后一般制成“方包茶”或“茯砖”，专销川西各地。

4）广西黑茶：主产于广西梧州市苍梧县六堡乡，所以也称“六堡茶”，“六堡茶”具有红、醇、浓、陈4大特点，是黑茶中著名的珍品。

图2-50 四川边茶

图2-51 广西黑茶（六堡茶）

（2）按照加工方法和形状的不同分

1）散装黑茶：也称黑毛茶，主要有湖南黑毛茶、湖北老青茶、四川做庄茶、广西六堡散茶和云南普洱茶等。

2）压制黑茶：主要以湖南黑毛茶、湖北老青茶、四川做庄茶和毛庄茶、广西六堡散茶和云南普洱茶以及红茶的片末等副产品为原料，经过加工整理后，蒸压成形。根据压制的形状不同，又可分为砖形茶，如茯砖茶、花砖茶、黑砖茶、青砖茶、米砖茶、云南砖茶等；枕形茶，如康砖茶、金尖茶等；碗臼形茶，如沱茶等；篓装茶，如六堡茶、方包茶等；圆形茶，如七子饼茶等。

三、再加工茶类

以基本茶类为原料经过进一步的加工，在加工过程中茶叶的某些品质特征（包括形态、饮用方式、饮用功效等）发生了根本性的变化的茶叶统称为再加工茶类。

1．花茶

根据生产工艺的不同可以分为窨制花茶、工艺造型花茶和花草茶。

（1）窨制花茶 窨制花茶是中国最传统的花茶，又名香片，是将茶叶和香花拼和窨制，利用茶叶的吸附性，使茶叶吸收花香而成。一般而言，我国大陆地区多以绿茶窨花，台湾地区多以乌龙茶窨花，目前也逐渐出现了以红茶窨花。花茶富有独特的花香，一般是以窨的花种进行命名，如茉莉花茶（如图2-52所示）、珠兰花茶（如图2-53所示）、白兰花茶、玫瑰花茶、桂花茶等。窨制花茶时，将茶坯及正在吐香的鲜花一层层地堆放，使茶叶吸收花香，待鲜花的香气被吸尽后，再换新的鲜花按上法窨制。花茶香气的高低，取决于所用鲜花的数量和窨制的次数。窨制次数越多，香气越高。市场上销售的普通花茶一般只经过一两次窨制，花茶香气浓郁，饮后给人以芬芳开窍的感觉，特别受到我国华北和东北地区人民的喜爱，近年来还远销海外。

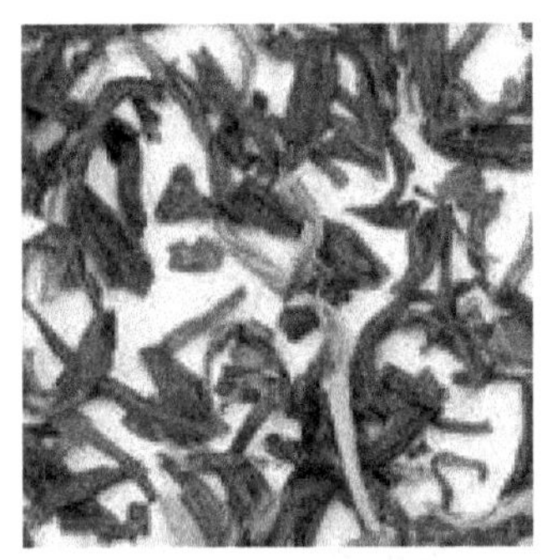

图 2-52　茉莉花茶

图 2-53　珠兰花茶

（2）工艺造型花茶　工艺造型花茶（如图 2-54 所示）是近年新发展起来的一类花茶，集观赏、饮用、保健为一体，不但外形美观，而且经冲泡后，茶叶吸水膨胀，如同鲜花怒放，绚丽多彩，令人赏心悦目，深受中外茶人的喜爱。

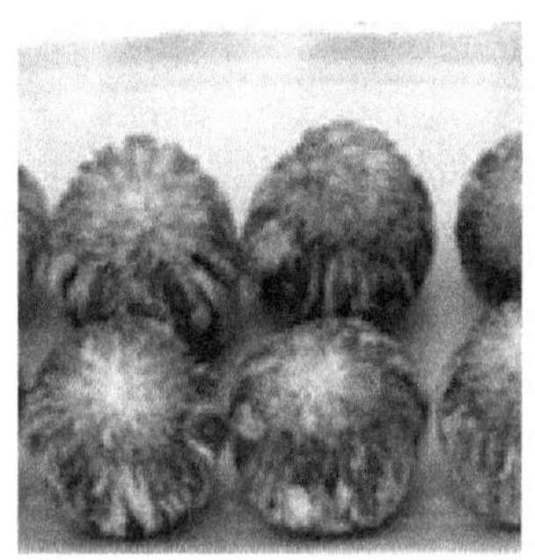

图 2-54　工艺造型花茶

（3）花草茶　花草茶主要是指用植物的根、茎、叶、花、皮等部位，单独或综合干燥后，加以煎煮或冲泡的饮料。一经冲泡，杯中的茶叶与花草相互辉映，花形娇美，花色艳丽，闻起来香气怡人，沁人心脾，味道甘爽清醇、回味无穷，不但极具观赏性而且具有一定的营养保健功能，花草茶的茶叶一般选用红茶、绿茶或普洱茶，花草可选用的品种较多，可以是干花草也可以是鲜花草。常用的主要有杭白菊、贡菊、茉莉花、玫瑰花、金盏花、梅花、金莲、丁香花、红花、锦葵花等；常用的草叶主要有柿叶、荷叶、紫苏、薄荷、甜叶菊、蒲公英、覆盆子等；其他的还可选用一些植物的根、茎、果实，如陈皮、甘草、茴香、枸杞、生姜、白豆蔻、肉桂皮等。常见的花草茶口味有单一花草茶、综合花草茶、果粒混合花草茶、香料调味花草茶等。

2. 紧压茶

紧压茶是以红茶、绿茶、青茶、黑茶为原料，经加工、蒸压成型而成。中国目前生产的紧压茶，主要有沱茶、普洱方茶、竹筒茶、米砖、花砖、黑砖、茯砖、青砖、康砖、金尖砖、方包砖、六堡茶、湘尖、紧茶、圆茶和饼茶等。

3. 萃取茶

萃取茶是以成品茶或半成品茶为原料，用热水萃取茶叶中的可溶物，再过滤去除茶渣。获得的茶汁，可以按需要制成固态或液态。萃取茶主要有罐装茶饮料、浓缩茶和速溶茶等。

4．保健茶

保健茶是指将茶叶和某些中草药拼合调配后制成的各种保健茶饮。由于茶叶本来就具有营养保健的作用，再经过与一些中草药的调配，更是增强了它的某些防病治病的功效。

四、茶叶深加工产品

随着科学技术的不断进步以及人们对茶叶综合利用价值认识的不断深入，茶叶产品正在不断的开发扩展，目前茶叶的深加工产品主要有以下 4 类：

1．茶饮料

含茶饮料是现代高科技开发出来的新型饮品，在饮料中添加各种茶汁，就成了别具特色的茶饮料，如瓶装茶饮料、茶汽水、茶可乐、茶鸡尾酒、罐装茶水等。

2．茶食品

茶食品有茶瓜子、茶糕点、茶蜜饯、茶糖果、茶果冻、茶汤圆、茶面条等。

3．茶日用品

茶日用品有含茶牙膏、茶香皂、茶浴包、茶洗发液、茶药枕和茶叶除臭剂等。

4．茶药品

目前市场上的茶药品种类繁多，功效也不尽相同，主要有茶多酚和抗氧化剂等。

小资料 2-2

常见的保健茶

1．姜茶

取茶叶 8～10 克，加入等量的生姜和适量的红糖，放入水中煎煮热饮。

主要功效：风寒、感冒、咳嗽。

2．盐茶

取茶叶 5 克用热水冲泡，加入适量盐搅拌后饮用。

主要功效：消暑解热。

3．葱茶

取绿茶、白芷各 5 克，葱白 3～4 段，煎煮后热饮。

主要功效：治疗头痛。

4．醋茶

取绿茶 5～10 克放入热水中，加适量醋热饮。

主要功效：夏季腹泻、解酒。

5．蒜茶

取大蒜 1 瓣捣成糊状，加绿茶 60 克用开水冲泡饮用，每日 1～2 次。

主要功效：慢性痢疾。

6．糖茶

取红糖 5 克，白糖 100 克，葡萄糖 30 克，用 500 毫升开水冲泡，每日一次。

主要功效：对于传染性肝炎有保健作用。

第三节 茶叶的种植与加工

一、茶叶的种植

茶叶是采摘茶树的鲜叶，经过加工制作而成，因此茶叶的品质好坏主要取决于茶树的品种和自然环境。一般来说，茶树种植需要一定的土壤、雨量、温度、海拔与日照等自然因素条件。

1. 土壤

从理论上讲茶树适合在任何土壤中进行种植，但是人工种植的茶树，为了保证产量及茶叶品质达到标准要求，就应选择最合适的土壤条件。优良茶区的土壤应排水良好，表土深厚，在成分上应以含腐殖质及矿物质为佳，在化学反应方面以 pH 值 4.5～6 为宜。一般湿而多雨的地区，土壤的化学反应均呈现为酸性，干燥少雨的地区则呈现为碱性。酸性土壤由低纬度到高纬度又可分为红壤、热带红壤、灰棕壤、灰壤、冰沼土 5 类，茶园则多分布于前三种土壤。

2. 雨量

茶树性喜潮湿，需要多量而均匀的雨水，凡长期干旱、湿度太低或年降雨量少于 1 500 毫米的地区，都不适合茶树的生长。全年雨量分配均匀无明显旱季，2/3 以上的雨水集中于主要生长的春夏季，并且年平均气温在 16～20℃的地区适合栽培茶树，不但有利于茶树的生长且品质极佳。

根据测验分析表明，茶园一年间耗水量主要集中于春夏季，如果年降雨量超过 3 000 毫米，而蒸发量不及 1/2 或 1/3，即湿度太大时，容易发生霉病、茶饼病等，所以雨量及湿度对茶叶的发育有着重要的影响。例如，我国安徽祁门茶区年降雨量为 1 700～1 900 毫米，相对湿度为 70%～90%，武夷山茶区年降雨量为 1 900 毫米，相对湿度 80%，分布极为均匀。有些地区虽然年降雨量很大，但由于蒸发量也很大，所以并不妨碍茶树的生长。例如，印度阿萨密邦的乞拉朋齐，年降雨量高达 12 000 毫米，但由于当地气温较高，雨水蒸发量很大，所以茶树生长非常茂盛，出产的红茶茶叶品质极佳。

3. 温度

茶树生长最适宜的平均温度为 16～20℃，低于 5℃时，茶树停止生长；高于 40℃时，茶树容易死亡。其适应性因茶树品种而异，一般来说小叶种茶树的生命力较大叶种强。温度较低的茶区茶叶产量不及温度较高的茶区，但品质却较好。

4. 海拔

海拔高低对茶叶品质的优劣有着显著的影响，正所谓“高山出好茶”。翻开名优茶谱，一串串高山茶的名字让人目不暇接，如黄山毛峰、蒙顶甘露、武夷岩茶等，其色、香、味、形是普通平地茶不能比拟的。以武夷岩茶为例，同样品种的茶叶可分为 3 类，即产于山岭的茶叶为“正岩茶”、产于半山腰的茶叶为“半岩茶”、产于平地溪谷的茶为“洲茶”，3 类茶叶品质迥异，价格相差悬殊，皆因茶树海拔不同而形成。高山出好茶的主要原因就在于高山上优越的生态条件，正好满足了茶树生长的需要，这主要体现在以下 3 个方面：

（1）茶树生长在高山多雾的环境中，有利于茶叶色泽、香气、滋味、嫩度的提高。一是由于光线受到雾珠的影响，使得红、橙、黄、绿、青、蓝、紫 7 种可见光的红黄光得到加强，从而使茶树芽叶中的氨基酸、叶绿素和水分含量明显增加；二是由于高山森林茂盛，茶树接受光照时间短，强度低，漫射光多，这样有利于茶叶中含氮化物，诸如叶绿素、全氮量和氨基酸含量的增加；三是由于高山有葱郁的林木，茫茫的云海，空气和土壤的湿度得以提高，从而使茶树芽叶光合作用形成的糖类化合物缩合困难，纤维素不易形成，茶树新梢可在较长时间内保持鲜嫩而不易粗老。在这种情况下，对茶叶的色泽、香气、滋味、嫩度的提高，特别是对绿茶品质的改善，十分有利。

（2）高山土壤有机质含量丰富。高山植被繁茂，枯枝落叶多，地面形成了一层厚厚的覆盖物，这样不但土壤质地疏松、结构良好，而且土壤有机质含量丰富，茶树所需的各种营养成分齐全，从生长在这种土壤的茶树上采摘下来的新梢，有效成分特别丰富，加工而成的茶叶当然是香高味浓。

（3）高山的气温对改善茶叶的内质有利。一般说来，海拔每升高 100 米，气温大致降低 0.5℃。而温度决定着茶树中酶的活性。现代科学分析表明，茶树新梢中茶多酚和儿茶素的含量随着海拔的升高、气温的降低而减少，从而使茶叶的苦涩味减轻；而茶叶中氨基酸和芳香物质的含量却随着海拔升高、气温的降低而增加，这就为茶叶滋味的鲜爽甘醇提供了物质基础。茶叶中的芳香物质在加工过程中会发生复杂的化学变化，产生某些鲜花的芬芳香气，如苯乙醇能形成玫瑰香，茉莉酮能形成茉莉香，沉香醇能形成玉兰香，苯丙醇能形成水仙香等。许多高山茶之所以具有某些特殊的香气，其道理就在于此。

当然，任何事物都是有一定限度的。所谓高山出好茶，是与平地相比而言的，并非是山越高，茶越好。据对主要高山名茶产地的调查表明，这些茶山大都集中在海拔 200～600 米，海拔超过 800 米，由于气温偏低，往往茶树生长受阻，且易受白星病危害，用这种茶树新梢制出来的茶叶，饮起来涩口，味感较差。由此可见，高山出好茶，乃是由于高山的气候与土壤综合作用的结果。所以判定茶叶的品质，除海拔外，还要顾及其他因素，如湿度、雨量、土壤及茶叶品种的适应性。只要气候温和、雨量充沛、云雾较多、湿度较大以及土壤肥沃、土质良好，即使不是高山，也同样会生产出品质优良的茶叶。例如，产于西湖湖畔的“西湖龙井”，产于太湖流域的“洞庭碧螺春”“顾渚紫笋”等，都是闻名遐迩的历史名茶，这种丘陵云雾茶和平地云雾茶历来为人们所称道。

5. 日照

日照的长短强弱直接影响茶叶的品质和数量。在日光充足照射下，茶树生长健全，单宁增多，适宜制作红茶；在弱光之下，如茶树适当的遮阳，则单宁减少，茶叶内组织发育被抑制，叶质较软，叶绿素含氮量提高，适宜制作绿茶；对于半发酵茶而言，日光更是重要到可以支配茶叶的品质，所以乌龙茶一般以上午10时及下午3时采摘的茶叶品质为最优。

二、茶叶的加工

中国制茶历史悠久，自发现野生茶树，从生煮羹饮，到饼茶散茶，从绿茶到多茶类，从手工操作到机械化制茶，期间经历了复杂的变革。各种茶类的品质特征形成，除了茶树品种和鲜叶原料的影响外，加工条件和制造方法也是重要的决定因素。

1．制茶方式的演变

（1）晒干收藏　茶之为用，最早从咀嚼茶树的鲜叶开始，发展到生煮羹饮。生煮者，类似现在的煮菜汤。例如，云南基诺族至今仍有吃“凉拌茶”的习俗，将鲜叶揉碎放入碗中，加入少许黄果叶、大蒜、辣椒和盐等作配料，再加入泉水搅匀。茶作羹饮，《晋书》记载有“吴人采茶煮之，曰茗粥”，甚至到了唐代，仍有吃茗粥的习惯。三国时，魏朝已出现了茶叶的简单加工，采来的叶子先做成饼，晒干或烘干，这是制茶工艺的萌芽。

（2）蒸青制造　蒸青，即将茶的鲜叶经过洗涤，蒸后碎制压榨，去汁制饼，饼茶穿孔贯串烘干去其青气，从而使茶叶的苦涩味大大降低。自唐至宋贡茶兴起，先后成立了贡茶院（即制造厂），组织官员研究制茶技术，从而促使茶叶生产技术不断改革。蒸青制茶主要分为蒸青饼茶和蒸青散茶两种制作模式。

1）蒸青饼茶。唐代蒸青做饼已经日趋完善，陆羽在《茶经·三之造》中记述了完整的蒸青茶饼制作工序：蒸发、解块、捣茶、装模、拍压、出模、列茶晾干、穿孔、烘焙、成穿、封茶。宋代由于盛行斗茶，因此制茶技术发展很快，新品种不断涌现。北宋年间，做成团片状的龙凤团茶盛行。宋代《宣和北苑贡茶录》记述：“宋太平兴国初，特制龙凤模，遣使即北苑造团茶，以别庶饮，龙凤茶盖始于此。”龙凤团茶的制造工艺，据宋代赵汝励《北苑别录》记述，有六道工序，包括蒸茶、榨茶、研茶、造茶、过黄、烘茶，即茶芽采回后，先浸泡水中，挑选匀整芽叶进行蒸青，蒸后冷水清洗，然后小榨去水，大榨去茶汁，去汁后置瓦盆内兑水研细，再入龙凤模压饼、烘干。龙凤团茶的工序中，冷水快冲可保持绿色，提高了茶叶质量，而水浸和榨汁的做法，由于夺走真味，使茶香损失极大，且整个制作过程耗时费工，这些均促使了蒸青散茶的出现。

2）蒸青散茶。蒸青散茶是指在茶叶的生产中，为了改善苦味难除、香味不正的缺点，逐渐采取蒸后不揉不压，直接烘干的做法，将蒸青团茶改造为蒸青散茶，以保持茶的香味。由宋至元，饼茶、龙凤团茶和散茶同时并存，到了明代，明太祖朱元璋于1391年下诏，废龙凤团茶兴散茶，使得蒸青散茶大为盛行。

（3）炒青制茶　与饼茶和团茶相比，蒸青散茶使茶叶的香味得到了更好的保留。然而使用蒸青方法，依然存在香味不够浓郁的缺点，于是出现了利用干热发挥茶叶优良香气的炒青技术。炒青技术自唐代始而有之。唐刘禹锡《西山兰若试茶歌》中言“山僧后檐茶数丛……斯须炒成满室香”，又有“自摘至煎俄顷馀”之句，说明嫩叶经过炒制而满室生香，这是至今发现的关于炒青绿茶最早的文字记载。经过唐、宋、元代的进一步发展，炒青茶逐渐增多，到了明代炒青制法日趋完善，在《茶录》《茶疏》《茶解》中均有详细记载。其制法大体为高温杀青、揉捻、复炒、烘焙制干，这种工艺与现代炒青绿茶制法非常相似。

2．现代制茶的基本工艺

茶叶在加工过程中，由于注重确保茶叶自然的香气和滋味，因此茶农们在茶叶鲜叶从不发酵、半发酵到全发酵这一系列引起茶叶内质的变化程序中，探索到了一些规律，从而使茶叶通过不同的制造工艺，逐渐形成了在色、香、味、形等方面具有不同品质特征的6大茶类，即绿茶、黄茶、白茶、黑茶、红茶、青茶。虽然不同类别的茶叶其加工方法是因茶而异，但是因为所有茶叶都是采摘茶树的鲜叶加工而成，所以在制茶过程中有一些加工方法是共通的。具体来说，现代茶叶的制作主要包括以下步骤：

（1）采茶　可分为人工采茶和机器采茶两种方式。茶叶的采收主要以嫩叶和嫩芽为主，依据茶叶本质的不同有一心一叶、一心二叶、一心三叶之分。采摘过程中不能损伤叶片，否则会降低茶叶的品质。而机器采摘最大的缺点就是叶形不完整，因此，人工采茶仍是高级茶叶的主要采收方式。

（2）萎凋　采摘后的茶青收集后放入竹编的簸箕上，经过阳光晾晒的"日光萎凋"，或用机器进行热风萎凋，使茶青细胞内的水分部分蒸发，随着氧化的化学变化促使茶叶发酵。经过萎凋的茶青色泽由原先的青绿色逐渐转为暗绿色，叶片也因水分的消失而渐渐变软。然后再将簸箕放置室内进行"室内萎凋"，并用双手轻轻搅动茶青，使茶青经相互摩擦而破坏部分叶缘细胞，空气能顺利进入叶片内部细胞，使发酵作用顺利产生。

（3）发酵　茶叶内的细胞消失部分水分后，所含成分与空气接触而氧化便是发酵。茶叶有不发酵茶、部分发酵茶和全发酵茶之分，当茶叶发酵达到所需程度时，发酵过程便可停止。茶叶的发酵程度决定了成茶的风味。如果萎凋时消水过于快速，叶片细胞来不及发酵便干死，称为"失水"，这种茶泡起来没什么味道；但如果叶缘细胞消水后，因搅拌不慎过于用力，结果氧化作用让叶缘先行变红，使得叶片内的细胞无法顺利送出水分进行发酵作用，那么这种茶叶泡起来会有苦涩味。所以在采茶与制茶过程中，力道与方法相当重要。

（4）杀青　即高温将茶叶炒熟或蒸熟，破坏有发酵作用的酶的活性。杀青可使茶叶原有的青臭味消失，茶叶香气逐渐生成，茶梗和叶脉变得柔软而有黏性，叶中水分适度蒸发，这样在进行揉捻时，茶叶不易破碎。

（5）揉捻　杀青后，为了使茶叶中的成分容易借水滋出，要将茶叶放入揉捻机中，让茶叶随机器的运转而滚动，使原先枝叶独立的茶叶逐渐卷曲紧缩。由于揉捻的压力导致叶片内汁渗出，附着于叶片上，这样在冲泡时茶液可很快溶解于热水中，成为一杯滋味香醇的茶汤。不同茶叶的揉捻程度有别，半球形的包种茶在揉捻时还要增加包揉步骤，即将茶叶以布巾包裹成球团状，再以手工或机器搓压，将茶叶揉成半球形或圆形。包揉过程中要不时地将布巾摊开，打散茶叶以散热，一般重复的次数越多，茶叶就越结实。茶叶经揉捻后所形成的条形、半球形、球形外观，统称为条索。

（6）干燥　揉捻后的茶叶要经干燥机进行烘干处理，使茶叶体积收缩便于收藏。揉捻成形的茶叶平铺在茶盘中，分批分次放入干燥机。为了让茶叶从里到外确实达到干燥程度（含水量低于 5%），一般分两次进行干燥。第一次干燥程度约七八分后，取出茶叶回潮，待冷却后再进行第二次干燥。干燥后的茶叶称为粗制茶或毛茶。

（7）精制　即对茶叶的进一步筛选分类，使茶叶的品质趋于同级化。外观整齐划一的茶叶不但影响茶叶的冲泡滋味，更是消费者选购茶叶的重要参考依据，因此精制是制茶过程中不可忽略的一环。首先对茶叶进行筛分，依成形茶叶的大小分类，将茶叶的大小整齐化，利用切断机将太粗或太厚的茶叶切割成标准大小，以便分类；然后将茶梗等杂物剔除，用整形机加工处理；最后运用风吹原理将制作过程中产生的茶屑剔除，成为品质优良且外形整齐的茶叶。

（8）焙火　即对精制后的茶叶进行慢慢烘焙的过程，以便使茶叶散发出清香的气味。茶叶依据种类的不同而有着不同的焙火程度，一般分为轻火、中火和重火 3 种。

（9）熏花　熏花是制作花茶的重要工序。依据茶叶所具有的吸附性的特点，在茶叶中掺入茉莉、桂花、菊花等鲜花进行窨制，让茶叶充分吸收鲜花的香气，然后再将花干剔除。高级花茶一般会反复窨制数次，次数越多，茶叶所带的花香越浓。

（10）包装　茶叶的包装方式很多，有用纸袋、纸筒或其他材质茶叶罐包装的，也有采用所塑料袋真空包装的。

3．不同茶叶的生产工艺

（1）绿茶生产工艺　绿茶属于不发酵茶叶，生产工艺为“杀青→揉捻→干燥”。

1）杀青。杀青对绿茶品质起着决定性作用，是形成绿叶绿汤品质的关键环节。通过高温，破坏鲜叶中酶的特性，直至多酚类物质氧化，防止叶子变红，同时蒸发叶内的部分水分，使叶子变软，为揉捻造型创造条件。随着水分的蒸发，鲜叶中具有青草气的低沸点芳香物质挥发消失，从而使茶叶香气得到改善。除特种茶外，该过程均在杀青机里进行。影响杀青质量的因素主要有杀青温度、投叶量、杀青机种类、时间、杀青方式等，它们是一个整体，互相牵连制约。

2）揉捻。揉捻是绿茶塑造外形的一道关键工序。通过外力作用，使叶片揉破变轻，卷转成条，体积缩小，便于冲泡。同时部分茶汁附着在茶叶表面，对提高茶味浓度也有重要作用。制作绿茶的揉捻工序有冷揉与热揉之分。所谓冷揉，即杀青叶经过摊凉后揉捻；热揉则是杀青叶不经摊凉而趁热进行的揉捻。嫩叶宜冷揉以保持黄绿明亮之汤色与嫩绿的叶底，老叶宜热揉以利于条索紧结，减少碎末。目前，除名茶仍用手工操作外，大宗绿茶的揉捻作业已实现机械化。

3）干燥。干燥的目的是蒸发水分，并整理外形，充分发挥茶香。干燥方法有烘干、炒干和晒干 3 种形式。绿茶的干燥工序，一般先经过烘干，然后再进行炒干。因揉捻后的茶叶含水量仍很高，如果直接炒干，会在炒干机的锅内很快结成团状，茶叶易粘结锅壁。故此，茶叶要先进行烘干，使含水量降至符合锅炒的要求。

（2）红茶生产工艺　红茶属于全发酵茶叶，我国的红茶包括小种红茶、工夫红茶和红碎茶，其制法大同小异，主要为“萎凋→揉捻→发酵→干燥”4 道工序，下面以工夫红茶为例，简介红茶的生产工艺。

1）萎凋。萎凋是红茶初制的第一道程序。经过萎凋，可以适当蒸发水分，使叶片柔软，韧性增强，便于造型。此外这一过程可使青草味消失，茶叶清香欲现，是形成红茶香气的重要加工阶段。红茶的萎凋方法有自然萎凋和萎凋槽萎凋两种。自然萎凋即将茶叶薄摊在室内或室外阳光不太强处，搁放一定的时间。萎凋槽萎凋是将鲜叶置于通气槽体中，通以热空气，以加速萎凋过程，这是目前普遍使用的萎凋方法。

2）揉捻。红茶揉捻的目的与绿茶相同，茶叶在揉捻过程中成形并增进色香味浓度，同时，由于叶细胞被破坏，便于在酶的作用下进行必要的氧化，利于发酵的顺利进行。

3）发酵。发酵是红茶制作的独特阶段，经过发酵，叶色由绿变红，形成红茶红叶红汤的品质特点。其机理是叶子在揉捻作用下，组织细胞膜结构受到破坏，透性增大，使多酚类物质和氧化酶充分接触，在酶的作用下产生氧化聚合作用，其他化学成分亦相应发生变化，使绿色的茶叶产生红变，形成红茶的色香味品质。目前普遍使用发酵机控制温度和时间进行发酵。发酵适度，嫩叶色泽红润，老叶红里泛青，青草气消失，具有熟果香。

4）干燥。干燥是将发酵好的茶坯采用高温烘焙，迅速蒸发水分，达到保持干度的过程。其目的有三：利用高温迅速钝化酶的活性，停止发酵；蒸发水分，缩小体积，固定外形，保持干度以防霉变；散发大部分低沸点青草气味，激化并保留高沸点芳香物质，获得红茶特有的甜香。

（3）乌龙茶生茶工艺　乌龙茶是介于绿茶（不发酵茶）和红茶（全发酵茶）之间的一类半发酵茶，有条形茶（福建的武夷岩茶、广东的凤凰单枞、台湾的文山包种茶）和半球形茶（安溪铁观音、台湾冻顶乌龙茶）两种类型。乌龙茶的生产工艺为“萎凋→做青→炒青→揉捻→干燥”，半球形茶在加工过程中还增加了一道包揉的程序。

1）萎凋。乌龙茶制作过程中的萎凋与红茶制作过程中的萎凋是有所区别的。红茶萎凋不仅失水程度大，而且萎凋、揉捻、发酵工序分开进行；而乌龙茶的萎凋和发酵工序不分开，两者相互配合进行。通过萎凋，以水分的变化，控制叶片内物质适度转化，达到适宜的发酵程度。乌龙茶进行萎凋的方法主要由 4 种，即凉青（室内自然萎凋）、晒青（日光萎凋）、烘青（加温萎凋）、人控条件萎凋。

2）做青。做青是乌龙茶制作的重要工序，特殊的香气和绿叶红镶边的叶片特征就是在做青中形成的。萎凋后的茶叶置于摇青机中摇动，叶片互相碰撞，擦伤叶缘细胞，从而促进氧化作用。摇动后，叶片由软变硬。再静置一段时间，氧化作用相对减缓，使叶柄叶脉中的水分慢慢扩散至叶片，此时，鲜叶又逐渐膨胀，恢复弹性，叶子变软。经过如此有规律的动与静的过程，使茶叶发生一系列生物化学变化：叶缘细胞被破坏，发生轻度氧化，叶片边缘呈现红色；叶片中央部分，叶色由暗绿转变为黄绿，即所谓的“绿叶红镶边”；同时，水分的蒸发和运转，有利于香气、滋味的发展。

3）炒青。乌龙茶的内质已在做青阶段基本形成，炒青是承上启下的转折工序，如同绿茶的杀青一样，首先是抑制鲜叶中的酶的活性，控制氧化进程，防止叶子继续变红，固定做青形成的品质。其次使低沸点青草气味挥发和转化，形成馥郁的茶香。同时，通过湿热作用破坏部分叶绿素，使叶片黄绿而鲜亮。此外，还可以挥发一部分水分，使叶子柔软，便于揉捻。

4）揉捻。其作用与绿茶相同。

5）干燥。干燥可以抑制酶性氧化，蒸发水分和氧化叶子，并起到热化作用，清除苦涩味，促进滋味醇厚。

（4）黄茶生产工艺　黄茶的品质特点是黄汤黄叶，制法特点主要是闷黄过程，利用高温杀青破坏酶的活性，其后多酚物质的氧化作用则是由于湿热作用引起的，并产生一些有色物质。变色程度较轻的是黄茶，程度重的则形成了黑茶。黄茶的生产工艺流程为“杀青→闷黄→干燥”。

1）杀青。黄茶通过杀青，以破坏酶的活性，蒸发一部分水分，散发青草气，对香味的形成有重要作用。

2）闷黄。闷黄是黄茶类制造工艺的特点，是形成黄色黄汤的关键工序。从杀青到干燥结束，都可以为茶叶的黄变创造适当的湿热工艺条件，但作为一个制茶工序，有的茶在杀青后闷黄，有的则在毛火（亦称初烘）后闷黄，有的闷炒交替进行。针对不同茶叶品质，方法不一，但殊途同归，都是为了形成良好的黄色黄汤品质特征。

影响闷黄的因素主要有茶叶的含水量和叶温。含水量多，叶温愈高，则湿热条件下的黄变过程也愈快。

3）干燥。黄茶的干燥一般分几次进行，温度也比其他茶类偏低。

（5）白茶生产工艺　白茶是我国特产，主产于福建省。白茶的干茶表面密布白色茸毫，其品质特征的形成，一是采摘多毫的幼嫩芽叶制成，二是制法上采取不炒不揉的晾晒烘干工艺。

目前白茶种类不多，有芽茶（白毫银针）、叶茶（如白牡丹、贡眉）之分。

白毫银针制作工序为“茶芽→萎凋→烘焙→筛拣→复火→装箱”。

白牡丹、贡眉制作工序为“鲜叶→萎凋→烘焙（或阴干）→拣剔（或筛拣）→复火→装箱”。

其中萎凋是形成白茶品质的关键工序。

（6）黑茶生产工艺　黑茶的制造工艺为“杀青→揉捻→渥堆→干燥”，其中渥堆是黑茶制造的特有工序，也是形成黑茶品质的关键工序。

1）杀青。由于黑茶采摘的叶子粗老，含水量低，需高温快炒，翻动快匀，呈暗绿色即可。

2）揉捻。杀青叶出锅后，立即趁热揉捻，易于塑造良好外形。揉捻方法与一般红、绿茶相同。

3）渥堆。如果在揉捻后不进行干燥，而将茶叶添加菌种、泼水、覆盖，这个过程即渥堆。

4）干燥。一般用烘焙法、晒干法，以固定品质，防止变质。

（7）花茶生产工艺　花茶是用茶叶和香花进行混合窨制而成，因为茶叶中充分吸收了花的香气，因而又被称作香片。花茶窨制时所用的原料被称为茶坯，以烘青绿茶为多，也有少数采用红茶和乌龙茶的。花茶由于窨制时选用的香花不同而分为茉莉花茶、白兰花茶、珠兰花茶、桂花花茶、玫瑰花茶等。花茶的基本生产工艺是“茶坯复火→香花打底→窨制拼合→通花散热→起花→复火→提花→匀堆装箱”。

小资料 2-3

虫茶

虫茶又名入峒茶、茶精，产于城步苗族自治县长安横岭峒一带。该地山深林密，地处湘西南海拔 1 000 米的高寒山区，距离邵阳市区 300 多公里，是最偏僻的一个民族乡。这里盛产的这种虫茶，外形呈颗粒状，黑褐色，色泽油润光滑，有股淡淡的香味；冲泡杯中，清香四溢，滋味醇和回甜，舒适可口。

1．保健功效

虫茶不仅能止渴提神，而且还有促消化、治胃病、降血利尿、化痰顺气、解毒消肿等功效，具有一定的医疗价值。据清代光绪《城步乡土志》记载：这种神奇的山野之茶，距今已有 200 多年的历史了。

2．故事传说

相传，清朝雍正年间（公元 1723—1735 年），横岭峒一带爆发了由粟贤宇、杨青保领导的苗民起义。朝廷下令出兵镇压，派驻旗军千余人。少数民族同胞，有的被赶进深山老林，住岩洞，吃野果，野果吃光了，只得摘一种叫“乌粟桠”的植物的幼嫩枝叶充饥解渴。这种叶子入口中咀嚼，开始又涩又苦，过后又凉又甜，若再喝点水，即更觉得神爽腹饱。从此，每年暮春时节，苗胞们大量采摘这种鲜嫩茎叶，储存起来以度饥荒。数月后，幼嫩枝叶被虫子吃得仅留一些残渣和虫屎。有人试着把虫屎倒入水中，顷刻间，泡浸出一缕缕绯红色的茶汁，清香扑鼻。喝入口中，舒适宜人。于是，苗胞们开始有意制作虫茶了。这事，被长安营总兵府的官员们知道了，下令苗胞多制虫茶，并用树皮做成精致漂亮的包装盒，外糊红纸，进贡朝廷。

3．制作虫茶的方法

苗族同胞制作虫茶的方法，经代代相传，进化至今日，已形成了一种独特的程序。每年夏至节前后，苗胞们到山上把"乌栗桠"的鲜嫩茎叶采回，用清水冲泡后，置开水中烫一下晒干，然后放入一个特制的竹筐里，10～12 厘米厚时，用手略为压紧，撒上少许的碎米粒，按此种方法连放四、五层，挂在通风干燥的地方。不久，这种撒上米粒的"乌栗桠"茎叶，会招来许多蛾科的虫子，虫子在"乌栗桠"中生息繁衍，幼虫一边吃"乌栗桠"茎叶，一边拉出粪便，干了的粪便用筛子筛出来，就是虫茶。

4．冲泡方法

虫茶又名茶精，是茶中精华。故冲泡起来，只需要很少的量就可以冲泡出很香的一大杯茶水。一般来说，500 克虫茶能供 5 口之家饮用一年以上。因此，一两（50 克）虫茶可供一人喝半年。

如今，城步虫茶已闻名海内外，成为大家喜爱的土色土香的佳茗了。凡是外地来城步的人，总要想方法买一点带回去，让家里人和亲朋好友尝尝这种奇特的茶。

图 2–55 虫茶

第四节 茶叶的鉴别与审评

茶叶品质的鉴别，包括茶叶品质的感官审评和茶叶检验两大项内容。其中茶叶检验又分为茶叶包装、衡量检验，茶叶品质规格检验，理化检验和卫生检验。在茶艺馆工作的茶艺师学会茶叶的感官审评即可。茶叶的感官审评是主要依赖于茶艺师的经验与感受来评定茶叶品质的一项难度较高、技术性较强的工作，也是每一个从事茶艺工作的人员必须掌握的基本技能。要掌握这一技能，一方面要通过长期的实践来锻炼自己的嗅觉、味觉、视觉、触觉，使自己具备敏锐的审辨能力；另一方面要学习有关理论知识，并通过反复练习，才能掌握不同茶叶的鉴别方法。本节将从茶叶鉴别方法入手，重点介绍审评方法、审评程序、审评项目，以及目前茶叶市场上常见的真茶与假茶、新茶与陈茶、高山茶与平地茶、窨花茶与拌花茶的鉴别方法。

一、茶叶的审评方法

茶叶的感官审评是根据茶叶的形、质特性对感官的作用来分辨茶叶品质的高低。具体的评审方法可以概括为一看、二闻和三品。审评时，先进行干茶审评，即首先通过观察干茶外形的条索、色泽、整碎、净度来判断茶叶的品质高低，然后再开汤审评，即对干茶进行开汤冲泡，看汤色，嗅香气，品滋味，察叶底，进一步判断茶叶的品质高低。

1. 干茶评审

将干茶放于专用的茶样盘中，评定茶叶的大小、粗细、轻重、长短、碎片等情况。干茶的外形，主要从条索、色泽、整碎和净度 4 个方面来看。

（1）条索　指各类茶应具有一定的外形规格，这是区别商品茶种类和等级的依据，如长炒青茶呈条形，珠茶呈圆形，龙井茶呈扁形，红碎茶呈颗粒形等。一般长条形茶看松紧、弯直、壮瘦、圆扁、轻重；圆形茶看颗粒的松紧、匀正、轻重、空实；扁形茶看平整光滑程度和是否符合规格。一般来说，条索紧、身骨重、圆（扁形茶除外）而挺直，说明原料嫩，做工好，品质优；如果外形松、扁（扁形茶除外）、碎，并有烟、焦味，说明原料老，做工差，品质低劣。

（2）色泽　色泽是反映茶叶表面的颜色、色泽的深浅程度以及光线在茶叶表面的反射光亮度。茶叶色泽与原料嫩度、加工技术有密切关系。各种茶均有一定的色泽要求，如红茶乌黑油润、绿茶翠绿、乌龙茶青褐色、黑茶黑油色等。但是无论何种茶类，好茶均要求色泽一致，光泽明亮，油润鲜活，如果色泽不一，深浅不同，暗而无光，说明原料老嫩不一，做工差，品质劣。茶叶的色泽还和茶树的产地以及季节有很大关系，如高山绿茶色泽绿而略带黄，鲜活明亮，平地茶色泽深绿有光。制茶过程中，由于技术不当，也往往使色泽劣变。

（3）整碎　是指茶叶的外形和断碎程度应以匀整为好，断碎为次。一般从优到差分为匀整、较匀整、尚匀整、匀齐、尚匀等不同等级。

（4）净度　主要看茶叶中含有杂物的多少。看是否混有茶片、茶梗、茶末、茶籽和制作过程中混入的竹屑、木片、石灰、泥沙等夹杂物。净度好的茶，不含任何杂物。此外，还可以通过茶的干香来鉴别净度。无论哪种茶都不能有异味，青气、烟焦味和熟闷味均不可取。

2. 开汤审评

开汤审评是指在专用的审查杯中将干茶用沸水冲泡后将茶汤倒出，观察茶叶内质的汤色、香气、滋味、叶底 4 个因子。它通过视觉、嗅觉、味觉、触觉等感官，先嗅香气，再看汤色，细尝滋味，后评叶底，对茶叶的质量进行综合评定，是目前国际上对茶叶等级评定最通用的方法。

（1）汤色　是茶叶中的各种色素溶解于沸水而反映出来的色泽。汤色在审评中变化较快，为了避免色泽的变化，审评中要先看汤色或者闻香与观色相结合进行。汤色审评主要看色度、亮度、清浊度 3 个方面。常用的评审茶汤术语有：

清澈：指茶汤清净透明有光泽。

明亮：汤色透明，稍有光彩，虽不够浓，但也不嫌淡，或称“明净”。

浓艳：汤中物质丰富，汤色清绿明亮，新鲜艳丽，汤似琥珀色。

鲜明：汤色明亮略有光泽。

红亮：红而透明，无杂色。

翠绿：翡翠色中呈黄的色泽。

黄绿：绿中呈黄，似半成熟橙子色泽。

橙黄：黄中带红色。

混浊：茶汤中有大量悬浮物，透明度差，是劣质茶的表现。

（2）香气　是茶叶冲泡后随水蒸气挥发出来的气味。由于茶类、产地、季节、加工方法的不同，就会形成与这些条件相应的香气，如红茶的甜香、绿茶的清香、乌龙茶的果香或花香、高山茶的嫩香等。审评香气除辨别香型外，主要比较香气的纯异、高低、长短。香气纯异是指香气与茶叶应有的香气是否一致，是否夹杂其他异味；香气高低可用浓、鲜、清、纯、平、粗来区分；香气长短也就是香气的持久性，香高持久是好茶。常用的评审香气术语有：

浓烈：指香气丰富，一嗅再嗅直至冷却，尚有余香，或称之“浓”“浓烈”（适用于绿茶）“浓甜”（适用于红茶）。

嫩香：清灵芬芳，恒久馥郁，令人有爽快感，一般绿茶称“嫩香”，红茶称“馥郁”，意义相同。

鲜爽：原料细嫩，制造得法，香气新鲜，或称“鲜嫩”。

鲜醇：香高，鲜爽，带有甜香，使人感到有充沛的生气和活力，一般适用红茶。

清高：香气清爽持久，而刺激性较少，一般适用绿茶。

纯正：香气纯，无其他杂气味，或称“纯”“纯正”。

平淡：香气较低，略有茶香。

低：香气淡薄，热嗅稍有感觉，而冷嗅香气已消失。

粗老：老叶的粗老气。

青气：绿茶杀青不透，红茶“发酵”不足，就带有青气。

浊气：夹有其他的气息。

闷气：如新鲜毛竹浸在水里所发生的气味。

老火：微带烤黄的锅巴气息。

异味：包括焦、烟、霉、馊、酸以及非茶叶本身具有的气味。

（3）滋味　是评茶人的口感反应。评茶时首先要区别滋味是否纯正。一般纯正的滋味可以分为浓淡、强弱、醇和几种；不纯正的茶汤滋味有苦涩、粗青、异味。好的茶叶浓而鲜美，刺激性强，或者富有收敛性。常用的评审滋味术语有：

回甘：回味较佳，略有甜感。

浓厚：茶汤味厚，刺激性强。

醇厚：茶味纯正浓厚，有刺激性。

浓醇：浓爽适口，回味甘醇。刺激性比浓厚弱而比醇厚强。

醇正：清爽正常，略带甜。

醇和：醇而平和，带甜。刺激性比醇正弱而比平和强。

平和：茶味正常，刺激性弱。

淡薄：入口稍有茶味，以后就淡而无味。

涩：茶汤入口后，有麻嘴厚舌的感觉。

苦：入口即有苦味，后味更苦。

（4）叶底　指冲泡后剩下的茶渣。一般好的茶叶的叶底，嫩芽叶含量多，质地柔软，色泽明亮，均匀一致，叶形较均匀，叶片肥厚。

以上各项指标中最易判断茶叶质量的是茶叶冲泡之后的口感滋味、香气以及茶汤的色泽。所以如果允许的话，购茶时应尽量冲泡后品尝一下。若是特别偏好某种茶，事先最好先查找一些该茶的资料，准确了解其色、香、味、形的特点，将每次买到的茶叶都互相比较一下，这样次数多了，很快就能熟练掌握茶叶鉴别的方法并应用于实践之中了。

二、不同茶叶的鉴别方法

1．真假茶叶的鉴别

真茶与假茶，一般可用感官审评的方法去鉴别。就是通过人的视觉、感觉和味觉器官，抓住茶叶固有的本质特征，用眼看、鼻闻、手摸、口尝的方法，最后综合判断出是真茶还是假茶。鉴别真假茶时，首先用双手捧起一把干茶放在鼻端，深深吸一下茶叶气味，凡具有茶香者为真茶，凡具有青腥味或夹杂其他气味者即为假茶。同时，还可结合茶叶色泽来鉴别。用手抓一把茶叶放在白纸或白盘子中间，摊开茶叶精心观察，倘若绿茶深绿，红茶乌润，乌龙茶乌绿，且每种茶的色泽基本均匀一致，当为真茶。若茶叶颜色杂乱，很不协调，或与茶的本色不相一致，即有假茶之嫌。如果通过闻香观色还不能做出抉择，那么，还可以取适量茶叶放入玻璃杯或白色瓷碗中，冲上热水，进行开汤审评，进一步从汤的香气、汤色、滋味上加以鉴别，特别是可以从已展开的叶片上来加以辨别。

（1）真茶的叶片边缘锯齿，上半部密而深，下半部稀而疏，近叶柄处平滑无锯齿；假茶叶片多数叶缘四周布满锯齿，或者无锯齿。

（2）真茶主脉明显，叶背叶脉凸起，侧脉7～10对，每对侧脉延伸至叶缘1/3处向上弯曲呈弧形，与上方侧脉相连，构成封闭形的网状系统，这是真茶的重要特征之一；而假茶叶片侧脉多呈羽毛状，直达叶片边缘。

（3）真茶叶片背面的茸毛，在放大镜下可以观察到它的上半部与下半部是呈45°～90°角弯曲的；假茶叶片背面无茸毛，或与叶面垂直生长。

（4）真茶叶片在茎上呈螺旋状互生；假茶叶片在茎上通常是对生，或几片叶簇状生长。

2．新茶与陈茶的鉴别

新茶与陈茶是相比较而言的，在习惯上，将当年春季从茶树上采摘的头几批鲜叶，经加工而成的茶叶，称为新茶。茶叶收购部门的“抢新”，茶叶销售部门的“新茶上市”，茶叶消费者的“尝新”，指的都是每年最早采制加工而成的几批茶叶。但也有将当年采制加工而成的茶叶，称为新茶；而将上年甚至更长时间采制加工而成的茶叶，即使保管严妥，茶性良好，也统称为陈茶。

对于比较多的茶叶品种来说，新茶与陈茶相比，理所当然地以新茶为好。“饮茶要新，喝酒要陈”，这是人们长期以来对饮茶生活的总结。宋代唐庚的《斗茶记》中曾提到：“吾闻茶不问团挎，要之贵新，水不问江井，要之贵活。”新茶的色香味形，都给人以新鲜的感觉，称之为“崭鲜喷香”。隔年陈茶，无论是色泽还是滋味，总有“香沉味晦”之感。这是因为茶叶在存放过程中，在光、热、水、气的作用下，其中的一些酸类、酯类、醇类，以及维生素类物质发生缓慢的氧化或缩合，形成了与茶叶品质无关的其他化合物，而为人们需要的茶叶有效品质成分含量却相对减少，最终使茶叶色香味形向着不利于茶叶品质的方向发展，茶叶产生陈气、陈味和陈色。

但是，并非所有的茶叶都是新茶比陈茶好。有的茶叶品种适当贮存一段时间，反而显得更好些。例如，一些新采制的名茶，如西湖龙井、旗枪、洞庭碧螺春、莫干黄芽、顾渚紫笋等，如果能在生石灰缸中贮放1～2个月，那么汤色依然清澈晶莹，滋味同样鲜醇可口，叶底青翠润绿不改，而且未经贮放的闻起来略带青草气，经短期贮放的却有清香纯洁之感。又如，盛产于福建的武夷岩茶，隔年陈茶反而香气馥郁、滋味醇厚；湖南的黑茶、湖北的汉砖茶、广西的六堡茶、云南的普洱茶等，只要存放得当，也不仅不会变质，甚至能提高茶叶品质。这是因为这些茶叶在贮存过程中主要形成了两股气味，一是茶叶缓慢陈化时形成的陈气，二是因少量霉菌产生而形成的毒气，两气相混，和谐相调，结果产生了一种为人们欢迎的新香气。

在现实生活中，既有多数茶叶品种新茶比陈茶好，但也有陈茶不亚于新茶，甚至反比新茶好的，于是产生了这样一个问题，如何鉴别新茶与陈茶？这可从以下几方面去识别：

（1）色泽　茶叶在贮存过程中，由于受空气中氧气和光的作用，使构成茶叶色泽的一些色素物质发生缓慢的自动分解。例如，绿茶叶绿素分解的结果，使色泽由新茶时的青翠嫩绿逐渐变得枯灰黄绿。绿茶中含量较多的抗坏血酸（维生素C）氧化产生的茶褐素，会使茶汤变得黄褐不清。而对红茶品质影响较大的茶黄素的氧化、分解或聚合，还有茶多酚的自动氧化的结果，会使红茶由新茶时的乌润变成灰褐。

（2）滋味　陈茶由于茶叶中酯类物质经氧化后产生了一种易挥发的醛类物质，或不溶于水的缩合物，结果使可溶于水的有效成分减少，从而使茶叶滋味由醇厚变得淡薄；同时，又由于茶叶中氨基酸的氧化和脱氨、脱羧作用的结果，使茶叶的鲜爽味减弱而变得“滞钝”。

（3）香气　陈茶由于香气物质的氧化、缩合和缓慢挥发，使茶叶由清香变得低浊。

上述区别，是对较多的茶叶品种而言的。如果贮存条件良好，这种差别就会相对缩小。至于有的茶叶，贮存后品质并未降低，那就另当别论了。

3．高山茶与平地茶的鉴别

高山茶与平地茶相比，由于生态环境有别，不仅茶叶形态不一，而且茶叶内质也不相同，相比而言两者的品质特征有如下区别：

（1）高山茶新梢肥壮，色泽翠绿，茸毛多，节间长，鲜嫩度好。由此加工而成的茶叶往往具有特殊的花香，而且香气高，滋味浓，耐冲泡，条索肥硕、紧结，白毫显露。

（2）平地茶的新梢短小，叶底硬薄，叶张平展，叶色黄绿少光。由它加工而成的茶叶，香气稍低，滋味较淡，条索细瘦，身骨较轻。在上述众多的品质因子中，差异最明显的就是香气和滋味两项。

4．熏花茶与拌花茶的鉴别

花茶，又称香花茶、熏花茶、香片等，是以精致加工而成的茶叶（又称茶坯），配以香花窨制而成的，是我国特有的一种茶叶品类。花茶既具有茶叶的爽口浓醇之味，又具有鲜花的纯清雅香之气。所以，自古以来，茶人对花茶就有“茶引花香，以益茶味”之说。目前市场上的花茶主要有熏花茶与拌花茶。

（1）熏花茶　窨制花茶的原料，一是茶坯，二是鲜花。茶叶疏松多细孔，具有毛细管的作用，容易吸收空气中的水气和气体。它含有高分子棕榈酸和萜烯类化合物，也具有吸收异味的特点。花茶窨制就是利用茶叶吸香和鲜花吐香两个特性，一吸一吐，使茶味和花香合二为一，这就是窨制花茶的基本原理。花茶经窨制后要进行提花，就是将已经失去花香的花干进行筛分剔除，尤其是高级花茶更是如此。只有少数香花的片、末偶尔残留于花茶之中。

（2）拌花茶　拌花茶就是未经窨花过程的花茶，拌花茶实则是一种错觉而已。所以从科学角度而言，只有窨花茶才能称作花茶，拌花茶实则是一种假冒花茶。

（3）熏花茶与拌花茶的识别　花茶质量的高低，固然与茶叶质量高低密切相关，但香气也是评判花茶质量好坏的主要品质因子。要区分熏花茶与拌花茶，通常用感官审评的方法进行。审评时，用双手捧上一把茶，用力吸一下茶叶的气味，凡有浓郁花香者，为熏花茶；茶叶中虽有花干，但只有茶味，却无花香者乃是拌花茶。审评花茶香时，通常多用温嗅，重复2～3次进行。花茶经冲泡后，每嗅一次为使花香气得到透发，都得加盖用力抖动一下审评杯。花茶香气达到浓、鲜、清、纯者，就属正宗上品。如茉莉花茶的清鲜芬芳，珠兰花茶的浓纯清雅，玳玳花茶的浓厚净爽，玉兰花茶的浓烈甘美等，都是正宗上等花茶的香气特征。倘若花茶有郁闷混浊之感，自然称不上上等花茶了。一般说来，上等窨花茶，头泡香气扑鼻，二泡香气纯正，三泡仍留余香。所有这些，在拌花茶中是无法达到的，最多在头泡时尚能闻到一些低沉的香气，或者是根本闻不到香气。但也有少数假花茶，将茉莉花香型的一类香精喷于茶叶表面，再放上一些窨制过的花干，这就增加了识别的困难。不过，这种花茶的香气只能维持1～2个月，以后就消失殆尽。即使在香气有效期内，一般凡有一定饮花茶习惯的人，也可凭对香气的感觉将其区别出来。

小资料 2-4

阿里山陈茶是什么茶？有什么功效？

阿里山陈年老茶为阿里山高山茶经长时间氧化而成的茶，形状是一颗一颗的，泡起来喝味道有点甘甜，而且越泡味道越好，产生独特香味和甘甜口味，属乌龙茶，放10年之上可称为老茶。功效主要表现在防癌症、降血脂、抗衰老等方面。

第五节　茶叶的保健功效及如何科学饮茶

长久以来茶叶之所以受到人们的喜爱，除了因为它是受人们欢迎的一种好饮料之外，还因为它对人体能起到一定的保健和治疗作用。人们把茶称为“万病之药”，并不是说它能治愈每一种疾病，而是从传统中医学的角度去归纳和总结茶的医疗保健功效。经常饮茶可以使人元气旺盛，精力充沛，心情舒畅，这样自然百病难侵，有病自然容易恢复。通过品茶，人们的精神得以放松，心境平静豁达，心情舒畅愉悦，所以自然可以长寿。

一、茶叶的主要成分及其作用

关于茶叶的药用功效，早在2 000多年前已被公认。但由于科学技术水平的限制，茶在药用上很大程度还属于经验性质的。20 世纪后期以来，茶叶生物化学研究的不断深入以及医学研究的参与，使得对茶叶的药用有效成分及其药理功效有了进一步的了解。通过研究表明，茶叶中的化合物约有五百多种，其中有机化合物为四百五十余种。现就茶叶中的主要成分及其作用进行叙述。

1. 生物碱类

茶叶中含有的生物碱包括咖啡碱、茶碱、可可碱、腺碱等，其中以咖啡碱的含量最高，一般为 2%～5%，它的主要药理作用有以下几个方面：

（1）提神作用。咖啡碱能够让中枢神经系统兴奋，振奋精神，消除困意，消除疲劳，使人思维活跃，感觉敏锐，从而提高工作效率。

（2）利尿作用。这个作用是由咖啡碱和茶碱共同完成的。茶碱可以扩张肾微细血管，加速尿液分泌。咖啡碱可以刺激膀胱，加速排尿。

（3）增强心肌收缩力，促进冠状动脉扩张，增加血液输出量。改善血液循环，降低胆固醇，促进胃液分泌。

2. 茶多酚类

可溶性的多酚类化合物在红茶中的含量约为干重的 10%～20%，它主要由儿茶素类、黄酮类化合物、花青素和酚酸组成，以儿茶素类化合物含量最高，约占茶多酚总量的 70%。茶多酚的药理作用主要有以下几个方面：防止血管硬化、防止动脉粥样硬化；降血脂；抗菌消炎抗病毒；抗癌抗辐射。

3. 脂多糖类

脂多糖类是脂类物质与多糖相结合的大分子复合物，是茶叶细胞壁的重要组成成分。茶叶中的脂多糖有抗辐射伤害的作用。

4. 氨基酸类

茶叶中的氨基酸种类多达 20 余种，其中茶氨酸的含量最高，占氨基酸总量的 50%以上。众所周知，氨基酸是人体必需的营养成分。有的氨基酸和人体健康有密切关系。例如，谷氨酸能降低血氨，治疗肝昏迷；蛋氨酸能调整脂肪代谢；茶氨酸能够调节脑内神经传导物质的变化，提高学习能力，保护神经细胞，有利于人体的生长发育，调节脂肪代谢，减肥等。

5. 矿物质类

茶叶中含有多种矿质元素，如磷、钾、钙、镁、锰、铝、硫等。这些矿质元素中的大多数对人体健康是有益的，茶叶中的氟素含量很高，远高于其他植物，氟素对预防龋齿和防治老年骨质疏松有明显效果。局部地区茶叶中的硒素含量很高，如我国湖北恩施地区的茶叶中硒素含量非常高。硒对人体具有抗癌功效，它的缺乏会引起某些地方病，如克山病。

6. 维生素类

茶叶中含有丰富的维生素类，但因茶叶的生产工艺不同而有较大差别。一般来说，绿茶因为不经过发酵，所以各种维生素的含量均高于其他茶类。鲜茶叶中的维生素 A 的含量很高，可与菠菜相比。维生素 K 的含量可与鱼肉相比。维生素 C 的含量可与柠檬相比。茶叶中还含有丰富的维生素 B1、B2、B5、B11 和维生素 E。烟酸（维生素 B5）的含量是 B 族中含量最高的，约占 B 族中含量的一半，它可以预防癞皮病等皮肤病。茶叶中维生素 B1 含量比蔬菜高，维生素 B1 能维持神经、心脏和消化系统的正常功能。维生素 B2（核黄素）的含量约每 100 克干茶 10～20 毫克，每天饮用 5 杯茶即可满足人体每天需要量的 5%～7%，它可以增进皮肤的弹性和维持视网膜的正常功能。叶酸（维生素 B11）含量很高，每天饮用 5 杯茶场即可满足人体需要量的 6%～13%。它参与人体核苷酸生物合成和脂肪代谢功能。茶叶中维生素 C 含量很高，高级绿茶中维生素 C 的含量可高达 0.5%，维生素 C 能防治坏血病，增加机体的抵抗力，促进创口愈合。茶叶中维生素 K 的含量约每克成茶 300～500 国际单位，因此每天饮用 5 杯茶即可满足人体的需要。维生素 K 可促进肝脏合成凝血素。

7．芳香化合物类

成品茶中已经有 700 多种香气成分被确认，不同的茶类其香气成分差别很大，但是一般茶叶中都含有茉莉花素、罗兰酮等芳香物质，这些挥发性的芳香物质虽然只占茶叶干重的 0.6%，但是它们溶于茶汤当中并不断挥发出来，使人心情愉悦，饭后用茶汤漱口既可以去除油腻，又可以防治口臭，固齿防龋。

8．其他物质

茶叶中的其他物质主要有碳水化合物和脂肪类。这两类物质都是人体所必不可少的营养，但是人体主要还是通过膳食来摄取这两类营养。

二、茶叶的十大保健功效

1．提神醒脑，有益思考

茶叶的提神益思功能主要由 3 个因素起作用：一是茶叶中的咖啡碱刺激神经并增进肌肉收缩力，使中枢神经兴奋，新陈代谢作用加强。二是茶汤中的氨基酸能提高人的学习能力，增强记忆力。三是茶汤中的芳香物质可以提神醒脑，使人精神愉快，令人消除疲劳，提高工作效率。

2．利尿通便，加速代谢

茶的利尿功能主要是茶中的生物碱，特别是氨茶碱的作用。茶碱一方面通过扩张肾微细血管使肾脏血流量增加，肾小球过滤速度加快，促进尿液形成，一方面刺激膀胱，有利于尿的排出。

茶的通便功能主要是茶多酚在起作用，另外茶中的茶皂素也具有促进小肠蠕动的作用。

3．坚固牙齿，预防龋齿

茶树是一种能从土壤中富集氟元素的植物，茶树中氟的含量高达 250～1 600ppm。氟具有固齿防龋的作用。茶多酚类化合物可以杀死齿缝中能引起龋齿的病原菌，因此饮用茶不仅对牙齿有保健作用，还可以去除口臭。

4．消炎灭菌，利于健康

茶叶中的儿茶素、茶黄素及酚类物质对肠炎病菌有显著的抗菌作用。对黄色葡萄球菌、伤寒杆菌等多种致病细菌也有明显的抑制作用。茶多酚还对百日咳菌、霍乱菌、白癣菌等病原菌有抗菌作用，对于流感病毒、肠胃炎病毒等有抗病毒作用。

5．解毒醒酒，补充营养

茶的解毒作用是多方面的，对于细菌性中毒，茶叶中的茶多酚等物质可与细菌结合，使细菌的蛋白质凝固变性，以此杀菌解毒，对于金属中毒，茶叶可使这些重金属沉淀并加速排出体外。

茶的醒酒作用主要是由于人在饮酒后主要靠肝脏将酒精分解成水和二氧化碳，而这个过程需要维C作为催化剂，饮茶一方面可以补充维C，另一方面茶叶中的咖啡碱有利尿的功能，可以促使人体通过尿液将酒精排出体外。

6．降血压、降血脂

高血压、高血脂是中老年人的常见病，所谓的高血脂是指血浆中的脂质超出了正常的范围。茶叶中的儿茶素能与脂类结合，并通过粪便排出体外。而茶叶中的咖啡碱、儿茶素能使血管壁保持弹性，从而增加血管的有效直径，通过使血管舒张而使血压降低。

7．生津止渴、去腻消食

茶叶中的多种芳香类物质都有祛腻消食的作用，咖啡碱、黄烷醇类物质可以增强消化器官的蠕动，并增加胃酸和消化液的分泌量，以此促进消化。

8．保肝明目、减肥健美

茶的保肝作用主要是茶中的儿茶素可防止血液中胆固醇在肝脏部位的沉积。而且实验证明儿茶素对病毒性肝炎和酒精中毒引起的慢性肝炎有明显疗效。

茶的明目作用主要是因为茶叶中含有维C和胡萝卜素，胡萝卜素被人体吸收可转化为维A，维A可与赖氨酸作用形成视黄醛，增强视网膜的变色能力。而维C如果摄入不足就易患白内障。因此应该适量的多饮一些茶。

9．防辐射、抗癌变

根据第二次世界大战以后的调查，在日本广岛原子弹爆炸中，凡有长期饮茶习惯的人，放射性的伤害都较轻，存活率较高。茶叶具有防辐射的作用，其中主要起作用的是茶叶中的多酚类物质。长时间看电视或经常对着电脑工作的人们应该多饮茶。

茶叶中抗癌的有机物主要有茶多酚、茶碱和多种维生素，抗癌的无机物主要有锌、钼、锰等。经研究比较，绿茶和乌龙茶的防癌效果最好。

10．抗氧化、抗衰老

人衰老的主要原因是人体内产生过量的“自由基”。自由基是人体在呼吸代谢的过程中产生的一种化学性质非常活泼的物质，它在人体内使不饱和脂肪酸氧化并产生丙二醛类化合物，丙二醛类可聚合成褐脂素，这种褐脂素在人的手和脸上沉积，就形成所谓的“老年斑”，在内脏和细胞表面沉积，就促使脏器衰老。

茶叶之所以具有抗衰老的作用，一是由于茶多酚能有效阻断人体内自由基活性作用；二是由于儿茶素具有抗氧化作用，也有助于抗衰老。

三、如何科学饮茶

所谓科学饮茶，就是最有效地发挥饮茶对人体的有益作用，避其不利的一面。茶能提神醒脑，对某些疾病还有很好的疗效。但饮茶也并不是完美无缺的，应因时因地因人制宜，既不能笼统地提倡饮茶越多越好，也不能简单地拒绝饮茶。科学饮茶不仅要选择适合自己的茶叶，更要做到现泡现饮、饮茶适量、饮茶适人和饮茶适时。

1．科学饮茶应该遵循的原则

（1）现泡现饮　自古以来，人们都习惯了用茶壶茶杯，先在茶壶冲泡，然后注入茶杯再饮，古人谓之点茶。当今饮茶，无论自饮或为客人冲泡，不少人习惯将茶叶直接冲泡在杯内随杯而饮，这是很不合理的。因为茶叶浸泡的时间过长，化学成分起了变化，微量元素也浸泡出来了，不仅色、香、味变质，而且有些不利于健康的物质（如锌、铜、铬、氟等）累积超过卫生标准也会对人们的身体产生影响。现在社会上有喝隔夜茶会致癌的说法，这是没有根据的。尽管如此，日常生活中还是不喝隔夜茶为好，这是因为，在温度适宜时，特别是在夏天，由于维生素的作用，茶汤已经变色，甚至发馊，变成深褐色，像这样的茶，从健康角度看，也是不符合卫生标准的。

（2）饮茶适量　饮茶有益健康，这是无可非议的。但凡事总有个度，没有度的限定，事情往往会走向反面，饮茶也是如此。饮茶有益于健康，不是说饮茶越多越好。我国中医学研究证明，依各人体质不同，脾胃虚弱，饮茶不利，脾胃强壮，饮茶有利。这是因为，饮茶有刺激中枢神经的作用：茶中含有咖啡碱，如在人体中积累过多，超过卫生标准就会中毒，损害神经系统，饮茶易失眠的道理即在于此。严重者还会造成脑力衰退，降低思维能力。一般来说，每人每天用茶5～10克，分3次泡饮为好，夏季可适量增加。注意，切不可用茶水服药，服药前后不要饮茶。

（3）饮茶适人　不同体质的人适宜饮用不同的茶，尤其是身体不太好的人更应注意。一般来说，身体健康的成年人，饮用红、绿茶均可；老年人则以饮用红茶为宜，也可间接饮用一杯绿茶或花茶，但是更年期的妇女以饮用花茶为宜；孕妇可以适当饮用一些绿茶，产前宜饮添加红糖的红茶；胃病或者患有十二指肠胃溃疡的人以喝红茶为好，不宜饮用过浓的绿茶。此外，如果患有下列疾病的病人不宜饮茶：感冒发烧的病人忌喝茶，因为伤风感冒的病人喝热而浓的茶不利于病情的康复。英国药理学家证明，茶叶中所含的茶碱会提高人体温度，还能使降温药物的作用消失或大大降低，因此发烧时不易饮茶。贫血病人不宜饮茶。贫血患者中以缺铁性贫血者最多，如果饮茶，茶叶中的鞣酸极易与低价铁结合而形成不溶性鞣酸铁，阻碍铁的吸收，使贫血病情加剧。患有尿道结石的病人应多喝水以帮助排石，但不宜饮茶。

（4）饮茶适时　从科学饮茶的角度而言，一年四季，气候变化不一，不但寒暑有别，而且干湿各异，在这种情况下，人的生理需求是各有不同的。因此，从人的生理需求出发，结合茶的品性特点，最好能做到四季不同择茶，使饮茶达到更高的境界。

1）春季饮花茶。春天大地回春，万物复苏，人体和大自然一样，处于舒发之际，此时宜喝茉莉、桂花等花茶。花茶性温，春饮花茶可以散发漫漫冬季积郁于人体之内的寒气，促进人体阳气生发。花茶香气浓烈，香而不浮，爽而不浊，令人精神振奋，消除春困，提高人体机能效率。

2）夏季饮绿茶。夏天骄阳高温，溽暑蒸人，出汗多，人体内津液消耗大，此时宜饮龙井、毛峰、碧螺春等绿茶。绿茶味略苦性寒，具有消热、消暑、解毒、去火、降燥、止渴、生津、强心提神的功能。绿茶绿叶绿汤，清鲜爽口，滋味甘香并略带苦寒味，富含维生素、氨基酸、矿物质等营养成分，饮之既有消暑解热之功，又具增添营养之效。

3）秋季饮青茶。秋天天气干燥，“燥气当令”，常使人口干舌燥，宜喝乌龙、铁观音等青茶。青茶性适中，青茶介于红、绿茶之间，不寒不热，适合秋天气候，常饮能润肤、益肺、生津、润喉，有效清除体内余热，恢复津液，对金秋保健大有好处。青茶汤色金黄，外形肥壮均匀，紧结卷曲，色泽绿润，内质馥郁，其味爽口回甘。

4）冬季饮红茶。冬天气温低，寒气重，人体生理机能减退，阳气渐弱，对能量与营养要求较高。养生之道，贵于御寒保暖，提高抗病能力，此时宜喝祁红、滇红等红茶和普洱、六堡等黑茶。红茶性味甘温，含有丰富的蛋白质，冬季饮之，可补益身体，善蓄阳气，生热暖腹，从而增强人体对冬季气候的适应能力。

2. 饮茶的禁忌和误区

（1）饮茶的禁忌

1）饮用新茶不宜过浓。新茶中所含鞣酸、咖啡因、生物碱、芳香油等较多，过浓会使神经系统高度兴奋，出现心率加快、心慌气促等醉茶现象。

2）空腹时不宜饮茶。茶有消食健胃作用，空腹饮茶增强胃肠蠕动，时间长了易致胃肠功能紊乱。

3）煮茶及久泡的茶不宜饮。煮茶因茶水浸泡过久，不仅茶的色香味消失，其中所含的维生素也被破坏，而茶中的鞣质等有害物质大量溶出，使茶色变浑，味变苦涩，不利肠胃。此外，隔夜茶、保温杯泡的茶均不宜饮，这样饮茶同样会使茶中的维生素及芳香油损失，从而使有害变质成分增多。

4）不宜嚼食未泡过的茶叶。茶叶中常残留农药成分，加工过程经加温炒作，还会污染上致癌物质，因此不宜抓来即嚼；同样的道理，冲泡第一杯的茶水最好也弃之不饮，称之为洗茶。

5）烘焦及久贮的茶不宜饮。烘焦的茶系经煤或木炭等高温处理，往往含苯并芘等致癌物质，久贮的茶易吸收异味，受潮，易变质，易氧化而丢失色香味。

6）用药治病时饮茶须注意的问题更多，如心动过速的冠心病人不宜饮茶，消化性溃疡病人、胃肠功能差的慢性胃炎病人不宜多饮茶，使用某些药物如红霉素、四环素、碳酸氢钠（小苏打）、健胃片、地高辛、双嘧达莫（潘生丁）、地西泮（安定）、甲丙氨酯、利福平、维生素B1、乳酶生、蛋白酶及中药威灵仙、土茯苓等时均不宜饮茶，否则易使所用药物降效、失效，甚至引发不良反应。

（2）饮茶的误区

1）喜喝新茶。由于新茶存放时间短，含有较多的未经氧化的多酚类、醛类及醇类等物质，对人的胃肠黏膜有较强的刺激作用，易诱发胃病。所以新茶宜少喝，存放不足半个月的新茶更应忌喝。

2）喝头遍茶。由于茶叶在栽培与加工过程中受到农药等有害物的污染，茶叶表面总有一定的残留，所以，头遍茶有洗涤作用应弃之不喝。

3）饭后喝茶。茶叶中含有大量鞣酸，鞣酸可以与食物中的铁元素发生反应，生成难以溶解的新物质，时间一长引起人体缺铁，甚至诱发贫血症。正确的方法是：餐后一小时再喝茶。

4）发烧喝茶。茶叶中含有茶碱，有升高体温的作用，发烧病人喝茶无异于“火上浇油”。

5）溃疡病人喝茶。茶叶中的咖啡因可促进胃酸分泌，升高胃酸浓度，诱发溃疡甚至穿孔。

6）经期喝茶。在月经期间喝茶，特别喝浓茶，可诱发或加重经期综合征。医学专家研究发现，与不喝茶者相比，有喝茶习惯发生经期紧张症几率高出2.4倍，每天喝茶超过4杯者，增加3倍。

7）一成不变。一年四季节令气候不同，喝茶种类宜做相应调整。春季宜喝花茶，花茶可以散发一冬淤积于体内的寒邪，促进人体阳气生发；夏季宜喝绿茶，绿茶性味苦寒，能清热、消暑、解毒、增强肠胃功能，促进消化、防止腹泻、皮肤疮疖感染等；秋季宜喝青茶，青茶不寒不热，能彻底消除体内的余热，使人神清气爽；冬季宜喝红茶，红茶味甘性温，含丰富的蛋白质，有一定滋补功能。

小资料 2-5

保健茶

保健茶是指以茶为主，配有适量中药，既有茶味，又有轻微药味，并有保健治疗作用的饮料。20 世纪 70 年代以来，由于食品污染、药物副作用对健康的威胁及营养过剩等问题日趋严重，人们开始寻求、开发天然食品、天然药物。保健茶首先在西方流行。中国保健茶是以绿茶、红茶或乌龙茶为主要原料，配以确有疗效的单味或复方中药制成；也有用中药煎汁喷在茶叶上干燥而成；或者药液茶液浓缩干燥而成。外形颗粒状，易于沸水速溶。中国保健与外国药茶不同，后者是以草药为原料，不含茶叶，只借用“茶”这个名称。中国保健茶有降低血脂、胆固醇的功效，对肥胖病、糖尿病、高血压、冠心病等患者，是一种辅助的保健饮料，多用袋包装，也有罐装或盒装。

保健茶配方及功效如下：

1．美颜排毒秘方茶

基本配方：绿茶、凤尾茶、枸杞子、桃花、玫瑰花、百合花等。

功效：清除自由基，抗衰老，保持皮肤水分和弹性，淡化黑斑，抑制黑色素生成，养颜美容。另外，还有抗癌、增强免疫力、降脂减肥等功效。

2．纤素减肥秘方茶

基本配方：绿茶、凤尾茶、三七花、菊花、山楂、荷叶等。

功效：提高 SOD（超氧化物歧化酶）的活力，减少 MDA（脂质过氧化物丙二醛）及 OX－LDL（氧化低密度脂蛋白）的生成，使脂肪代谢速度增加，具有明显的降血脂、减肥功效——降脂减肥。另外，还有清热解毒、平肝明目、降血压、抗癌、抗衰老、增强免疫力等功效。

3．清新醒脑秘方茶

基本配方：绿茶、凤尾茶、人参花、薄荷、柠檬等。

功效：补益元气、提神解郁、疏风清热、增强免疫力、缓解疲劳、延缓衰老、改善记忆和学习能力——提神醒脑。另外，还有抗癌、降压、降糖、降血脂、调理胃肠功能、缓解更年期综合症等功效。

第六节　茶叶贮藏知识

对于一个喜爱饮茶的人来说，不可不知道茶叶的保藏方法。因为品质很好的茶叶，如不善加以保藏，就会很快变质，颜色发暗，香气散失，味道不良，甚至发霉而不能饮用。

为防止茶叶吸收潮气和异味，减少光线和温度的影响，避免挤压破碎，损坏茶叶美观的外形，就必须了解影响茶叶变质的原因并且采取妥善的保藏方法。

一、影响茶叶品质的因素

茶叶品质劣变的主因在于受潮与感染异味。成品茶的吸湿性很强，很容易吸收空气中的水分。根据试验，把相当干燥的茶叶露置于室内，经过一天，茶叶的含水量可达7%左右；露置五六天后，则上升到15%以上。在阴雨的天气里，每露置一小时，含水量就增加1%。在气温较高适合微生物活动的季节里，茶叶含水量超过10%时，茶叶就会发霉而失去饮用价值。

而在吸取异味方面，因为茶叶中含有萜烯化合物和高分子棕榈酸，这些能很快就吸收其他物质的气味而改变或掩盖茶叶本来的气味。例如，把茶叶和樟脑丸、香料、药物等放在一起，或把茶叶放在气味较浓的新木器、新漆器里，在几个小时后就会感染到这些东西的气味，轻则喝了使人不快，重则不能饮用。

影响茶叶品质的因素主要有以下几个：

1．温度

氧化、聚合等化学反应与温度的高低成正比。温度越高，反应的速度越快，茶叶陈化的速度也就越快。实验结果表明，温度每升高10℃，茶叶色泽褐变的速度就加快3～5倍。如果将茶叶存放在0℃以下的地方，就可以较好的抑制茶叶的陈化和品质的损失。

2．水分

水分是茶叶陈化过程中许多化学反应的必需条件。当茶叶中的水分在3%左右时，茶叶的成分与水分子呈单层分子关系，可以较有效的延缓脂质的氧化变质。而茶叶中的水分含量超过6%时，陈化的速度就会急剧加快。因此，要防止茶叶水分含量偏高既要注意购入的茶叶水分不可超标，又要注意储存环境的空气湿度不可过高，一般应该保持茶叶水分含量在5%以内。

3．氧气

氧气能与茶叶中的很多化学成分相结合而使茶叶氧化变质。茶叶中的多酚类化合物、儿茶素、维生素C、茶黄素、茶红素等的氧化均与氧气有关。这些氧化作用会产生陈味物质，严重破坏茶叶的品质。所以，茶叶最好能与氧气隔绝开来，使用真空抽气或充氮包装贮存。

4．光线

光线对茶叶品质也有影响，光线照射可以加快各种化学反应，对茶叶的贮存产生极为不利的影响。特别是绿茶放置于强光下太久，很容易破坏叶绿素，使得茶叶颜色枯黄发暗，品质变坏。光能促进植物色素或脂质的氧化，紫外线的照射会使茶叶中的一些营养成分发生光化反应，故茶叶应该避光贮藏。

二、茶叶的贮藏方法

明代王象晋在《二如亭群芳谱》中，把茶的保鲜和贮藏归纳成3句话：“喜温燥而恶冷湿，喜清凉而恶蒸郁，宜清独而忌香臭”。唐代韩琬的《御史台记》写道：“贮于陶器，以防暑湿。”宋代赵希鹄在《调燮类编》中谈道：“藏茶之法，十斤一瓶，每年烧稻草灰入大桶，茶瓶坐桶中，以灰四面填桶瓶上，覆灰筑实。每用，拨灰开瓶，取茶些少，仍覆上灰，再无蒸灰。”明代许次纾在《茶疏》中也有述及：“收藏宜用磁瓮，大容一二十斤，四周厚箬，中则贮茶，须极燥极新，专供此事，久乃愈佳，不必岁易。”这些都说明我国古代对茶叶的保藏就十分讲究。现将当前常用的几种贮茶方法介绍如下：

1．坛藏法

用此法贮藏茶叶，选用的容器必须干燥无味，结构严密。常见的容器有陶甏瓦坛、无锈铁桶等。另外，需要提醒的是，茶叶通常不宜混藏，因为红茶是经发酵加工而成的，花茶则以花香取胜，而绿茶又自成一体，倘一家有几种风格不一，香气迥异的茶叶贮藏在一起，则会因相互感染而失去本来的特色。

2．罐藏法

目前，有许多家庭采用市售的铁罐、竹盒或木盒等装茶。最好装满而不留空隙，这样罐里空气较少，有利于保藏。若是双层的，其防潮性能更好。双层盖都要盖紧，用胶布黏好盖子缝隙，并把茶罐装入两层尼龙袋内，封好袋口，装有茶叶的铁罐或盒，应放在阴凉处，避免潮湿和阳光直射。

3．袋藏法

目前用得最多的是用塑料袋保藏茶叶，这也是家庭贮藏茶叶最简便、最经济的方法之一。用塑料袋包装茶叶，能否起到有效的保藏作用，关键是：一要茶叶本身干燥，二要选择好包装材料。

4．冷藏法

用冰箱冷藏茶叶，可以收到令人满意的效果。但有两点是必须注意的：一是要防止冰箱中的鱼腥味污染茶叶；二是茶叶必须是干燥的。

5．瓶藏法

把茶叶装入干燥的保温瓶中，盖紧盖子，用白蜡密封瓶口。

6．真空法

真空法是把茶叶装入复合袋中，用抽气机抽出空气，使成真空。在常温下保藏一年以上，仍可保持茶叶原来的色、香、味；在低温下保藏，效果更好。

需要注意的是，茶叶在保藏中的含水量不能超过 5%（绿茶）或 7%（红茶），如在收藏前茶叶的含水量超过这个标准，就要先炒干或烘干，然后再收藏。而炒茶、烘茶的工具要十分洁净，不能有一点油垢或异味，并且要用文火慢烘，要十分注意防止茶叶焦煳和破碎，以防止柴炭的烟味或其他异味污染茶叶。

小资料 2-6

洗茶的原因和来历

关于洗茶，有许多误解。人们用茶壶冲泡乌龙茶时，习惯上把第一泡茶水倒掉，称之为“洗茶”。有些茶人解释这样做是因为要洗去茶叶中不干净的夹杂物如茶灰、尘埃。他们认为不“洗茶”的人，是“不讲卫生”“不懂茶艺”。但有否想过，这样“洗茶”，连茶叶精华也在不知不觉中洗掉了？在这里，一是要注意分辨不同的茶叶，不是所有的茶叶都需要洗茶，绿茶就不需要这个环节；二是要注意技法，真的要洗茶，那么就要干净利索，不拖泥带水，减少茶叶内有效物质的损耗。

其实，据学者考证，“洗茶”一词始用于北宋，原属于茶叶采制过程用语，后延伸至饮用过程中。而鲜叶从茶树上采摘下来以后经过初制、精制，其中有多道工序如做青、釜炒、揉捻、烘焙、筛拣等，不仅获得茶叶品级，而且达到卫生标准。其中偶有夹杂物如茶灰、尘埃，经注入沸水即倒掉，也迅即去除。而第一泡茶的操作，主要是进行浸泡，有利于茶叶的舒展和茶汁的浸出，使饮用者很快感觉到茶叶香味，而不是单纯为了洗去茶叶不卫生的东西。

第一泡茶的有效成分较多，如茶多酚、氨基酸、醚浸出物等，不但对人体健康有益，而且尽显茶的美味。根据有关实验，茶的香味和有益人体的成分在第一泡后 3 秒即开始浸出，若超过 3 秒钟倒掉茶水，上述茶中的有效成分就会大量损失。从市场经济角度看，为拓宽我国乌龙茶销路，谋求跨越式可持续发展，“洗茶”用语宜修正为“浸茶”或“温茶”较为确切和科学。

本章小结

本章主要介绍了茶树的基础知识、茶叶的种植与加工、茶叶的分类、茶叶的成分与营养作用、茶叶的鉴别以及茶叶的包装与储存等知识，为学习者进一步了解和深入掌握茶叶知识做好准备。

思考与练习

一、选择

1. 各种茶叶经过粗加工后的成品因其外形比较粗放，故称为（　　）。
   A. 精茶　B. 毛茶　C. 粗茶　D. 细茶
2. 茶树原产于我国（　　）地区。
   A. 东南　B. 江南　C. 江北　D. 西南
3. 有关茶叶记载的最早书籍是（　　）。
   A.《茶经》　B.《神农本草》
   C.《本草纲目》　D.《诗经》
4. 江南茶区是我国茶叶的主要产区，年产量占全国总产量的（　　）。
   A. 1/3　B. 2/3　C. 3/4　D. 4/5
5. 大红袍属于（　　）乌龙。
   A. 闽南　B. 广东　C. 闽北　D. 台湾

二、判断

1. 唐代，陆羽在《茶经》中指出：“茶者，南方之嘉木也。”　（　　）
2. 绿茶可以分为烘青、炒青、晒青和蒸青绿茶。　（　　）
3. 根据茶叶的生产工艺可以将茶叶分为基本茶类和细分茶类。　（　　）
4. 茶叶在我国经历了药用、食用、饮用和深加工利用 4 个阶段。　（　　）

5. 我国有四大产茶区，分别是西南茶区、华南茶区、东南茶区和西北茶区。 （ ）

三、简答

1. 我国茶叶的利用主要经过哪几个阶段？
2. 我国的四大产茶区分别位于哪些省份？都适宜种植哪些茶？
3. 根据茶叶的制作工艺可以将茶叶分为哪几类？
4. 名优茶类应该具有哪些品质特点？
5. 茶叶中都有哪些药用成分和营养成分？
6. 如何鉴别新茶和陈茶？
7. 茶叶的常用储藏方法有哪些？
8. 影响茶叶品质的因素都有哪些？
9. 当年制作的新龙井茶应使用什么容器储存？可否使用无色透明的玻璃容器？
10. 茶叶的生长主要受哪些因素的影响？

四、实际操作练习

实训一：茶叶鉴别练习

实训项目	茶叶鉴别
实训时间	30 分钟
实训要求	随意准备 18 种茶（红茶 4 种、绿茶 5 种、乌龙茶 3 种、黄茶 2 种、白茶 2 种、黑茶 2 种），要能够区分茶叶的类别，并指出每一种茶的名称和所属的茶类
实训工具	茶叶、茶荷、茶罐、茶则等
实训方法	先由老师讲解示范，然后分组练习，最后由老师讲评

实训二：茶叶评审练习

实训项目	茶叶评审
实训时间	30 分钟
实训要求	掌握茶叶评审的基本方法，任意准备一些新茶和陈茶，优质茶和劣质茶，要求能够运用茶叶审评的基本方法，辨别茶叶的质量
实训工具	茶叶、茶荷、茶罐、盖碗、随手泡、茶道组合等
实训方法	先由老师讲解示范，然后分组练习，最后由老师讲评

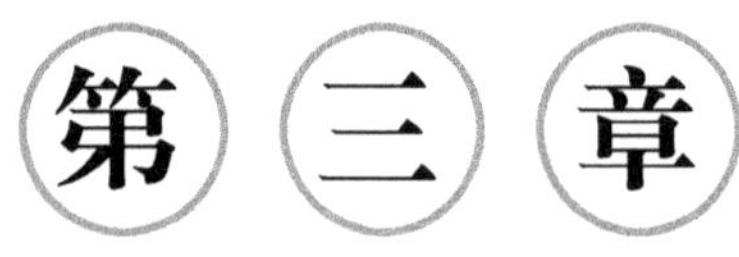

第三章 茶艺六要素

学习目标

◎ 掌握茶叶的选配、用水的选择、茶具的组合、泡茶的方法以及品茶的要求。

◎ 了解品茗环境的营造。

茶艺的六要素包括茶、水、器、境、泡、饮，我国茶艺历史源远流长，历来讲究各要素的搭配与组合，要想达到茶艺美，就必须做到六要素俱美。本章就茶叶的选配、用水的选择、茶具的组合、品茗环境的营造、泡茶的方法以及品茶的要求等茶艺基本要素知识进行了详细的介绍。

第一节 名 茶

一、何为名茶

名茶是指具有独特的外形和优异的品质，色香味俱佳，并具有较高知名度的好茶。

名茶的形成除了具备优越的自然条件、生态环境和精心采制加工外，往往还有一定的历史渊源和文化背景。

二、各类名茶简介

1. 名品绿茶

绿茶属不发酵茶，根据杀青方式和最终干燥方式的不同，绿茶可以分为炒青绿茶、烘青绿茶、蒸青绿茶和晒青绿茶。

（1）西湖龙井（如图 3-1 所示） 产于浙江杭州西湖地区。历史上因产地和炒制技术的不同，分为“狮（峰）”“龙（井）”“云（栖）”“虎（跑）”“梅（坞）”5 个品类，新中国成立后归并为“狮”“龙”“梅”3 个品类，目前统称为“西湖龙井”。在西湖龙井产区之外所产的龙井，统称为“浙江龙井”，品质不及西湖龙井。

西湖龙井具有“色绿、香郁、味醇、形美”四绝之美誉。其品质特点是：形状扁平挺秀，光滑齐匀，色泽绿中显黄。冲泡后，汤色明亮，味甘鲜美，叶底均匀。

龙井茶要求原料细嫩，常采一芽一叶，芽长于叶。清明前采制的称为“明前龙井”，品质最佳。谷雨前采制的称为“雨前龙井”，品质次之，通常高级龙井茶的采制时间多在谷雨前。

（2）洞庭碧螺春（如图 3-2 所示） 产于江苏吴县（1995 年撤消，今苏州吴中区和相城区一带）太湖的洞庭山，以碧螺峰所出产的品质为最好。“碧螺春”原名为“吓煞人香”，相传清康熙三十八年（公元 1699 年）四月，康熙巡视浙江回京，途径苏州太湖，当地官员以“吓煞人香”进献，受到康熙帝的称赞，并赐名为“碧螺春”。其品质特点是：外形条索纤细，卷曲如螺，茸毫披露，银绿隐翠。冲泡后，清香幽雅，滋味甘醇鲜爽，汤色清澈明亮，叶底明绿均匀。

图 3-1 西湖龙井

图 3-2 洞庭碧螺春

（3）庐山云雾（如图 3-3 所示） 产于江西庐山，据载，庐山云雾始于东汉，为当时梵宫寺院僧侣栽植，名曰“云雾茶”。宋代时成为皇室贡茶。以产于庐山五老峰与汉阳峰之间的品质为最好。其品质特点是：外形条索壮实，色泽绿翠多毫。冲泡后，香气鲜爽持久，滋味醇厚回甘，汤色清澈明亮，叶底嫩绿匀齐。

（4）老竹大方（如图 3-4 所示） 产于安徽歙县和浙江临安、淳安的三县毗邻地区，其中尤以安徽歙县老竹产的最为著名。相传，明代隆庆（公元 1567—1572 年）年间，有一位名叫比丘大方的和尚于歙县老竹岭创制了此茶，遂以大方和尚的名字命名此茶，称之为“老竹大方”。其品质特点是：外形似竹叶，扁平匀齐，挺直光滑，但较肥壮，色泽深绿油润。冲泡后，香气浓烈，有板栗香，汤色淡黄明亮，滋味浓醇爽口，叶底嫩绿显黄。

图 3-3 庐山云雾

图 3-4 老竹大方

（5）南京雨花茶（如图 3-5 所示） 产于江苏南京中山陵和雨花台一带，始于 20 世纪 50 年代末，为新创制的炒青名茶。做工精细，风格独特，可与西湖龙井、洞庭碧螺春、黄山毛峰媲美。其品质特点是：形似松针，条索紧结，长直圆浑，两端稍尖，白毫披露，峰苗挺秀，色泽墨绿，整齐均匀。冲泡后，香气浓郁高雅，滋味鲜醇回甘，汤色清澈碧绿，叶底匀嫩明亮。

（6）信阳毛尖（如图 3-6 所示） 产于河南信阳和罗山，以香清、味醇、汤明、叶嫩享誉我国华北、中南地区。主产地为“五山两潭”，即车云山、震雷山、云雾山、天云山、集云山、黑龙潭和白龙潭。其中以产自信阳车云山的品质为最佳。其品质特点是：条形细紧圆直，色绿光润，白毫显露，且有锋苗。冲泡后，香气高爽持久，滋味浓厚回甘，汤色绿翠，叶底绿亮。

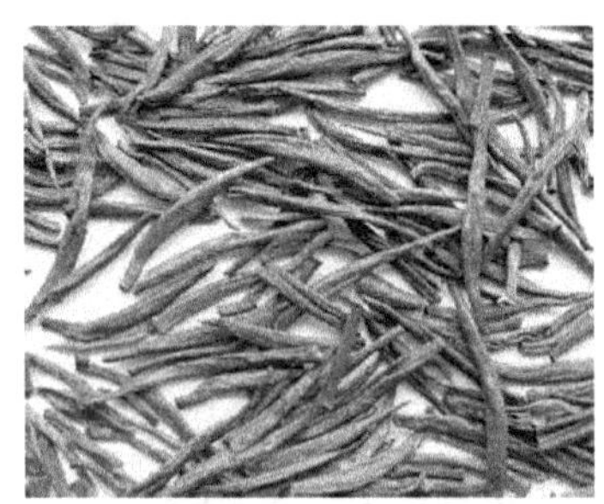

图 3-5 南京雨花茶

图 3-6 信阳毛尖

（7）金奖惠明茶（如图 3-7 所示） 产于浙江景宁，色、香、味、形俱优。其品质特点是：条形细紧壮实，色泽绿翠光润，白毫披布。冲泡后，香气清高，带蕙兰香，滋味鲜爽醇浓，耐冲泡，汤色翠绿、清澈，叶底细嫩、绿亮。

（8）都匀毛尖（如图 3-8 所示） 产于贵州都匀，主产在团山、哨脚、大槽等地，产茶历史悠久，相传明代时，都匀毛尖已经被列为贡品。其品质特点是：条索纤细，披白毫，香清高，色黄绿。冲泡后，香气清鲜，滋味鲜浓，汤色清澈，叶底匀绿泛黄。所以，都匀毛尖的品质风格有“三绿透三黄”之说，即干茶绿中带黄，汤色绿中透黄，叶底绿中显黄。

图 3-7 金奖惠明茶

图 3-8 都匀毛尖

（9）黄山毛峰（如图 3-9 所示） 产于安徽歙县黄山，以香高、味醇、芽叶细嫩多毫为特色。其品质特点是：外形细嫩稍卷曲，有锋毫，形似雀舌，且带有金黄色鱼叶（俗称黄金片），色泽嫩绿油润，俗称“象牙色”。冲泡后，香气清鲜高长，汤色杏黄清澈，滋味醇厚回甘，叶底厚实成朵。

（10）顾渚紫笋（如图 3-10 所示） 产于浙江长兴西北的顾渚山。据载，唐代时被列为贡茶。其品质特点是：外形卷叠，银毫显露，色泽绿翠，冲泡后，清香馥郁，滋味鲜醇，汤色明亮，叶底嫩绿。

图 3-9 黄山毛峰

图 3-10 顾渚紫笋

（11）太平猴魁（如图 3-11 所示） 产于安徽太平的猴坑一带。其品质特点是：外形挺直壮实，叶裹顶芽，有“两叶夹一芽”之称。色泽苍绿匀润，茸毫披露。冲泡后，香气浓高持久，有兰花香。滋味浓厚鲜醇，汤色绿翠明亮，叶底肥壮嫩匀。

（12）敬亭绿雪（如图 3-12 所示） 产于安徽宣城敬亭山，始创于明代。其品质特点是：形似雀舌，挺直圆润，芽叶嫩绿，白毫如雪。冲泡后，香气清鲜持久，带有兰花香，滋味醇和鲜爽，汤色清澈碧绿，叶底嫩绿明亮。

图 3-11 太平猴魁

图 3-12 敬亭绿雪

（13）六安瓜片（如图 3-13 所示） 产于安徽六安、金寨和霍山三县之毗邻山区，以齐云山蝙蝠洞一带所出产的茶叶为最好，分为内山瓜片和外山瓜片两个产区。产量以六安为最多，品质以金寨为最优。其品质特点是：外形似瓜子，单片自然平展，叶缘微翘，色泽宝绿，大小匀整，不含芽尖、梗茎。冲泡后，清香高爽，滋味鲜醇，汤色碧绿，叶底厚实。

（14）恩施玉露（如图 3-14 所示） 产于湖北恩施，主产地是恩施的五峰山，属于蒸青绿茶。恩施产茶，始于宋代。其品质特点是：外形条索紧圆光滑，纤细挺直如针，色泽苍翠绿润。冲泡后，香气清爽，滋味醇和，汤色浅绿，叶底绿翠。

图 3-13 六安瓜片

图 3-14 恩施玉露

2. 名品红茶

红茶属于全发酵茶，经过萎凋、揉捻、发酵、干燥等程序制成，有小种红茶、工夫红茶和红碎茶之分。

（1）小种红茶　产于我国福建省。由于小种红茶的加工过程中采用松柴明火加温，进行萎凋和干燥，所以制成的茶叶具有浓烈的松烟香。因产地和品质的不同，小种红茶又有正山小种和外山小种之分。

1）正山小种（如图 3-15 所示）。其品质特点是：外形条索肥壮重实，色泽乌润有光。冲泡后，香气高长带松烟香，滋味醇厚带桂圆味，汤色红浓，叶底厚实，呈古铜色。

2）外山小种（如图 3-16 所示）。其品质特点是：外形条索近似正山小种，身骨稍轻而短，色泽红褐带润。冲泡后，带有松烟香，滋味醇和，汤色稍浅，叶底带古铜色。

图 3-15　正山小种

图 3-16　外山小种

（2）工夫红茶　我国传统的茶品，因初制时特别注重条索的完整紧结，精制时需费工夫而得名。工夫红茶的品质特点是：外形条索细紧，色泽乌润。冲泡后，汤色、叶底红亮，香气馥郁，滋味甜醇。因采制地区不同，制作技术不一，又有祁红、滇红、川红、闽红、湖红、宜红、宁红、越红之分。

1）祁红（如图 3-17 所示）：主产于安徽省祁门县，是我国传统工夫红茶中的珍品，有 100 多年的生产历史，在国内外享有盛誉。其品质特点是：外形条索紧秀稍弯曲，有锋苗，色泽乌黑泛灰光，俗称“宝光”。冲泡后，香气浓郁高长，有蜜糖香，滋味醇厚，回味隽永，汤色红艳、明亮，叶底鲜红嫩软。

2）滇红（如图 3-18 所示）：产于云南凤庆、临沧、双江等地，属于大叶种工夫红茶。它以外形肥硕紧实，金毫显露，香高味浓而著称，在世界茶叶市场中享有很高声誉。其品质特点是：外形条索肥壮紧结，重实匀整，色泽乌润带红褐，茸毫特多。冲泡后，香郁味浓。

图 3-17　祁红

图 3-18　滇红

3）宁红（如图 3-19 所示）：产于江西修水、武宁、铜鼓等地，又称宁红工夫，是我国最早的工夫茶之一，始于清代道光年间。其品质特点是：外形条索紧结、圆直、有毫，略显红筋，汤色乌润带红。冲泡后，香气清高持久似祁红，滋味醇厚甜和，汤色红亮稍浅，叶底红匀开展。

4）川红（如图 3-20 所示）：产于四川宜宾等地，又称川红工夫，创制于 20 世纪 50 年代，是我国高品质的工夫红茶，以色、香、味、形俱佳而畅销国际市场。其品质特点是：外形条索肥壮、圆紧、显毫，色泽乌黑油润。冲泡后，香气清鲜带果香，滋味醇厚爽口，汤色浓亮，叶底红明匀整。

图 3-19　宁红

图 3-20　川红

5）宜红（如图 3-21 所示）：产于湖北宜昌等地。其品质特点是：外形条索紧细有毫，色泽乌润。冲泡后，香气纯甜高长，滋味鲜爽，汤色、叶底红亮。

6）闽红（如图 3-22 所示）：又称闽红工夫。产于福建。由于茶叶产地、茶树品种和品质特点不同，闽红工夫又可分为白琳工夫、坦洋工夫和政和工夫。

图 3-21　宜红

图 3-22　闽红

7）湖红（如图 3-23 所示）：产于湖南安化、桃源、涟源、平阳、邵阳、长沙、浏阳等地。其品质特点是：外形条索紧结肥实，锋苗好，色泽红褐带润。冲泡后，香气高，滋味醇，汤色浓，叶底红。

8）越红（如图 3-24 所示）：产于浙江绍兴等地，又称越红工夫，以条索紧结，重实匀齐，有锋苗，净度高的优美外形著称。其品质特点是：外形条索紧细挺直，色泽乌润。冲泡后，香气纯正，滋味浓醇，汤色红亮，叶底稍暗。

（3）红碎茶　在红茶加工过程中，将条形茶切成短细的碎茶而成，故得名红碎茶。红碎茶要求茶汤味浓、强、鲜、香，富有刺激性。

图 3-23 湖红

图 3-24 越红

传统红碎茶是指茶叶经萎凋后茶坯采用平揉、平切，再经发酵、干燥制成的红碎茶，有叶茶、碎茶、片茶和末茶 4 个品种。

传统红碎茶的品质特点是：颗粒紧结重实，色泽乌黑油润。冲泡后，香气、滋味浓度好，汤色红浓，叶底红亮。

1）洛托凡红碎茶。这种红碎茶采用的揉切工序是用转子机揉切而成的。其品质特点是：条索紧卷呈颗粒状，色泽乌润，冲泡后香气浓，具有较强的刺激性，汤色浓亮，叶底红亮。

2）CTC 红碎茶。这种红碎茶是采用 CTC 切茶机切碎而成的。其品质特点是：紧实呈粒状，色泽棕黑油润。冲泡后，香气浓郁，滋味鲜爽，汤色红艳，叶底红匀。

3）LTP 红碎茶。这是指用劳瑞式锤击机切碎而成的红碎茶。其品质特点是：颗粒紧实匀齐，色泽棕红。冲泡后，香气、滋味鲜爽，汤色红亮，叶底红亮、细匀。

3．名品乌龙茶

乌龙茶，又名青茶，属半发酵茶。其品质既有绿茶的清香和花香，又有红茶的醇厚和回甘。

（1）大红袍（如图 3-25 所示） 既是茶树名，又是茶叶名。大红袍产于天心岩九龙窠的高岩峭壁上。大红袍的品质很有特色，冲泡 7～8 次，尚不失原茶真味和桂花香。

（2）铁罗汉（如图 3-26 所示） 是武夷山最早的名枞，茶树生长在慧苑岩的内鬼洞。此树生长茂盛，叶大而长，叶色细嫩有光。

图 3-25 大红袍

图 3-26 铁罗汉

（3）白鸡冠（如图 3-27 所示） 茶树原生长在武夷山慧苑岩的外鬼洞，相传明代时，白鸡冠茶曾以“赐银百两，粟四十石，每年封制以进，遂充贡茶”直至清代止。

（4）武夷肉桂（如图 3-28 所示）　其品质特点是：条索紧结卷曲匀整，色泽褐绿油润，叶背有青蛙皮状小白点。冲泡后，肉桂香明显，佳者带乳香，滋味醇厚回甘。咽喉齿颊留香，汤色橙黄清澈，叶底红亮，呈绿叶红镶边。

图 3-27　白鸡冠

图 3-28　武夷肉桂

（5）闽北水仙（如图 3-29 所示）　它始于清代道光年间，品质独具一格。其品质特点是：条索紧结重实，叶端扭曲，色泽暗绿油润，呈蜻蜓头、青蛙腿状。冲泡后，香气浓郁，滋味醇厚回甘，汤色橙黄清澈，叶底黄亮厚软，绿叶红边。

（6）安溪铁观音（如图 3-30 所示）　原产于福建安溪，当地茶树良种很多，其中以铁观音茶树制成的铁观音茶品质为最优。安溪铁观音，以春茶品质为最好，秋茶次之，夏茶较差。其品质特点是：条索卷曲、壮结、重实，呈青蒂绿腹蜻蜓头状，色泽鲜润，显砂绿，红点明，叶表起白霜。冲泡后，香气馥郁持久，有“七泡有余香”之誉，滋味醇厚甘鲜，有蜜味，汤色金黄，浓艳清澈，叶底肥厚明亮，有光泽。

（7）黄金桂（如图 3-31 所示）　产于福建安溪，由黄旦品种茶树嫩梢制成，又因其有奇香似桂花，加之汤色金黄，故称为黄金桂。其品质特点是：条索紧细，色泽金黄油润。冲泡后，有桂花香，滋味甘鲜，汤色金黄明亮，叶底中央黄绿，边缘朱红，柔软明亮。

（8）凤凰水仙（如图 3-32 所示）　产于广东潮州，由于选用原料和制作工艺的不同，按品质优劣，依次可分为单枞级、浪菜级和水仙级 3 个品级。凤凰水仙的品质特点是：条索挺直肥大，色泽黄褐，且油润有光。冲泡后，香味持久，有天然花香，滋味醇爽回甘，耐冲泡，汤色橙黄清澈，叶底肥厚柔软，叶边朱红，叶腹黄明。

图 3-29　闽北水仙

图 3-30　安溪铁观音

图 3-31 黄金桂

图 3-32 凤凰水仙

（9）台湾乌龙（如图 3-33 所示） 台湾乌龙茶源于福建武夷山，已有近百年的历史，但是福建乌龙茶的制茶工艺传到台湾后有所改变，依据发酵程度和工艺流程的区别可分为：轻发酵的文山型包种茶（如图 3-33 所示）和冻顶型包种茶；重发酵的台湾乌龙茶（如图 3-34 所示）。台湾乌龙茶的品质特点是：条索肥壮，显白毫，茶条较短，含红、黄、白三色，鲜艳绚丽。冲泡后，有熟果香，滋味醇厚，汤色橙红，叶底淡褐有红边。

图 3-33 台湾包种

图 3-34 台湾乌龙

4．名品白茶

白茶是我国的特产，属于轻微发酵茶。

（1）白毫银针（如图 3-35 所示） 简称银针，又称白毫，产于福建的福鼎、政和等地，始创于清代嘉庆年间（公元 1796—1820 年）其品质特点是：外形挺直如针，芽头肥壮，满身披白毫。由于产地不同，白毫银针的品质有所差异，产于福鼎的，芽头茸毛厚，色白有光泽，汤色呈浅杏黄色，滋味清鲜爽口；产于政和的，滋味醇厚，香气芬芳。由于白毫银针在制造时未经揉捻破坏茶芽细胞，所以冲泡时间比一般的绿茶要长一些，否则茶汁不易浸出。

图 3-35 白毫银针

（2）白牡丹（如图 3-36 所示） 产于福建政和、建阳、松溪、福鼎等县，因绿叶夹银色白毫芽，形似花朵，冲泡后绿叶托着嫩芽，宛若蓓蕾绽放而得名。其品质特点是：外形不成条索，似枯萎花瓣，色泽灰绿或呈暗青苔色。冲泡后，香气芬芳，滋味鲜醇，汤色杏黄或橙黄，叶底浅灰，叶脉微红，芽叶连枝。

（3）贡眉（如图 3-37 所示） 又称寿眉，主要产于福建的建阳、建瓯、浦城等地。贡眉多由菜茶芽采制而成。其品质特点是：外形芽心较小，色泽灰绿带黄，冲泡后，香气鲜醇，滋味清甜，汤色黄亮，叶底黄绿，叶脉泛红。

图 3-36　白牡丹

图 3-37　贡眉

5. 名品黄茶

黄茶的制作工艺近似于绿茶，属于轻微发酵茶。

（1）君山银针（如图 3-38 所示）　产于湖南岳阳的洞庭山，由于洞庭山又称君山，当地产茶形状似针，满披白毫，故称君山银针。其品质特点是：外形芽头肥壮挺直、满披茸毛，色泽金黄泛光。冲泡后，香气清鲜，滋味甜爽，汤色浅黄，叶底黄亮。

（2）蒙顶黄芽（如图 3-39 所示）　产于四川名山县的蒙山。其品质特点是：外形扁直，色泽微黄，芽毫毕露，冲泡后，甜香浓郁，滋味鲜醇回甘，汤色黄亮，叶底嫩黄匀齐。

图 3-38　君山银针

图 3-39　蒙顶黄芽

（3）霍山黄芽（如图 3-40 所示）　产于安徽霍山，清代时成为贡茶。其品质特点是：形似雀舌，芽叶细嫩，色泽黄绿，多毫。冲泡后，香气鲜爽，有熟板栗香，滋味醇厚回甘，汤色黄绿明亮，叶底黄亮嫩匀。

（4）温州黄汤（如图 3-41 所示）　产于浙江泰顺、平阳、瑞安、永嘉等地。其品质特点是：条索细紧纤秀，色泽黄绿多毫。冲泡后，香气清新高锐，滋味鲜醇爽口，汤色橙黄明亮，叶底成朵匀齐。

（5）北港毛尖（如图 3-42 所示）　产于湖南岳阳一带山地，是历史名茶之一。其品质特点是：外形芽壮叶肥，白毫显露。冲泡后，香气清高，滋味醇厚，汤色金黄，叶底黄明。

（6）沩山毛尖（如图 3-43 所示）　产于湖南宁乡的大沩山，是我国古老的传统名茶。在制茶工艺中，最后采用枫木或香黄藤燃烧熏烟，从而使茶叶具有烟香。其品质特点是：

外形叶缘微卷呈块状，白毫显露，色泽黄亮油润。冲泡后，松烟香浓厚，滋味醇甜爽口，汤色橙黄明亮，叶底黄亮嫩匀。

图 3-40 霍山黄芽

图 3-41 温州黄汤

图 3-42 北港毛尖

图 3-43 沩山毛尖

6. 名品黑茶

黑茶属于后发酵茶，是我国特有的茶类。由于选用原料粗老，在制作过程中堆积时间较长，所以成品黑茶色呈油黑或黑褐色，且外形粗大，粗老气味较重。

（1）湖南黑茶（如图 3-44 所示） 原产于湖南安化，现已扩大到桃江、沅江、汉寿、宁乡、益阳、临湘等地。湖南黑茶条索卷折成泥鳅状，色泽油黑，汤色橙黄，叶底黄褐，香味醇厚，具有烟香。以湖南黑茶为原料制成的紧压茶有黑砖茶、茯砖茶和湘尖等。

（2）四川边茶（如图 3-45 所示） 产于四川，一般来说，雅安、天全、荥经等地所产的边茶专销康藏，称为南路边茶，是压制康砖和金尖的原料。都江堰、崇庆、大邑等地所产的边茶，专销四川西北部，称为西路边茶，是压制茯砖和方包茶的原料。

（3）湖北老青茶（如图 3-46 所示） 产于湖北蒲圻、咸宁、通山、崇阳、通城等地，是压制青砖的原料。老青茶分为洒面、二面、里茶 3 个级别。“洒面”色泽乌润，条索紧细，稍带白梗。“二面”色泽乌绿微黄，叶子成条，以红梗为主。“里茶”色泽乌绿带花，叶面卷皱，茶梗以当年新梢为主。

（4）普洱茶（如图 3-47 所示） 是产于云南思茅、西双版纳、昆明、宜良的条形黑茶。普洱茶汤色红浓明亮，香气独特，叶底褐红，滋味醇厚回甘。普洱茶条索粗壮肥大完整，色泽褐红或带有灰白色。

图 3-44 湖南黑茶

图 3-45 四川边茶

图 3-46 湖北老青茶

图 3-47 普洱茶

小资料 3-1

茶叶中的“鱼叶”指的是什么叶子？

“鱼叶”是指茶树的越冬芽在春季发芽时初展开未抽出新梢时最初的叶片，因呈鱼形故得名。因其是在上年就形成的，在茶叶的采摘中都弃而不采，只采当年新芽，以保证茶叶的品质。

第二节 鉴 水

自古佳茗需有好水相配，方能相得益彰。早在唐代陆羽所著的《茶经》中就明确提出了水质与茶汤优劣的密切关系。他认为：“山水上，江水中，井水下。”可见泡茶离不开水，精茶必须配美水，才能给人以至高的享受。

一、用水的标准

（1）水质要清　水清则应无杂、无色、透明、无沉淀物，这样的水最能显出茶的本色。

（2）水体要轻　水的比重越大，说明溶解的矿物质越多。矿物质含量超标，对茶汤的味道必然有不良的影响。

（3）水味要甘　水味甘是指水一入口，舌尖马上就有甜滋滋的美妙感觉，咽下以后，喉中也有甜爽的回味，用这样的水泡茶自然会增加茶的滋味。

（4）水温要冽　因为寒冽之水多出自于地层深处的泉脉之中，所受污染较少，泡出的茶汤滋味纯正。

（5）水源要活　科学实验证明，在流动的活水中细菌不易繁殖，同时活水有自然净化的作用，在活水中氧气和二氧化碳等气体的含量较高，泡出的茶汤特别鲜爽可口。

二、水的分类

宜茶用水可以分为天水、地水和再加工水 3 大类。

1. 天水类

天水包括雨、雪、霜、露、雹等。在雨水中最适宜泡茶的是立春的雨水。立春的雨水中得到自然界春始生发万物之气，用于煎茶可补脾益气。雪与霜宜取腊雪和冬霜，用腊雪水煎茶可解热止渴，用冬霜水煎茶可解酒热。露是阴气积聚而成的水液。用草尖的露水煎茶可使人身体轻灵，皮肤润泽。用鲜花上的露水煎茶可以美容养颜。

2. 地水类

地水包括泉水、江水、河水、湖水、井水等。

（1）泉水　泉水涌出地面之前为地下水，经地层反复过滤，涌出地面时，水质清澈透明。泉水吸收空气，增加溶氧量，并在二氧化碳的作用下，溶解了岩石和土壤中的钠、钾、钙、镁等元素，具有矿泉水的营养成分。并非所有的山泉水都可以用来泡茶，如硫黄矿泉水就不能用来沏茶。

（2）江、河、湖水　均属于地表水，含杂质较多，混浊度较高。一般来说用这类水泡茶很难取得较好的效果。

（3）井水　宜取深井之水，因为深井之水也属地下水，在耐水层的保护下不易被污染，同时被过滤的距离远，水质洁净。而浅层井水则易被地面污染物污染，水质一般较差。

3. 再加工水类

再加工水是指经过工业净化处理的饮用水，包括自来水、纯净水（蒸馏水、太空水）、矿泉水、活性水、净化水 5 种品类。其中纯净水属于软水，适宜用来泡茶。净化水是通过净化器对自来水进行二次终端过滤处理后的水，一般也适宜泡茶。矿泉水与活性水应选用软性的品种，含矿物质多的硬水泡茶的效果不佳。

三、名泉简介

1. 镇江中泠泉

中泠泉又名南泠泉，位于江苏镇江金山寺外，早在唐代就已天下闻名。据史料记载，江水来自西方，受到石牌山和鹘山的阻挡，水势曲折转流，分为三泠（三泠为南泠、中泠、北泠），而泉水就在中间一个水曲之下，故名“中泠泉”。因位置在金山的西南面，故又称“南泠泉”。据传因长江水深流急，汲取不易，打泉水需在正午之时将带盖的铜瓶子用绳子放入泉中后，迅速拉开盖子，才能汲到真正的泉水。

清咸丰、同治年间，由于江沙堆积，金山与南岸陆地相连，泉源也随金山登陆。中泠泉上岸后曾一度迷失，后于同治八年（1869）被候补道薛书常等人发现，遂命石工在泉眼四周叠石为池，并由常镇通海通观察使沈秉成于同治十年（1871）春写记、立碑、建亭。

光绪年间镇江知府王仁勘又在池周造起石栏，池旁筑庭榭，并拓池40亩，开塘种植荷茭，又筑土堤，种柳万株，抵挡江流冲击，使柳荷相映，十分秀丽。现镌刻在方池南面石栏上的“天下第一泉”5个遒劲大字，即为王仁勘所书。池旁盖楼建亭，池南建有一座八角亭，双层立柱，直径7米，十分宽敞，取名“鉴亭”，是以水为镜、以泉为鉴之意。亭中有石桌石凳供游人小憩，十分风凉幽雅。池北建两层楼房1座，楼上楼下为茶室，环境幽静，林荫覆护，风景清雅，是游客品茗的最佳之处。楼下层墙壁左侧，嵌有沈秉成所书“中泠泉”三字石刻；右侧为沈秉成“中泠泉”及薛书常“中泠泉辩”石刻。

中泠泉水宛如一条水白龙，自池底汹涌而出，“绿如翡翠，浓似琼浆”，泉水甘洌醇厚，特宜煎茶。唐代陆羽品评天下泉水时，中泠泉名列全国第七。后唐名士刘伯刍则把宜茶的水分为7等，中泠泉依其水味和煮茶味佳名列第一。用此泉沏茶，清香甘洌，相传有“盈杯之溢”之说，即储泉水于杯中，水虽高出杯口二三分都不溢，水面放上一枚硬币，不见沉底。

2. 无锡惠山泉

惠山泉位于江苏省无锡市西郊惠山山麓锡惠公园内，号称天下第二泉，相传是经唐代陆羽品评而得名，故又名陆子泉。此泉于唐代大历十四年开凿，迄今已有1 200余年历史。唐代张又新《煎茶水记》中记载：“水分七等……惠山泉为第二。”元代大书法家赵孟頫和清代吏部员外郎王澍分别书有“天下第二泉”，刻石于泉畔，字迹苍劲有力，至今保存完整。这就是“天下第二泉”的由来。

惠山泉盛名，始于中唐。其时饮茶之风大兴，品茗艺术化，对宜茶用水有了更高的要求。据唐代张又新《煎茶水记》记载，最早评点惠山泉水的是唐代刑部侍郎刘伯刍和陆羽，他们品评的宜茶用水范围不一，但都将惠山泉列为“天下第二泉”。自此以后，历代名人学士都以惠山泉沏茗为快。唐代天宝进士皇甫冉称此水来自太空仙境；唐元和进士李绅更说此泉是“人间灵液，清鉴肌骨，漱开神虑，茶得此水，尽皆芳味”。据唐代无名氏《玉泉子》记载，唐武宗时，宰相李德裕为汲取惠山泉水，特设立“水递”（类似驿站的专门输水机构），把惠山泉水送往千里之外的长安。宋代大文学家欧阳修用惠山泉作“润笔费”礼赠大书法家蔡襄。宋徽宗赵佶更把惠山泉水列为贡品，由两淮两浙路发运使赵霆按月进贡。南宋高宗赵构，被金人逼得走投无路，仓皇南逃时，还去无锡品茗二泉。元代诗人高启，客居浙江绍兴，家乡好友为他特地送去惠山泉水，为此高启作《友人越贶以惠泉》诗相谢。诗曰：“汲来晓冷和山雨，饮处春香带间花。送行一斛还堪赠，往试云门日铸茶。”近代汲惠山泉水沏茶之举仍大有人在。人们每日提壶携桶，排队汲水，为的就是试泉品茗。

惠山泉是地下水的天然露头，细流透过岩层裂缝，呈伏流汇集，遂成为泉。泉水分上、中、下三池。上池为八角形，水质最好，水色透明，甘洌可口，水过杯口数毫米而茶水不溢。中池呈不规则方形，是从若冰洞浸出，池旁建有泉亭。下池呈长方形，凿于宋代。此处有二泉亭、漪澜堂、景徽堂及明代的观音石等。泉水从上面暗穴流下，由龙口吐入地下。坐在景徽堂的茶座中，品尝用二泉水泡的香茗，欣赏二泉附近景色，听着泉水的叮咚声，实乃人生一大快事。中国民间音乐家阿炳（华彦钧），曾在此作二胡名曲《二泉映月》，曲调悠扬，如泣如诉，更使二泉美名远播天下。

惠山泉水富含矿物质营养，水质轻而味甘，能益诸茗色、香、味、形之美，用这等上好泉水品茗，自然为人钟情，大有“茶不醉人人自醉”之意。

3. 苏州观音泉

观音泉位于苏州虎丘山观音殿后，井口一丈余见方，四旁石壁，泉水终年不断，清澈甘洌，又名陆羽井。陆羽与唐代诗人卢仝评它为“天下第三泉”。此泉园门横楣上刻有“第三泉”三字，每年吸引大量游人前来游览。观音泉既然以观音命名，当然就与观音菩萨的传说有关。民间传说此地有石身观音壁立泉上，手里的净瓶喷出两股水柱，一清一浊，清水赈济人间良善，浊水洗净尘世污垢。古人有诗曰：“不推汝汉不通淮，一滴清泉何处来，想是瓶中清静水，忽从地涌上莲台。”

4. 杭州虎跑泉

虎跑泉位于浙江杭州市西南大慈山白鹤峰下定慧禅寺（俗称虎跑寺）侧院内，距市区约 5 公里。龙井茶、虎跑水被誉为西湖双绝，古往今来，凡是来杭州游历的人，无不以能身临其境品尝一下以虎跑甘泉之水冲泡的西湖龙井之茶为快事，历代诗人更是留下了许多赞美虎跑泉水的诗篇。清代诗人黄景仁（1749—1783）在《虎跑泉》一诗中有云：“问水何方来？南岳几千里，龙象一帖然，天人共欢喜。”相传，唐元和十四年（公元 819 年），高僧寰中（亦名性空）来此，喜欢这里风景灵秀，便住了下来。后来。因为附近没有水源，他准备前往别处。一夜忽然梦见神人告诉他：“南岳有一童子泉，当遣二虎将其搬到这里来。”第二天他果然看见二虎跑（刨）地作地穴，清澈的泉水随即涌出，故名为虎跑泉，正如虎跑寺楹联所写“虎移泉眼至南岳童子，历百千万劫留此真源”。其实虎跑泉是从大慈山后断层陡壁砂岩、石英砂中渗出，据测定流量为 43.2～86.4 立方米/天，泉水晶莹甘洌，居西湖诸泉之首，和龙井泉一起并誉为“天下第三泉”。虎跑泉原有 3 口井，后合为二池。主池泉边有一浮雕：石龛内的石床上，寰中正在头枕右手侧身卧睡，神态安静慈善，同时，栩栩如生的两只老虎正从石龛右侧向入睡的高僧走来，形象亦十分生动逼真。这组“梦虎图”浮雕展现的正是神仙给寰中托梦，派遣仙童化作二虎搬来南岳清泉这个神话传说。近年来随着改革开放的飞速发展，旅游的方兴未艾，也推动了杭州茶文化事业的蓬勃发展。杭州建起了颇具规模的茶叶博物馆，借以弘扬中华民族源远流长的茶文化优秀遗产，普及茶叶科学知识，促进中外茶文化的交流。如今，在西湖风景区的虎跑、龙井、玉泉、吴山等处均恢复或新建了一批茶室，中外茶客慕名而至，常常座无虚席。杭州市内不少品茗爱好者，往往于每日清晨乘车或骑自行车到虎跑等名泉装取泉水，用以冲茶待客，或自饮品尝，以取陶然之乐。鉴于品泉者日益增多，杭州新闻界曾经呼吁，应适当节制每日取水量，以保护古泉的自然水量及其久享盛名的清爽甘醇。

5. 济南趵突泉

趵突泉位于济南市中心，又名槛泉，是泺水的源头，至今已有 270 年的历史。趵突泉一年四季恒定温度在 18℃左右，严冬时节水面上水气袅袅，薄雾冥冥，一边是泉池波光粼粼，一边是亭台楼阁金碧辉煌，构成了一幅奇妙的人间仙境。历代著名文学家、哲学家、诗人，如曾巩、苏轼、张养浩、王守仁、蒲松龄等都在此留下美文。泉池西侧的“观澜亭”建于明朝天顺五年，“第一泉”石刻，是清朝同治年间书法家王钟霖的墨迹，亭西“趵突泉”石碑是明代山东抚府胡缵宗手笔。泉东池的北岸，水边窗明几净的建筑就是素有胜名的蓬莱社，又称望鹤亭茶社。当年康熙、乾隆两位皇帝都曾在这里临水静坐，品茗赏泉。在品尝到趵突泉水后竟将南巡中携饮的北京玉泉水全部换成了趵突泉水，故有“润泽春茶味更真”“不饮趵突水，空负济南游”之说。

6. 北京玉泉山玉泉

北京玉泉山位于北京西郊玉泉山东麓，明代蒋一葵在《长安客话》中对玉泉山做了生动的描绘：“出万寿寺，渡溪更西十五里为玉泉山，山以泉名。”玉泉，这一泓天下名泉，它的名字也同天下诸多名泉佳水一样，往往同古代帝王品茗鉴泉紧密联系在一起。清康熙年间，在玉泉山之阳建澄心园，后更名静明园，玉泉即在该园中，自清初即为宫廷帝后茗饮御用泉水。清乾隆皇帝不但是一位嗜茶者，更是一位品泉名家。在历代帝王中，尝遍天下名茶者不乏其人，但实地品鉴天下名泉的可能除乾隆非他人莫属了。乾隆对天下诸名泉佳人曾做过深入的研究和品评，并有他独到的品鉴方法。除对水质的清、甘、洁做出比较之外，其以特制的银斗进行比较衡量，以轻者为上。他经过多次对名泉佳水品鉴之后，将天下名泉列为七品：京师玉泉第一；塞上伊逊之水第二；济南珍珠泉是第三；扬子江金山泉第四：无锡惠山泉、杭州虎跑泉并列第五；平山泉第六；清凉山、白沙（井）、虎丘（泉）及京师西山碧云寺均列为第七。乾隆在《玉泉山天下第一泉记》中说：“则凡出于山下，而有冽者，诚无过京师之玉泉，故定为天下第一泉。”

小资料 3-2

市面上出售的矿泉水可以用来泡茶吗？

一般来说，市面上包装出售的矿泉水并不一定适合用来泡茶。因为水中矿物质的增加会影响水质本身的口感。若以矿泉水泡茶，茶汤真正的味道势必受到水质的影响。

第三节　器　　具

茶具是中国茶文化之中不可分割的一部分。我国茶具种类繁多，造型优美，极具欣赏和使用价值。而茶具与茶又是不可分割的，好茶常因使用了精美的器具而使得它更具韵味，同时好的茶具也因茶品的珍贵而更添光彩。下面对茶具的分类、各种茶具的简介以及搭配进行一一介绍。

一、茶具的发展演变

中国茶叶品类繁盛，在品饮中，特别讲究色、香、味、形，因此需要一系列能充分发挥各类茶叶特质的器具，这就使得中国的茶具异彩纷呈。无论是造型的优美，质地的精良，都有它的独到之处。中国茶具构成了中国茶文化不可分割的重要组成部分。茶具的出现，是茶叶应用的直接结果，茶具的制作水平和茶叶的应用程度也应该是同步发展的。我国茶叶始于食用、药用，以后才逐渐成为日常生活中的饮料。当茶叶只是作为食物、药物使用的时候，尚无可称为“茶具”的器皿。只有当茶叶作为日用饮料之后，相应的器皿才有可能逐渐产生。

茶具，古代亦称茶器或茗器。西汉辞赋家王褒《僮约》有“烹茶尽具，酺已盖藏”之约，这是我国最早提到“茶具”的一条史料。到唐代，“茶具”一词在诗文里处处可见，晚唐代诗人陆龟蒙《零陵总记》载：“客至不限匝数，竞日执持茶器。”中唐代诗人白居易《睡后茶兴忆杨同州诗》:“此处置绳床,旁边洗茶器。”晚唐代文学家皮日休《褚家林亭诗》有“萧疏桂影移茶具”之语。宋、元、明几个朝代,茶具一词在各种书籍中都可以看到,如《宋史·礼志》载有“皇帝御紫宸殿,六参官起居北使……是日赐茶器名果”,宋代皇帝将“茶器”作为赐品。北宋画家文同有“惟携茶具赏绝”的诗句。南宋诗人翁卷写有“一轴黄庭看不厌,诗囊茶器每随身”的名句。元画家王冕《吹箫出峡图诗》有“酒壶茶具船上头”。明初号称“吴中四杰”的画家徐贲一天夜晚邀友人品茗对饮时,他乘兴写道:“茶器晚犹设,歌壶醒不敲。”

唐宋以来,铜和陶瓷茶具逐渐代替古老的金、银、玉制茶具,原因主要是唐宋时期,整个社会兴起一股家用铜瓷、不重金玉的风气。据《宋稗类钞》说:“唐宋间,不贵金玉而贵铜磁(瓷)。”铜茶具相对金玉来说,价格更便宜,煮水性能好。陶瓷茶具既能盛茶又能保持香气,所以容易推广,又受大众喜爱。这种从金属茶具到陶瓷茶具的变化,也从侧面反映出,唐宋以来,人们文化观、价值观、对生活用品实用性的取向有了转折性的改变,在很大程度上说,这是唐宋文化进步的象征。

再者,唐宋以来,陶瓷茶具明显取代过去的金属、玉制茶具,这还与唐宋陶瓷工艺生产的发展直接有关。一般来说,我国魏晋南北朝时期瓷器生产开始出现飞跃发展,隋唐以来我国瓷器生产进入一个繁荣阶段。例如,唐代的瓷器制品已达到圆滑轻薄的地步,唐代皮日休说道:“邢客与越人,皆能造磁器,圆似月魂堕,轻如云魄起。”当时的“越人”多指浙江东部地区,越人造的磁器形如圆月,轻如浮云。因此还有“金陵碗,越瓷器”的美誉。王蜀写诗说:“金陵含宝碗之光,秘色抱青瓷之响。”宋代的制瓷工艺技术更是独具风格,名窑辈出,如“定州白窑”。

北宋政和年间,京都自置窑烧造瓷器,名为“官窑”。北宋南渡后,有邵成章设后苑,名为“邵局”,并仿北宋遗法,置窑于修内司造青器,名为“内窑”。内窑瓷器“油色莹彻,为世所珍”。宋大观年间(1107—1110 年)景德镇陶器色变如丹砂(红色),也是为了上贡的需要。大观年间朝廷贡瓷要求“端正合制,莹无暇庇,色泽如一”。宋朝廷命汝州造“青窑器”,其器用玛瑙细末为油,更是色泽洁莹。当时只有贡御宫廷多下来一点青窑器方可出卖,“世尤难得”。汝窑被视为宋代瓷窑之魁,史料说当时的茶盏、茶罂(茶瓶)价格昂贵到了“鬻(卖)诸富室,价与金玉等(同)”,世人争为收藏。除上例之外,宋代还有不少民窑,如乌泥窑、余杭窑、续窑等生产的瓷器也非常精美可观。

一言蔽之,唐宋陶瓷工艺的兴起是唐宋茶具改进与发展的根本原因。随着时代的变迁,岁月的流逝,人们的日常品茶跨越了仅仅是生理需要的阶段,而升华为一种文化,一种为全民族所共有的文化,而茶和茶具也就成为珠联璧合的文化载体。饮茶进入艺术品饮的唐宋时代,人们不仅开始讲究茶叶本身的形式美和色、香、味、形四佳,也开始讲究起茶具之完备、精巧,乃至茶具本身的艺术美,以增加人们的感官享受,达到心地的进一步调适和谐。

二、茶具的分类

1. 根据制作茶具的材料划分

(1)陶土茶具(如图 3-48 所示) 陶器中的佼佼者当属宜兴紫砂茶具,紫砂茶具的泥料选用宜兴特有的紫砂陶土，陶器内外均不施釉，烧成后的成品主要呈现紫红色，因而被称为紫砂。紫砂茶具泡茶的 7 大优点：①泡茶不失原味；②泡茶不易变质；③常用的壶，空壶注水也有茶味；④茶壶耐热性能好，不易爆裂；⑤紫砂茶具传热缓慢，不易烫手；⑥壶长久使用后，色泽光润美观；⑦紫砂泥色多变，色调古朴，耐人寻味。

图 3-48　陶土茶具

（2）瓷器茶具（如图 3-49 所示）　瓷质茶具可以分为白瓷茶具、青瓷茶具和黑瓷茶具等。

图 3-49　瓷器茶具

（3）漆器茶具（如图 3-50 所示）　漆器茶具始于宋代，主要产于福建福州，故又被称为“双福”茶具。漆器茶具工艺精巧、色泽艳丽、多姿多彩。

（4）金属茶具（如图 3-51 所示）　是指采用金、银、铜、锡等金属为材料制作的茶具，用锡制作的储茶器具对于防潮、防氧化、防光和防异味有较好的效果。但是，一般泡茶的行家不屑使用金属茶具来泡茶。

图 3-50　漆器茶具

图 3-51　金属茶具

（5）竹木茶具（如图 3-52 所示）　主要有竹木茶盘、茶池、茶则、茶碗等。在很多茶区人们喜欢使用竹木的茶碗泡茶，物美价廉，经济实惠。

（6）玻璃茶具（如图 3-53 所示） 玻璃质地透明，光泽夺目，采用玻璃杯泡茶，特别是冲泡名优绿茶，茶汤色泽鲜艳，茶具晶莹剔透，茶叶在冲泡的过程中上下漂浮，使人赏心悦目。但是玻璃茶具也有缺点，如导热快、不透气、保温能力差、茶香容易散失等。

除了上述几类常用的茶具之外，还有水晶、玛瑙、玉石等珍稀原料制成的茶具。

图 3-52 竹木茶具

图 3-53 玻璃茶具

2．根据茶具的使用功能划分

（1）主泡器 主要包括茶壶、茶船、茶盘、茶海、茶杯等。

（2）助泡器 主要包括茶则、茶匙、茶针、茶漏、茶夹、茶荷、茶巾、香炉、水盂等。

（3）煮水器 包括电随手泡、风炉与水壶、酒精灯与水壶等。

（4）储茶器 即储存茶叶的罐子，密封性能要好，不透光最佳。

三、各种茶具的介绍

（1）茶盘（如图 3-54 所示） 用来盛放茶具，多为木质或竹质，分为上下两层，上层用来承托茶具，下层用来承接泡茶时淋下的废水。

（2）茶船（如图 3-55 所示） 用来盛放茶壶的容器，当泡茶时壶中的水溢出时，茶船将水接住，避免弄湿桌面。茶船多为陶制品，同时它也是养壶的必备器具。

图 3-54 茶盘

图 3-55 茶船

（3）茶壶（如图 3-56 所示） 它是主要的泡茶器具，主要有陶质、瓷质、玻璃质、石质等。所谓“水为茶之母，器为茶之父”，要想泡出好茶，没有好壶是一定不行的。

（4）茶盅（如图 3-57 所示） 又称茶海、公道杯，形状酷似无盖的茶壶。因为乌龙茶的冲泡时间十分讲究，短短的时间之差就会使茶汤的质量大大地改变，所以先倒出的茶汤与后倒出的茶汤浓淡会有所不同，因此为了使得茶汤的浓淡均匀，要先把茶汤全部倒入茶盅之中，然后再分至杯中。

图 3-56　茶壶

图 3-57　茶盅（公道杯）

（5）茶杯　由于冲泡的茶叶不同，使用的茶杯也不尽相同。现在常使用的茶杯主要有：

1）闻香杯（如图 3-58 所示）：杯身细长，借以保留茶香，供闻香之用，是乌龙茶特有的茶具，一般与品茗杯配成一套使用。

2）品茗杯（如图 3-58 所示）：常见的有紫砂质地的和瓷质的，容量较小，一般只容一口茶汤，常与紫砂壶相配。

3）盖碗（如图 3-59 所示）：又称三才杯，分为碗盖、茶碗和杯托 3 部分，分别代表着天、地和人，一般用来冲泡花茶或绿茶。

图 3-58　闻香杯、品茗杯

图 3-59　盖碗

（6）茶道六君子（如图 3-60 所示）　由茶筒、茶则、茶匙、茶夹、茶针、茶漏组成。

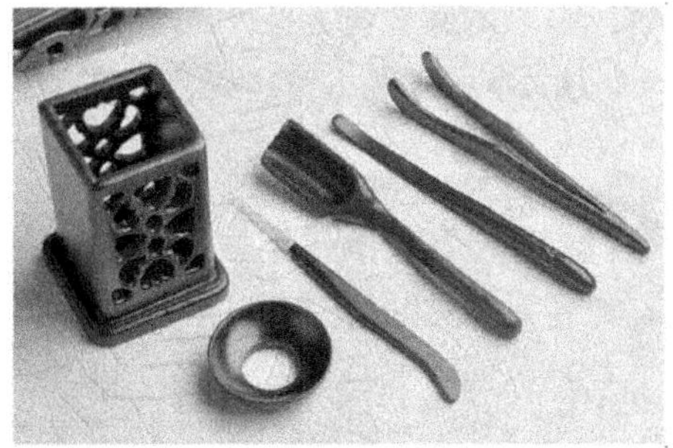

图 3-60　茶道六君子

（7）茶则　也称茶勺，由茶叶罐中向外取出茶叶的器具。

（8）茶匙　将茶叶由茶荷拨入茶壶中的器具。

（9）茶针　用来疏通茶壶的内网，防止壶口堵塞，保持水流畅通。

（10）茶夹 用来夹取壶中的茶渣，并且可以代替手清洁茶具。

（11）茶漏 放置在茶壶口上引导茶叶入壶，防止茶叶因为壶口较小而掉落壶外。

（12）茶荷（如图 3-61 所示） 用于盛放干茶，以供客人欣赏干茶的外形并将干茶投入茶壶。

（13）茶巾（如图 3-62 所示） 主要的作用是将茶壶或茶海底部残留的水擦干，也可以用来擦拭桌面上的水滴。

图 3-61 茶荷

图 3-62 茶巾

（14）分茶罐（如图 3-63 所示） 即茶仓，泡茶前将要冲泡的茶叶倒入茶仓。

（15）香炉（如图 3-64 所示） 泡茶时用来焚点香支以增加饮茶情趣的用具。

图 3-63 分茶罐

图 3-64 香炉

（16）水盂（如图 3-65 所示） 是盛放废弃茶水的器皿。

（17）随手泡（如图 3-66 所示） 即煮水器，是加热煮水用的器具，种类很多，常用的是电随手泡。

图 3-65 水盂

图 3-66 随手泡

小资料 3-3

何为“茶室四宝”？

茶室四宝即玉书煨、潮汕炉、孟臣罐和若琛瓯。

玉书煨：即烧开水的壶，为赭色薄瓷扁形壶，容水量为250毫升，水沸时“扑扑”作响，如唤人泡茶一般。现代茶馆很少使用。

潮汕炉：是烧开水用的火炉，小巧玲珑，可调节风量，掌握火力大小，以木炭作为原料。

孟臣罐：泡茶的茶壶，为宜兴紫砂壶，以小为贵。

若琛瓯：即品茶杯，为白瓷翻口小杯，杯小而浅，容水量为10～20毫升。

第四节 造 境

品茶和作诗一样，特别强调情景交融。正如人们普遍认为的那样：“喝酒喝气氛，品茶品文化。”中国的茶艺在品茶时尤重环境、艺境、人境和心境的营造。

一、环境

中国人既然把饮茶看作一门艺术，那么饮茶的环境当然要十分的讲究。品茗喝茶除了要有好的茶叶、好的茶具、好的水、好的泡茶技艺之外，还要注重品茗的环境。所谓环境，就是品茶的场所，包括内部环境和外部环境两部分。对于外部环境，中国茶艺讲究的是野幽清寂、林泉逸趣、回归自然。因为在这种环境中饮茶最能体现出茶道的追求。在这种环境中品茶，茶人与自然最易展开精神上的沟通，茶人的内心世界最易与外部环境交融，使尘心洗净，达到精神上的升华。中国茶艺所追求的幽野清净的自然环境大体可以分为以下 4 种：

（1）幽寂的寺院美 “鸟声低唱禅林雨，茶烟轻扬落花风”。

（2）幽玄的道观美 “涧花入井水味香，山月当人松影直”，云缥缈，石峥嵘，晚风轻，断霞明。

（3）幽静的园林美 “远眺城池山色里，俯聆弦管水声中”。

（4）幽清的田园美 “蝴蝶双双入菜花，日长无客到田家”。

品茶的内部环境要求窗明几净，装修简素，格调高雅，气氛温馨，使人有亲切感和舒适感。内部装潢和桌椅陈设力求幽静雅致，四壁或柱上悬挂书画或雕刻，在适当的位置摆放盆景、插花以及古玩和工艺品。在光线设计上，最好采用自然光，但忌光线直接照射，注意光线的柔和。室内可以播放一些背景音乐，但不能过于强烈，多选用琵琶、古筝等。注意保持室内空气的流通。忌各种气味（如燃香、空气清新剂、香水、香花、菜肴等）。

二、艺境

“茶通六艺”，在品茶时讲究“六艺助茶”。六艺指的是琴、棋、书、画、诗和古玩的收藏与鉴赏。其中尤其注重音乐和字画。

“琴”代表的是音乐，儒家认为修习音乐可以培养一个人的情操，提高个人素养，使自己的生命过程更加快乐美好，所以音乐是每一个人的必修课。我们在茶艺过程中重视用音乐来营造艺境，是因为音乐，特别是我国古典名曲重情味、重自娱、重生命的享受，有助于陶冶茶人的情操。除此之外，营造高雅的艺境，我们还常常借助名家的字画、古玩、花木盆景等。

三、人境

人境，就是品茗时由各种文化要素共同构成的人文环境。人们在品茗活动中往往展现的是一种高品位的精神追求。品茶人的品茶行为并不仅仅是为了解渴，也不仅仅是为了保健，更多的是一种文化上的满足，高品位的文化休闲，也可以说是一种高档次的文化消费。因此，饮茶时的人文环境营造也显得十分重要。所以一些茶艺馆非常重视茶文化知识的普及和推广，经常举行茶艺表演，开办茶艺知识讲座和培训，人们在茶馆内不仅可以品饮各地名茶，品尝风味食品，还能欣赏到一台汇聚京剧、曲艺、杂技、魔术、变脸等优秀民族艺术的精彩演出。

四、心境

所谓心境即是品茶时所获得的舒适、闲静、空灵的精神享受。品茶时有一个好的心境，才会真正体会到茶的真谛，才能真正获得精神上的放松。品茗的人数不同可以营造出不同的心理环境。

1．独品得神

一个人品茶精神容易集中，心情更加平静，不受外界干扰，情感更加容易随着茶香的飘散而得到升华。独自品茶，实际上是茶人的心与茶的对话，所以称之为“独品得神”。

2．对饮成趣

品茶不仅是茶人与茶的对话，还是茶人之间心与心的相互沟通。相邀一位知心朋友相对品茗、互诉衷肠，这些都是人生乐事，所以称之为“对饮成趣”。

3．众饮得慧

古人云“三人行，必有我师”，在品茶之时，大家最容易打开话匣子，相互交流、沟通，从彼此身上学到自己没有的东西，从中得到新知，所以称之为“众饮得慧”。

小资料 3-4

如何清除茶具中的茶垢？

茶垢是茶多酚在空气中氧化生成的棕色胶状物质，这种物质不易被水冲洗掉，所以很难清除。清洗茶具时，可以在一块干净的抹布上挤上一点牙膏来擦拭，就会干净明亮如新了。

第五节 冲 泡

一、泡茶三要素

一杯茶泡得好与坏主要取决于茶叶的用量、泡茶的水温、冲泡的时间 3 个要素。

1．茶量

茶量就是在一杯或一壶茶中投入适当分量的茶叶。要想泡出一杯（一壶）好茶，首先要掌握好茶叶的用量。每次泡茶用多少茶叶并没有统一的标准，主要是根据茶叶的种类、茶具的大小以及饮茶者的习惯而定。

（1）因茶而定 茶叶的种类不同，茶叶用量也不尽相同。一般冲泡红茶、绿茶和花茶时，茶与水的比例可以掌握在 1:50～1:60 之间，即每杯约放 3 克茶叶，注入 150～200 毫升沸水；品普洱茶时，茶与水的比例为 1:30～1:40，即 5～10 克茶叶加入 150～200 毫升沸水；在所有茶叶中，投茶量最多的是乌龙茶，茶叶体积约占茶壶容量的 2/3。

（2）因地而异 投茶量的多少与饮茶者的饮用习惯有着密切的关系。我国的西北少数民族地区，人们常年以肉食为主，缺少蔬菜，因此茶叶便成为他们补充维生素的最好途径。他们引用的茶叶多为紧压茶类，茶叶原料比较粗老，所以普遍采用煮渍法，并且在茶中加入盐、乳、糖或其他调味品，茶叶用量较大。我国的华北和东北地区广大人民喜欢饮用花茶，通常用比较大的茶壶泡茶，茶叶用量较少。长江中下游的人们主要饮用绿茶或龙井茶、碧螺春等名优茶，一般用较小的瓷杯或玻璃杯，每次茶叶用量也不多。福建、广东、台湾等地，人们喜饮工夫茶，茶具虽小，但茶叶用量较多，每次投茶用量几乎为茶壶容积的 1/2，甚至更多。

（3）因人而择 茶叶用量还与饮茶者的年龄结构和饮茶史有关。一般常年饮茶的中老年者喜欢饮浓茶，茶叶用量较多。初学饮茶的人喜欢饮较淡的茶，茶叶用量较少。泡茶所用的茶水比还因饮茶者的嗜好而异，经常饮茶者喜饮较浓的茶，茶水比可以大些，反之，不经常饮茶的人喜喝较淡的茶，茶水比可以小些。此外，饭后与酒后适饮浓茶，茶水比可以大些。睡前适饮淡茶，茶水比应小些。

2．水温

（1）水温高低 水温的高低是影响茶叶水溶性物质溶出比例和香气成分挥发的重要因素。水温低，茶叶有效成分不能充分溶出，香气也不能完全散发出来。水温过高，又会造成茶汤色泽的变黄，茶香也会变得低浊。一般而言，泡茶的水温与茶叶中有效物质在水中的溶解度成正比，水温越高，溶解度越大，茶汤越浓；水温越低，溶解度越小，茶汤也就越淡。

泡茶的水温因茶而异，细嫩的高级绿茶，以 85～90℃为宜。茶叶越绿越嫩，冲泡的水温越要低，这样泡出的茶才能嫩绿明亮，滋味鲜爽；水温如果过高，茶汤容易变黄，滋味较苦。乌龙茶在冲泡前要用开水淋烫茶具，冲泡后还要在壶外浇淋，以提高茶的色香味。对于原料较老的紧压茶，要求水温一定要高，将茶砖敲碎，放在锅中熬煮。

（2）水的老嫩 唐代陆羽在《茶经》中早有叙述：“其沸，如鱼目，微有声，为一沸；边缘为涌泉连珠，为二沸；腾波鼓浪为三沸；以上水老，不可食也。”这说明了泡茶烧水要大火急沸，不要文火慢煮，以刚煮沸起泡为宜，用这样的水泡茶，茶汤香味绝佳。水如果沸腾过久，此时溶于水的二氧化碳和氧气损失殆尽，用此水泡茶，茶汤缺少鲜爽的味道。而未沸腾的水，由于水温低，茶中的有效成分不易泡出，使得茶汤香味低淡，而且茶叶漂浮在茶汤的表面，饮用起来也不方便，故不宜用来泡茶。

3．时间

茶叶冲泡的时间与次数和茶叶种类、泡茶水温、用茶数量、饮茶习惯等都有关系。根据测定，第一次冲泡，茶叶的可溶性物质可以溶出 50%～60%；第二次冲泡，可以溶出 30%左右；第三次冲泡，可以溶出 10%左右；第四次冲泡，则所剩无几。所以茶叶以冲泡 3 次为宜。茶叶冲泡的次数也因茶而异，像乌龙茶冲泡时由于壶小茶叶量多，一般冲泡 7 次仍有余香。

二、不同茶类的冲泡方法

1．绿茶的冲泡

（1）绿茶的玻璃杯泡法

1）备具。准备无色透明玻璃杯、茶叶罐、开水壶、茶荷、茶匙、茶巾、水盂。

2）赏茶。用茶匙从茶叶罐中轻轻拨取适量茶叶入茶荷，以供客人欣赏干茶的外形和香气。

3）洁具。将玻璃杯一字摆开，依次倒入1/3杯的开水，然后从左侧开始，右手捏住杯身，左手托住杯底，轻转杯身，将杯中的开水一次倒入水盂。

4）置茶。用茶匙将茶荷中的茶叶拨入杯中待泡。

5）温润泡。将水温为80～85℃的开水注入杯中约1/4杯，注意开水不要倒在茶叶上，应打在玻璃杯的内壁上，以免烫坏茶叶。时间掌握在15秒之内，将杯子拿起，逆时针转动，使茶叶充分吸水舒展。

6）冲泡。用凤凰三点头的手法高冲注水，使茶叶在杯中上下翻滚，这样有助于茶叶内的物质浸出。

7）奉茶。右手轻握杯身，左手托住杯底，双手将茶送到客人面前，放在客人方便拿取的位置，伸出右手，做出“请”的姿势。

（2）绿茶的盖碗泡法

1）备具。准备盖碗、茶叶罐、开水壶、茶荷、茶匙、茶巾、水盂。

2）赏茶。用茶匙从茶叶罐中轻轻拨取适量茶叶入茶荷，以供客人欣赏干茶的外形、色泽和香气。

3）洁具。将盖碗一字排开，掀开盖碗。右手拇指和中指捏住盖钮两侧，食指抵住钮背，将盖掀开，斜放于碗托右侧，依次向碗中注入三成满的开水，将盖稍加倾斜地盖在茶碗上，双手持碗身，双手拇指按住钮盖，轻旋茶碗三周，将洗杯之水从碗盖和碗身之间的缝隙倒出，右手再次掀开碗盖放回碗托上。在清洗茶具的同时还达到了温热茶具的目的。

4）置茶。左手持茶荷，右手拿茶匙，将干茶依次拨入碗中待泡。

5）冲水。用水温在 80℃左右的开水高冲入碗，注意水柱不要打在茶叶上，而应打在碗的内壁上，冲水量以七八成满为宜。冲水后，迅速将碗盖稍加倾斜地盖在茶碗上，使碗沿与盖之间留有一条空隙，避免将碗中的茶叶闷黄。

6）奉茶。双手持茶托，礼貌地将泡好的茶奉给客人。

（3）绿茶的壶泡法

“精茶杯泡，粗茶壶饮”，对于中低档的绿茶，若用玻璃杯或白瓷杯冲泡，其缺点尽显，所以可以选择选择用瓷壶或紫砂壶冲泡。

1）备具。准备茶壶、茶杯、茶叶罐、茶匙、茶巾、水盂、开水壶。

2）洁具。将开水冲入茶壶，摇动数下，依次将壶内的开水倒入茶杯中，在将茶杯中的水倒入水盂中，洁净茶具的同时给茶具加温。

3）置茶。用茶匙将茶叶罐中的绿茶拨入壶中待泡。

4）冲泡。将 85～90℃的开水先以逆时针方向旋转高冲入壶，之后改为直流冲水，最后用“凤凰三点头”的手法将壶注满。

5）分茶。浸泡约3分钟后将壶中的茶汤斟入茶杯，一般以七分满为标准。

6）奉茶。应双手奉茶，并用手势示意宾客饮用。

2．红茶的冲泡

红茶的品饮，主要有清饮和调饮两种。清饮，即在茶汤中不加任何调料，使茶发挥本身固有的香气和滋味。调饮，则在茶汤中加入调料，以佐汤味，比较常见的是加入糖、牛奶、柠檬、咖啡、蜂蜜和香槟酒。

（1）清饮杯泡法

1）备具。白色有柄瓷杯、茶叶罐、茶荷、茶匙、茶巾、水盂等。

2）洁具。用开水冲杯，以洁净茶具，起到温杯的作用。

3）赏茶。用茶匙拨取适量茶叶放入茶荷，以供宾客欣赏干茶的外形和香气。

4）置茶。用茶匙将茶叶依次拨入茶杯中。

5）冲水。将 90℃左右的开水以高冲法冲入茶杯，七成满即可。

6）奉茶。将充好的茶双手奉给宾客。

（2）清饮壶泡法

1）备具。准备紫砂壶、白瓷杯、茶叶罐、茶匙、茶荷、茶巾、水盂。

2）洁具。用开水注入壶中，持壶摇动数下，再依次倒入杯中，以洁净茶具。

3）置茶。用茶匙从茶叶罐中拨取适量茶叶入壶。

4）冲泡。将 90℃的开水高冲入壶。

5）分茶。静置 3～5 分钟后，提起茶壶，轻轻摇晃，待茶汤浓度均匀后，依次倒茶入杯。

6）奉茶。有礼貌地将茶奉给客人。

（3）调饮泡法

调味红茶主要有牛奶红茶、柠檬红茶、蜂蜜红茶、白兰地红茶等。

1）备具。根据人数选用合适的茶壶以及相应的茶杯、茶叶罐、水壶、羹匙等。

2）洁具。将开水注入壶中，持壶摇动数下，再依次倒入杯中，以洁净茶具。

3）置茶。用茶匙从茶叶罐中拨取适量的茶叶入壶。

4）冲泡。将 90℃左右的开水高冲入壶。

5）分茶。静置 3～5 分钟后，打开壶盖，轻轻搅拌，使茶汤浓度均匀，滤去茶渣，将茶汤倒入杯中。然后可以加入牛奶和糖，或者一片柠檬，或者一两匙蜂蜜，或者少许白兰地，用量的多少可以依据宾客个人的口味而定。

6）奉茶。持杯托将茶汤礼貌地奉给宾客。杯托上需放一个羹匙。

7）品饮。品饮时，需用茶匙调匀茶汤，进而闻香、尝味。

3．乌龙茶的冲泡

（1）潮汕功夫茶泡法

1）备具。烧水炉具、盖碗、品杯、茶承、茶叶罐、茶荷、茶匙、茶巾等。

2）温具。泡茶前，先用开水壶向盖碗中注入沸水，斜盖碗盖，右手从盖碗上方握住碗身，将开水从碗盖与碗身的缝隙中倒入一字排开的品杯里。

3）赏茶。用茶匙从茶叶罐中拨取适量茶叶入茶荷，以供宾客欣赏干茶的外形及香气。

4）置茶。将碗盖斜搁于碗托上，从茶荷中拨取适量茶叶入盖碗。

5）冲水。用开水壶向碗中冲入沸水。冲水时，水柱从高处直冲而入，要一气呵成，不可断续，俗称“高冲”。

6）刮沫。水要冲至九成满，茶汤中有白色泡沫浮出，用拇指、中指捏住盖钮，食指抵住钮背，拿起碗盖，由外向内沿水平方向刮去泡沫。

7）洗茶。第一次冲水后，15 秒内要将茶汤倒出，也称温润泡。可以将茶叶上面的灰尘洗去，同时让茶叶有一个舒展的过程。倒水时，应将碗盖斜搁于碗身上，从碗盖和碗身的缝隙中将洗茶水倒入茶承。

8）正式冲泡。仍以“高冲”的方式将开水注入盖碗中，如产生泡沫，用碗盖刮去后加盖保香。

9）洗杯。用拇指、食指捏住杯口，中指托底沿，将品杯侧立，浸入另一只装满沸水的品杯中，用食指轻拨杯身，使杯子向内转三周，均匀受热，并洁净杯子。最后一只杯子在手中晃动数下，将开水倒掉即可。

10）斟茶。第一泡茶，浸泡 1 分钟即可斟茶，斟茶时盖碗应尽量靠近品杯，俗称“低斟”，可以防止茶汤香气和热量的散失。倾茶入杯时，茶汤从斜置的碗盖和碗身的缝隙中倒出，并在一字排开的品杯中来回轮转，通常反复二三次才将茶杯斟满，称为“关公巡城”。茶汤倾毕，尚有余滴，须一滴一滴依次巡回滴入个茶杯，称“韩信点兵”。采用这样的斟茶法，目的在于使各杯中的茶汤浓淡一致，而避免出现先倒为淡、后倒为浓的现象。

11）奉茶。最后有礼貌地将茶杯奉到宾客面前，或请宾客自行从茶承上取杯品饮。

（2）福建工夫茶泡法（以安溪铁观音冲泡方法为例）

1）备具。紫砂小壶、品杯、茶船（茶洗）、烧水炉具、茶叶罐、茶荷、茶夹、茶则、茶匙、茶巾、水盂。

2）洁具。用开水壶向紫砂壶注入开水，提起壶在手中摇晃数下，依次倒入品杯中，这一步也称“温壶烫盏”。

3）赏茶。用茶则从茶叶罐中取适量茶叶入茶荷，供宾客欣赏干茶的外形及香气。

4）置茶。用茶匙拨取茶叶入壶，也称“乌龙入宫”。投放量为 1 克干茶 20 毫升水，差不多壶的三成满。

5）温润泡。温润泡也称洗茶，用开水壶以“高冲”的方式冲入水壶，直至水满壶口，用壶盖由外向内轻轻刮去茶汤表面的泡沫，盖上壶盖后，立即将洗茶水倒入水盂。温润泡既可以使茶水清新纯洁，又可以使外形紧结的茶叶有一个舒展的过程。

6）正式冲泡。用开水壶再次“高冲”，并上下起伏，以“凤凰三点头”之式将紫砂壶注满，如产生泡沫，仍要用壶盖刮去，并盖上盖保香。

7）淋壶。用开水在壶身外均匀淋上沸水，可以避免紫砂壶内热气快速散失，同时可以清除黏附于壶外的茶沫。

8）洗杯。用茶夹夹住杯壁，向内摇晃数下，将烫杯水倒入水盂。

9）斟茶。大约浸泡 1 分钟后，将壶口尽量靠近品杯，把泡好的茶汤巡回注入茶杯中，俗称“关公巡城”。将壶中剩余茶汁，一滴一滴地分别点入各茶杯中，此式俗称“韩信点兵”。这样斟茶可以使每杯中的茶汤浓淡一致。杯中茶汤以七八成满为宜。

10）奉茶。有礼貌地将茶奉到宾客面前，或请宾客自行品饮。

（3）台湾乌龙茶泡法

1）备具。茶盘、紫砂壶、闻香杯、品茗杯、杯垫、品茗杯、公道杯、滤网、茶则、茶夹、烧水壶具、茶叶罐、茶荷、茶匙、茶巾。

2）温壶烫盏。将开水注入紫砂壶和公道杯中，持壶摇晃数下，以巡回往复的方式注入闻香杯和品茗杯中。

3）赏茶。用茶则从茶叶罐中量取适量茶叶置于茶荷中，供宾客欣赏干茶的外形及香气。

4）置茶。用茶匙将茶荷中的乌龙茶按需拨入茶壶中待泡，雅称“乌龙入宫”。

5）温润泡。温润泡也称“洗茶”，方法同福建工夫茶。

6）正式冲泡。以“凤凰三点头”之式将茶壶注满。

7）刮沫。用壶盖从外向内轻轻刮去水面的泡沫。

8）淋壶。用公道杯中的开水均匀地淋在壶的外壁上。

9）洗杯。用茶夹依次将闻香杯和品茗杯中的烫杯水倒掉，并一对对地放在杯垫上，闻香杯在左，品茗杯在右。杯身上若有图案或分正反面，应将有图案的一面或正面朝向宾客。

10）滤茶。将滤网置于公道杯上，将壶中浸泡约 1 分钟的茶汤通过滤网倒入公道杯中。

11）斟茶。执公道杯，将茶汤斟入闻香杯，至七成满为止。

12）品茶。先将闻香杯中的茶汤轻轻旋转倒入品茗杯，使闻香杯内壁均匀留有茶香，送至鼻端闻香。也可转动闻香杯，使杯中香气得到最充分的挥发。再用拇指、食指握住品茗茶的杯沿，中指托杯底，以“三龙护鼎”之式执杯品茗。

4. 白茶与黄茶的冲泡

（1）白茶的冲泡

1）备具。准备直筒无色透明玻璃杯、杯托、茶叶罐、茶匙、赏茶盘等。

2）赏茶。用茶匙取出白茶少许，置于茶盘之中，以供宾客欣赏干茶的外形与色泽。

3）置茶。取白茶 2 克左右，置于玻璃杯中。

4）浸润。冲入少量开水，让茶叶在杯中浸润 10 秒左右。

5）泡茶。用高冲水的手法，向杯中冲入开水 100～120 毫升，一般以七八成满为宜。

6）奉茶。有礼貌地用双手端杯并奉给宾客饮用。

（2）黄茶的冲泡

黄茶的冲泡方法与白茶的冲泡方法有些相似。

1）备具。准备直筒无色透明玻璃杯、杯托、杯盖、赏茶盘、茶叶罐、茶匙等。

2）赏茶。用茶匙取出少许茶叶，置于赏茶盘中，以供宾客欣赏。

3）置茶。取出君山银针 3 克左右，放入茶杯待泡。

4）高冲。将 70℃左右的开水，先快后慢地冲入茶杯 1/2 处，将茶芽浸润，稍后再冲至七成满为止。

5）赏茶。君山银针经过冲泡后，茶芽依次直立，上下沉浮，10 分钟左右，就可以品饮了。

5. 黑茶与花茶的冲泡

（1）黑茶的冲泡

普洱茶经过长期的存放，茶叶中的茶多酚在温湿的条件下不断氧化，形成“陈香”。贮存的时间越长，其滋味和香气越发醇厚，品质也越好。普洱茶一般选用紫砂壶或盖碗冲泡。

1）备具。准备茶盘、盖碗、公道杯、白瓷杯、茶叶罐、茶则、茶针、茶巾等。

2）温壶。将烧沸的开水冲入盖碗，再将盖碗中的沸水倒入公道杯，轻摇几下后依次倒入白瓷杯。

3）置茶。用茶则从茶叶罐中拨取适量的茶叶置入盖碗，一般为5～8克。

4）洗茶。将沸水大水流地冲入盖碗，使茶叶随水流快速翻滚，达到洗茶的目的。

5）泡茶。再次将沸水先高后低地冲入盖碗后加盖。

6）出汤。将盖碗中的茶汤倒入公道杯，出汤前用碗盖刮去浮沫。

7）分茶。将公道杯中的茶汤依次倒入白瓷杯，以七八成满为宜。

（2）花茶的冲泡

1）备具。准备盖碗、茶叶罐、茶则等。

2）置茶。用茶则从茶叶罐中取出适量的茶叶放入盖碗，一般置茶2～3克。

3）浸润。先冲入少许的开水浸润茶叶。

4）冲泡。约10秒后，再向碗中冲水至七八成满，随即加盖，避免香气散失。

5）奉茶。将茶碗连托双手奉给客人。

6）品茶。花茶冲泡后需静置3分钟左右，方可饮用。品用时，先开盖闻茶香，再用碗盖轻轻推开浮叶，从斜置的碗盖和碗沿的缝隙中品饮。

小资料 3-5

非茶之茶

非茶之茶主要是指那些在市场上与茶叶具有同样功效的保健原料，它们既可以单独饮用，也可以与茶叶搭配饮用，如杜仲茶、绞股蓝茶、刺五加茶、菊花茶、虫茶、八宝茶、金莲花茶等。这些茶饮大都是因为具有独特疗效而被人们普遍饮用，因此也被人们称为保健茶。

第六节 品　饮

通过规范的泡茶程序，我们最终得到了一杯香茗，但要想能够真正品尝到这杯茶汤的真香灵味，就要讲究正确的品饮方法。

一杯茶汤在手，应该如何去品尝和欣赏呢？我们通常可以从3方面着手：一是观色，二是闻香，三是品味。

一、绿茶的品饮

冲泡前，可先欣赏干茶的色、香、形。名优绿茶的造型因品种而异，或条状，或扁平，或螺旋形，或若针状；其色泽，或碧绿，或深绿，或黄绿，或白里透绿等；其香气，或奶油香，或板栗香，或清香等。冲泡时，倘若采用透明玻璃杯，则可观察茶在水中的缓慢舒展，游弋沉浮，这种富于变幻的动态，称之为“茶舞”。冲泡后，则可端杯闻香，此时，茶汤表面上升的雾气夹杂着缕缕茶香，使人心旷神怡。接着是观察茶汤的颜色，或黄绿碧清，或淡绿微黄，或乳白微绿，隔杯对着阳光透视茶汤，还可见到有细微茸毛在水中游弋。而后端杯小口品啜，尝茶汤滋味，缓慢吞咽，让茶汤与舌头味蕾充分接触，则可领略到名优绿茶的风味。若舌和鼻并用，还可从茶汤中品出嫩茶香气。品尝头开茶，重在品尝名优绿茶的鲜味和茶香。品尝二开茶，重在品尝名优绿茶的回味和甘醇。至于三开茶，一般茶味已淡，便无太多要求。

二、红茶的品饮

红茶的迷人之处，不但在于色泽黑褐油润，香气浓郁带甜，滋味浓厚，汤色红艳透黄，叶底嫩匀红亮，而且还在于红茶性情温和，能和多种调味品相互融合，因此红茶的饮用，既可清饮，也可调饮。

（1）红茶的清饮　重在领略它的香气和滋味。端杯开饮前，要先闻其香，再观其色，然后才是尝味。圆熟清高的香气，红艳油润的汤色，浓强鲜爽的滋味，让人有美不胜收之感。

（2）红茶的调饮　即使在茶汤中加入多种调料，茶汤依然十分顺口。尤其是一些名优红茶，香气和滋味是不会轻易被混淆的。因此，品饮调味红茶时，应先闻其香，至于对香味的要求，须看加什么调料，不能一概而论。

三、乌龙茶的品饮

品饮乌龙茶时，用右手的拇指和食指捏住品杯口沿，中指托住茶杯底部，雅称“三龙护鼎”，手心朝内，手背向外，缓缓提起茶杯，先观汤色，再闻其香，后品其味，一般是三口见底。

品乌龙茶强调热饮，用小壶高温冲泡。每壶泡好的茶汤，刚好够在场的茶友一人一杯，要继续品饮，则即冲泡即品饮。品饮乌龙茶因杯小、香浓、汤热，故饮后杯中仍有余香。

品饮台湾乌龙时略有不同，泡好的茶汤首先倒入闻香杯，品饮时要先将闻香杯中的茶汤旋转倒入品杯，嗅闻茶杯中的热香，再以“三龙护鼎”的方式端品茗杯观色，接着即可小口啜饮，三口饮毕。再持闻香杯寻杯底冷香，留香越久，表明这种乌龙茶的品质越佳。

品饮乌龙茶时，很讲究舌品，通常是啜入一口茶水后，用口吸气，让茶汤在舌的两端来回滚动而发出声音，让舌的各个部位充分感受茶汤滋味，而后徐徐咽下，慢慢体味齿颊留香的感觉。

四、白茶的品饮

白茶的品饮方法较为独特，这是因为白茶在加工时未经揉捻，茶汁不易浸出，所以冲泡时间较长。开始时，芽叶都浮在水面上。经过五六分钟后，才有部分茶芽沉落杯底，此时，茶芽条条挺立，上下交错，犹如雨后春笋，甚是好看。大约 10 分钟后，茶汤呈橙黄色，此时，方可端杯边观赏、边闻香、边品尝。

五、黄茶的品饮

黄茶中君山银针的品饮方法最具代表性。君山银针为单芽制作，在品饮过程中突出对杯中茶芽的欣赏，刚冲泡的君山银针是横卧在水面上的，当盖上杯盖后，茶芽吸水下沉，芽尖产生气泡，犹如雀舌含珠。继而茶芽个个直立杯中，似春笋出土，接着沉入杯底的直立茶芽，少数在芽尖气泡的浮力作用下再次浮升。此时，端起茶杯，顿觉清香袭来，闻香之后，再尝茶味，君山银针口感醇和、鲜爽、甘甜。

六、黑茶的品饮

黑茶的品饮重在寻香探色，为了更好地观赏茶汤，一般选用白瓷或玻璃透明小品杯。先观汤色，尔后闻香，最后还得好好地品啜。如是陈年的普洱茶，则应在品饮的过程中去细细体味经长期贮存而形成的“陈香”，其内香潜发、味醇甘滑，正是陈年普洱茶的特殊品质风格。

七、花茶的品饮

花茶既保持了原有茶叶的味道，又吸收了鲜花的香气。冲泡花茶，一般选用盖碗。冲泡前，可欣赏花茶的外观形状，闻干茶的香气。冲泡 3 分钟后，左手端杯，右手拇指和中指捏住盖钮，食指抵住钮面，向内翻转碗盖，闻盖香。尔后欣赏茶汤，看茶叶在水中飘舞、沉浮。最后用碗盖轻轻将汤面的浮叶拨开，并斜盖于碗口，从碗盖与碗沿的缝隙中啜饮。品饮时，让茶汤在口中稍事停留，以口吸气与鼻呼气相结合的方式，使茶汤在舌面上来回往返流动，充分与味蕾接触，如此一两次，再徐徐咽下。一饮后，茶碗中留下 1/3 的茶汤，续水两次，再三次，高档花茶可以冲七八次水仍有余香。

小资料 3-6

品评茶叶应注意的问题

（1）反复实验累积评茶经验。

评茶能力是经由不断的实验，去尝试、判断而获取的，是累积经验的结果。光说不练，只有公式而不去应用，是不可能具备评茶能力的。

（2）注意茶叶外形、茶叶内质各因素间的相关性，举一反三，可加速评茶能力的获得。

1）茶叶外形方面某些因素间的相关性，如茶叶幼嫩、紧结的，茶身总是重实的。

2）茶叶内质方面某些因素间的相关性，如香气纯正优美的，滋味也不会错。凡是叶底好的，茶汤的色、香、味就不会差到哪里。

3）茶叶外形与内质之间的相关性，如外形的嫩度和叶底的嫩度基本上是一致的，外形条索匀整的，叶底也会较匀整。

本章小结

本章就名茶的认知、宜茶用水的选择、茶具的选配和使用技艺、饮茶环境的营造、如何泡好一杯茶及如何艺术品饮等方面的知识进行了详尽的介绍和说明，为喜茶之人提供了详细的解说和指导。

思考与练习

一、选择

1. 绿茶属于（　　）茶。

   A. 不发酵　　B. 半发酵　　C. 全发酵　　D. 轻发酵

2. 黄金桂属于（　　）乌龙。

   A. 闽北　　B. 闽南　　C. 广东　　D. 台湾

3. 泡茶用水的分类有天水、地水和（　　）。

   A. 湖水　　B. 井水　　C. 再加工　　D. 河水

4. 泡茶的三要素是茶量、水温和（　　）。

   A. 茶具　　B. 茶叶　　C. 水量　　D. 时间

5. 冲泡绿茶用（　　）的水温适宜。

   A. 85℃　　B. 90℃　　C. 95℃　　D. 100℃

二、判断

1. 名茶是指独特的外形和优异的品质，色香味俱佳，并具有较高知名度的好茶。（　　）
2. 红茶属于半发酵茶。（　　）
3. 白鸡冠属于闽南乌龙。（　　）
4. 泡茶时茶量的把握应该因茶而定、因地而异、因人而择。（　　）
5. 红茶可以清饮，也可以调饮。（　　）

三、简答

1. 何为名茶？
2. 西湖龙井分为哪几个品类？
3. 洞庭碧螺春名字的来历？
4. 小种红茶里正山小种和外山小种有何分别？
5. 台湾乌龙茶具有什么样的品质特点？
6. 黑茶是不是存放的时间越长越好？
7. 泡茶用水的选用有哪几个标准？
8. 可以用来泡茶的水分为哪几类？
9. 简述中国茶具的发展演变历史。
10. 根据不同的标准如何给茶具分类？
11. 对于品茗的环境有哪些要求？
12. 根据品茗的人数不同可以营造出哪些不同的心理环境？
13. 泡茶的三要素都是什么？
14. 冲泡绿茶都需要哪些茶具？
15. 冲泡红茶有哪两种方法？

16. 乌龙茶的冲泡有哪些程序？
17. 品绿茶时我们通常经过哪些步骤？
18. 品乌龙茶时很注重舌品，何为舌品？
19. 饮花茶经过哪三道程序？

四、实际操作练习

实训一：煮水练习

实训项目	煮水练习
实训时间	30分钟
实训要求	熟悉泡茶用水的标准，掌握三沸之水，掌握不同茶类的冲泡对于水温的要求
实训工具	酒精炉、电随手泡、温度计
实训方法	分组练习、老师点评

实训二：茶具组合练习

实训项目	茶具组合练习
实训时间	30分钟
实训要求	掌握茶具配置原则，根据所冲泡茶叶的类型对茶具进行组合
实训工具	各种茶具
实训方法	由老师进行讲解和示范，然后分组进行练习，由老师点评

第四章 茶艺服务

学习目标

◎ 掌握茶艺服务的基本礼仪和茶艺服务的具体服务环节。

◎ 了解茶艺服务人员应该具备的基本素质。

茶艺服务是指茶艺服务人员为前来品茶的客人提供茶事服务时的相关行为的总和。服务质量的好坏直接关系到茶馆的经营与发展，同时也是茶艺服务人员素质高低的体现，并且对于茶文化的传播也产生一定的影响，因此，应该将茶艺服务的质量高度重视起来。本章主要介绍了茶艺服务人员应该具备的基本素质、茶艺服务的基本礼仪和茶艺服务的具体服务环节。

第一节　茶艺服务人员的基本素质

具体来说，茶艺服务人员的基本素质可以从以下几个方面进行考虑：

一、身体健康

茶艺服务人员健康的身体素质是做好茶艺服务工作的基础。茶艺服务在满足客人茶饮的物质需求的同时，更要满足客人的精神需要，使其在品茶过程中能够感受到美的愉悦。茶艺服务人员的身体素质要求主要体现为以下几个方面：

1．体检

上岗前必须到指定医院进行身体检查，体检合格并取得健康证后方可上岗。其后每年进行一次体检复查，如发现有传染病或患有其他不宜从事茶艺服务工作的疾病，应立即调换工种或暂时调离服务岗位。

2．个人卫生

上岗前后不准吃葱、蒜等带有异味的食物，饭后要刷牙，保持口腔清洁。勤理发、勤洗头、勤剪指甲，指甲内不得有污垢，不染指甲，保持自然发型，不得染发，不能留怪异发型，淡妆上岗，不得使用带有较明显刺激性的化妆品，手不能涂抹化妆品，保持身体清洁，不准在服务区域剔牙、抠鼻、挖耳，不准随地吐痰。

二、思想积极向上

茶艺服务人员应遵守社会道德标准，思想积极向上，忠于职守，礼貌待客，具体应该做到：

1. 客人至上

这是茶艺服务人员最根本的职业道德规范。它继承了“有朋自远方来，不亦乐乎”的传统，同时又被赋予了时代的新内容。因此茶艺服务人员要正确认识职业分工，热爱茶艺事业，对客人要满腔热情，微笑服务，想客人之所想，急客人之所急，把客人的需要当成自己的第一需要，树立敬业、爱业的职业意识。

2. 信誉第一

这是茶艺服务人员处理主客关系及实际利益的重要准则。古人云：“诚招天下客，誉从信中来。”所以茶艺服务人员在日常工作中应本着真心诚意、公平合理、货真价实、买卖公平、讲究信用、恪守合同的原则，既要维护客人的利益，又要维护本企业的信誉。

3. 优质服务

这是茶艺服务人员实施职业道德规范最重要的准则。茶艺服务人员在工作中应礼貌待客，敬人敬己，尽心尽责，技术娴熟，以优质服务使所有客人时时处处都感受到真诚友善、热情周到。

4. 不卑不亢

这是茶艺服务人员处理主客关系中爱国主义、国际主义、社会主义和人道主义的重要原则。茶艺服务人员既要自尊、自重、自爱，维护国家的尊严、保持民族气节，又要谦虚谨慎，热情友好，礼貌待客，服务至上。在工作中，对不同国籍、肤色、信仰、身份和地位的客人都应一视同仁。

5. 团结协作

这是茶艺服务人员正确处理同事之间、部门之间、企业之间，以及局部利益与整体利益、眼前利益与长远利益等相互关系的重要准则。每个服务人员都应善于理解上级意图，服从上级指挥，能够从全局的长远利益出发，团结协作，密切配合，关心同事，乐于助人，发扬风格，顾全大局，以实现企业的最终经营目标，确保企业信誉。

6. 廉洁奉公

这是茶艺服务人员正确处理公私关系的一种行为准则，它既是法律规范性的要求，更是道德规范的需要。

三、仪容、仪表大方得体

茶艺服务人员良好的形象是茶艺企业精神风貌的直接体现，具体包括着装、仪容、仪态、礼节 4 个方面。

1．着装

茶艺服务人员得体的着装不仅可以体现其文化修养，反映其审美趣味，而且还能赢得客人的好感，给客人留下良好的印象，提高茶艺服务的质量。在我国的茶楼中，服装式样一般以中式为宜，袖口不宜太宽，否则会沾到茶具或茶水。服装的颜色不宜太鲜艳，要与茶馆的环境以及茶具相配套。

2．仪容

仪容是指茶艺服务人员的容颜、容貌，着重在修饰方面，总的要求是适度、美观。女性服务人员不可化浓妆，一般应以淡妆上岗，男性服务人员要保持仪容整洁清爽。

3．仪态

仪态即优雅的举止，主要是指茶艺服务人员的动作和表情，总的要求是大方、得体、高雅、注重礼节。举止是一种无声的语言，它反映了一个人的文化修养、素质水平以及被人信任的程度。泡茶时，茶的味道固然重要，但茶艺服务人员优雅的举止也会给人一种赏心悦目的感觉，使品茶真正成为一种享受。

4．礼节

礼节是人们在日常生活中，特别是在交际场合中，相互问候、致意、祝愿、慰问以及必要的协助与照料的惯用形式，是礼貌在语言、行为、仪态等方面的具体体现。俗话说"十里不同风，百里不同俗"，各国、各地区、各民族都有自己的礼节形式，作为肩负传播中国茶文化重要任务的茶艺服务人员，要接待来自世界各地的客人，因此必须熟知他们的礼节形式，这样才能在工作中真正做到热情真诚，以礼相待。

四、服务技能过硬

服务技能即为客人服务的技术和能力，茶艺服务人员的服务技能主要包括以下 4 个方面：

1．熟练掌握茶艺服务的文化知识

茶文化是中国传统文化的重要组成部分，也是人类最宝贵的精神财富之一。茶艺服务人员因其工作的特殊性，在日常工作中被赋予了弘扬茶文化的重要任务。因此茶艺服务人员要想做好本职工作，不仅要熟练掌握茶艺服务的基本技能、技巧，更要掌握从事茶艺工作所必需的相关知识。具体来说，茶艺服务人员应具备的文化知识主要有：

（1）掌握世界各产茶国、地区的茶叶发展概况以及宗教信仰、民风民俗知识，了解世界各国茶叶的分布和种植情况，以及这些国家生产的茶叶品种、名优茶叶名称、品质特点、品饮方法等。

（2）掌握我国各类茶叶的种植、生产工艺、质量标准、茶叶的保健等知识。我国是世界上最早发现茶叶并利用茶叶的国家，拥有的茶叶品种极其丰富。茶馆的经营产品主要是以茶叶及各式茶饮为主，因此作为一名茶艺服务人员，应能够掌握有关茶叶的栽培种植、不同茶叶的加工制造方法以及茶叶的质量评定等知识，这样才能在客人进行相关询问时既做到了推销茶饮产品又宣传了茶文化，使客人在得到物质享受的同时又在精神上得到满足。此外，应能够熟练运用与操作各种茶的冲泡。我国茶叶种类繁多，不同的茶有着不同的冲泡方法与要求，作为茶饮服务的直接操作者应该熟练掌握茶馆所能提供的每种茶叶的冲泡方法，这样才能保证对客服务质量。

（3）掌握有关宜茶用水的选择、水的温度、水的用量等常识，能够了解泡茶用水的质量标准、冲泡不同茶叶时的用水量、水温等常识。

（4）熟悉我国主要茶具的种类、产地以及选配知识。掌握茶具的发展过程、茶具的主要类别和功能，能够识别常用茶具的质量，能够掌握茶具的养护知识。能够介绍主要瓷器茶具的款式及特点，能够介绍紫砂壶的款式、特点和保养常识，以及紫砂壶的主要制作名家及其特色。

（5）熟悉地方风味茶饮和少数民族茶饮基本知识。

（6）掌握一些有关茶的音乐、绘画、诗词、书法、典故等知识，能够掌握一些与茶艺表演有关的音乐知识，如不同茶艺表演时应播放的背景音乐，掌握一些茶画、茶诗、茶的典故等相关知识。

2. 语言艺术

俗话说：“良言一句三春暖，恶语伤人六月寒。”茶馆是现代文明社会中高雅的社交场所，它要求茶艺服务人员在日常服务中要谈吐文雅、语调轻柔、语气亲切、态度诚恳、讲究语言艺术。茶艺服务人员的语言艺术特征主要有：

（1）用语礼貌　待客适宜用敬语（尊重语、谦让语和郑重语），杜绝使用蔑视语、烦躁语、不文明的口头语、自以为是或是刁难他人的斗气语。礼貌用语的具体要求为“请字当先，谢字随后，您好不离口”，以及服务“五声”——迎客声、致谢声、致歉声、应答声、送客声。服务员常用文明用语有：

1）迎接用语：“欢迎光临”“欢迎您来这里品茶”“请进”“请往这边走”“请坐”等。

2）问候用语：“您好”“下午好”“晚上好”“多日不见，您近来可好”等。

3）征询用语：“我能为您做些什么吗”“对不起，您现在可以点茶了吗”“请问您是需要甜口味的茶点还是咸口味的茶点”“如果您不介意，现在我可以为您泡茶了吗”等。

4）应答用语：“好的，没关系”“请稍等，马上就来”“谢谢您的好意”“非常感谢”等。

5）道歉用语：“非常抱歉，打扰您了”“对不起，让您久等了”“请再等几分钟，好吗”。

6）送别用语：“感谢您的光临，希望下次还能为您服务”“欢迎下次光临”“请您慢走”等。

（2）语气委婉　当客人遇到尴尬境地而无法摆脱时，茶艺服务人员对客人可采用暗示提醒、委婉询问的方式，使客人自己（或协助客人）摆脱困境。这样既不伤客人面子，又解决了实际困难。对客人提出的问题要明确、简洁地予以肯定回答，绝不允许采用反诘、训诫和命令的语气。

（3）应答及时　语言是交流的工具，如果客人的问询得不到及时的应答，感情就得不到及时沟通，这就意味着客人受到了冷遇。因此应答及时是茶艺服务人员热情、周到服务的具体体现。无论客人的询问有多少次，要求有多么难，茶艺服务人员都要及时应答，然后一一满足其要求，解决其困难，使主、客交流畅通无阻。客人讲话时，茶艺服务人员应认真倾听，平和地望着客人，视线间歇地与客人接触；对听到的内容，可用微笑、点头应对等做出反应，不能面无表情，心不在焉，不可似听非听，表示厌倦，不能摆手或敲台面来打断客人，更不能甩袖而去。

（4）音量适度 语音音量的适度与否，直接反映了茶艺服务人员的个人修养和服务态度。音量过大，粗俗无礼，音量过小，无力懈怠，两者都会使客人不满。因此，茶艺服务人员在服务时应该做到语音自然流畅，不高不低，不快不慢，不急不缓，给人以亲切舒适之感。

3．推销技巧

一般情况下，推销工作由专人负责。但茶艺人员在服务过程中进行茶叶推销，往往是成功地实现交易不可缺少的重要手段。因此，茶艺服务人员有必要掌握一些基本的推销知识。

（1）推销方式

1）现场推销，即在茶叶门市部或茶艺服务现场进行推销。其长处是对象明确，手法灵活，易于调整，并且容易产生轰动效应。现场推销又可分为主动推销和应邀推销两种方式。主动推销是指茶艺服务人员发现顾客有购买需要时，在征得客人同意的前提下，主动上前为其进行茶饮介绍，从而促成茶饮茶品的销售。这种方式既可以表现出对顾客的重视之意，又有助于促销，多用于顾客较稀少之时。应邀推销是指当顾客要求导购时，由服务人员为其所提供的推销服务，多适用于顾客较多之时，具有针对性强、易于双向沟通等优点。但是，这两种推销方法都对茶艺服务人员的素质有着较高的要求。

2）上门推销，即由茶艺推销人员专程登门拜访潜在的消费者，向其直接进行商品或服务的推介。其长处是可以不受外界干扰，徐徐道来，但也容易遭到客人的婉拒。

3）电话推销，即由茶艺推销人员利用电话向潜在的消费者进行推销。其长处是节省时间，言简意赅，但对象性较差，而且难以及时进行自我调整。

4）传媒推销，即利用电视、计算机、广播、报纸、杂志等大众传播媒介所进行的推销，具有覆盖面广、影响力大的特点，但所需费用较高，对象不好确定，反馈较为困难。

一般而言，茶艺服务人员的推销主要是以现场推销为主，辅以其他方式。

（2）推销时机 在进行茶艺导购时推销时机的作用也是不容忽视的，假如不注意推销时机的选择，自己的主动意图不但难以实现，而且还会使客人产生恶意推销的感觉，引起客人的不满。一般来说，以下几种情况比较适合进行推销：

1）顾客对某一茶叶或茶艺服务产生兴趣或希望进一步了解某种茶叶和茶艺服务时，对其进行针对性的推销往往会受到对方的欢迎。

2）品茶环境有利之时。在气氛温馨、干扰较少的品茶环境中，茶艺服务人员结合茶饮服务，因势利导进行导购推销，往往会有较高的成功率。

3）茶艺馆来客较多且正在进行一些茶叶销售优惠活动，这时进行促销通常可以取得较好的成绩。

（3）推介方式 茶艺服务人员在推销商品或服务过程中，只有掌握正确有效的推介方式，才能防止出师不利。在具体推介茶叶商品、茶艺服务时，应掌握以下“四先四后”原则：

1）先易后难，即在推介时应当先从顾客容易理解之处着手，然后逐渐由浅入深，提高难度。这样使顾客所接触、所观看的茶叶商品、茶艺服务，在多种比较、选择的先后次序上，呈现出先低级后高级的顺序。

2）先简后繁，即在推介时应当从简单之处开始，渐渐地向繁杂之处过渡。如在进行茶叶茶品推销时应先使顾客充分了解该茶叶的真正价值，让客人明确它是物有所值的，然后再使顾客充分了解该茶叶的功效、冲泡方法以及相关的历史、典故等，从而增加客人对该茶叶的认知，激发品饮兴趣，最终形成购买行为。

3）先急后缓，即在推介时应当从顾客急于了解之处开始，然后逐渐引向顾客必须了解的内容。根据同行们的介绍，顾客一般首先急于了解的是茶叶的价格、产地，其次是品质特征以及冲泡技巧等内容。因此，茶艺服务人员应根据顾客对该茶品的认知情况循序渐进地进行推介服务。

4）先特殊后一般，即在推介时应当先从其独特之处开始，然后再介绍较为一般之处。如使顾客首先充分了解该茶叶独特之处（如产地的不同、采摘时间限制、生产工艺的独特性、生产量的稀少以及特殊品质等），这一点往往能激发起客人对茶叶商品的兴趣，然后再使顾客有机会对茶叶商品、茶艺服务有所接触，可通过让顾客品尝的方法来强化其感官印象，加深顾客对茶叶商品的兴趣与认识程度。而且可以在展示过程中多选取几种茶叶，这样可以让顾客进行比较分析，以便使其有更多的选择空间。

4．应变能力

应变能力就是应付事态变化的能力。世间的一切事物都在发展变化中，茶艺服务更是如此。茶艺服务人员如果视角狭窄，按部就班的工作就很难适应工作变化的需要，因此茶艺服务人员必须具有能够迅速发现问题、辩证地分析问题和果断地解决问题的能力。首先必须牢固树立“客人至上”的服务意识，这是茶艺服务人员以不变应万变的出发点。无论环境条件怎么变化，无论客人如何挑剔，无论自己面对怎样的困境，茶艺服务人员都要牢记“客人至上”的服务原则，尽力方便客人，满足客人需要，以自己的机智和爱心使客人感受到尊重和温暖。只有这样才能以永远不变的服务意识去应付瞬息万变的事态。其次是要善于观察、发现服务缺陷和问题隐患，对其进行辩证分析，找出问题的起因并对症下药的采取果断决策和有力措施，及时抑制住异常或非常事态的出现和发展。

小资料 4-1

为什么在茶艺服务中对茶艺服务人员的手部有较多的要求？

在整个茶艺服务的过程中服务人员的服务技巧、专业技能、个人修养以及许多的操作动作都是直接通过手部完成和体现的，并且在为客人做茶的过程中客人的目光也都停留在服务人员的手部，因此，为了使茶艺服务更具观赏性，特别要求服务人员的手形要秀美、手指要灵活。

第二节 茶艺服务的基本礼仪

茶艺服务人员的礼仪贯穿于茶艺馆接待服务的全过程，也贯穿于宾客从进入茶艺馆到离开茶艺馆的始终。在茶艺馆各个环节的服务中，礼仪更要得到具体的落实与体现。只有这样，才能最大限度地满足宾客的需求，提供优质服务。

一、接待礼仪与技巧

茶艺馆是宾客进行休闲的场所，宾客在工作之余来此休息，香茗和悠悠古乐能使他们消除疲劳、振奋精神；茶艺馆也是交际场所，从事商业活动的人常常喜欢在这幽静的环境里洽谈生意，一些公司或团体有时也特意选择在这样的气氛中座谈等；茶艺馆还是私人聚会的好地方，人们常常乐意到这里来招待亲朋好友；年轻的情侣更热衷于在这优雅的环境里约会。为了烘托茶艺馆温馨的气氛，茶艺服务人员在为宾客提供良好服务时，接待的礼仪与技巧显得尤为重要。以下是每一名茶艺服务人员在接待宾客时需要注意和掌握的：

（1）上岗前，要做好仪表、仪容的自我检查，做到仪表整洁、仪容端正。

（2）上岗后，要做到精神饱满、面带微笑、思想集中，随时准备接待每一位来宾。

（3）宾客进入茶艺馆时要笑脸相迎，并致亲切的问候，通过美好的语言和可亲的面容使宾客一进门就感到心情舒畅，同时将不同的宾客引领到能使他们满意的座位上。

（4）如果一位宾客再次光临时又带来了几位新宾客，那么对这些宾客要像对待老朋友一样，应特别热情地招呼接待。

（5）恭敬地向宾客递上清洁的茶单，耐心地等待宾客的吩咐，仔细地听清、完整地记牢宾客提出的各项具体要求，必要时向宾客复述一遍，以免出现差错。

（6）留意宾客的细小要求，如“茶叶用量的多少”等问题，一定要尊重宾客的意见，严格按宾客的要求去做。

（7）当宾客对饮用什么茶或选用什么茶食拿不定主意时，可热情礼貌地推荐，使宾客感受到服务的周到。

（8）在为宾客做茶时，要讲究操作举止的文雅、态度的认真和茶具的清洁，不能举止随便、敷衍了事。

（9）在服务中，如需与宾客交谈，要注意适当、适量，不能忘乎所以，要耐心倾听，不与宾客争辩。

（10）工作中，要注意站立的姿势和位置，不要趴在茶台上或和其他服务员聊天，这是对宾客不礼貌的行为。

（11）宾客之间谈话时，不要侧耳细听，在宾客低声交谈时，应主动回避。

（12）宾客有事招呼时，不要紧张地跑步上前询问，也不要漫不经心。

（13）宾客示意结账时，要双手递上放在托盘里的账单，请宾客查核款项有无出入。

（14）宾客赠送小费时，要婉言拒绝，自觉遵守纪律。

（15）宾客离去时，要热情相送，表示欢迎他们再次光临。

二、语言和行为举止礼仪

1）语言是社会交际的工具，是人们表达意愿、交流思想感情的媒介或符号。体现在语言上的礼节是茶艺服务人员在接待宾客时需要使用的一种礼貌语言，它具有体现礼貌和提供服务的双重特性，是茶艺服务人员用来向宾客表达意愿、交流思想感情和沟通信息的重要交际工具，也是茶艺服务人员完成各项接待工作的重要手段。因此，在工作中必须注重语言的礼节性。

① 茶艺服务人员在服务接待中要使用敬语。

② 使用敬语时，要注意时间、地点和场合，语调要甜美、柔和。

③ 在服务中要注意用“您”而不用“你”或“喂”来招呼宾客。

④ 当宾客光临时应主动先向宾客招呼说“您好”，然后再说其他服务用语，不要顺序颠倒。

⑤ 当与宾客说“再见”时可根据情景需要再说上几句其他的话语，如“欢迎再来”等。

（2）优雅的举止，洒脱的风度，常常被人们称赞，也最能给人留下深刻的印象。在服务接待工作中，茶艺服务人员与宾客的交流经常会借助于人体的各种举止，这就是人们通常所说的“体态语言”。它作为一种无声的“语言”，在茶艺接待工作中有着特殊的意义和重要的作用。所以，茶艺服务人员的举止要符合礼仪的要求。

1）茶艺服务人员要具有规范的站姿和优雅的坐姿。

2）适当运用手势给宾客一种含蓄、彬彬有礼、优雅自如的感觉。

3）在为宾客引路指示方向时，应掌心向上，面带微笑，眼睛看着目标方向，并兼顾宾客是否意会到目标，切忌用手指来指去，因为这样含有教训人的味道，是不礼貌的。

4）在与宾客交谈时，手势不宜过多，动作不宜过大，更不要手舞足蹈。

5）在服务接待过程中不能使用向上看的目光，这种目光给人以目中无人、骄傲自大的感觉。

6）为了表示尊重，在与宾客交谈时，目光应正视对方的眼鼻三角区。

三、交谈礼仪与技巧

茶艺服务人员在服务接待工作过程中，要向宾客提供面对面的服务，而与宾客进行交谈便成为茶艺服务的一部分，如何体现茶艺馆主动、热情、耐心、周到、温馨的服务，茶艺服务人员就要注重与宾客交谈时的礼仪与技巧。

（1）与宾客对话时，应站立并始终保持微笑。

（2）用友好的目光关注对方，表现出自己思想集中、表情专注。

（3）认真听取宾客的陈述，随时察觉对方对服务的要求，以表示对宾客的尊重。

（4）无论宾客说出来的话是误解、投诉或无知可笑，也无论宾客说话时的语气多么严厉或不讲人情，甚至粗暴，都应耐心、友善、认真地听取。

（5）即使在双方意见各不相同的情况下，也不能在表情和举止上流露出反感、藐视之意。只可婉转地表达自己的看法，而不能当面提出否定的意见。

（6）听话过程中不要随意去打断对方的说话，也不要任意插话作辩解。

（7）听话时要随时做出一些反应，不要呆若木鸡，可边微笑边点头倾听，同时还可以说“哦”“我们会留意这个问题”等话做陪衬、点缀，表明你在用心听，但这并不说明双方的意见完全一致。除此之外，茶艺服务人员还可以用关切的询问、征求的态度、提议的问话和有针对性的回答来加深与宾客的交流和理解，有效地提高茶艺馆的服务质量。

四、不同的地域、民族、宗教的宾客接待礼仪

接待工作是茶艺馆进行正常营业的关键，要根据不同的地域、民族、宗教信仰为宾客提供贴切的接待服务，同时也要给予一些 VIP 宾客及特殊宾客恰到好处的关照。接待工作不仅能体现茶艺服务人员无微不至的关怀，更能突出茶艺馆高质量的服务水准。

1．不同地域宾客的服务

（1）日本、韩国　日本人和韩国人在待人接物以及日常生活中十分讲究礼貌、礼节，在为他们提供茶艺服务时要注重礼节。茶艺服务人员在为日本或韩国宾客泡茶时应注意泡茶的规范，因为他们不仅讲究喝茶，更注重喝茶的礼法，所以要让他们在严谨的沏泡技巧中感受到中国茶艺的风雅。

（2）印度、尼泊尔　印度人和尼泊尔人惯用双手合十礼致意，茶艺服务人员也可采用此礼来迎接宾客。印度人拿食物、礼品或敬茶时用右手，不用左手，也不用双手，茶艺服务人员在提供服务时要特别注意。

（3）英国　英国人偏爱红茶，并需加牛奶、糖、柠檬片等。茶艺服务人员在提供服务时应本着茶艺馆服务规程适当添加白砂糖，以满足宾客需求。

（4）俄罗斯　同英国人一样，俄罗斯人也偏爱红茶，而且喜爱“甜”，他们在品茶时吃点心是必备的，所以茶艺服务人员在服务中除了适当添加白砂糖外，还可以推荐一些甜味茶食。

（5）摩洛哥　摩洛哥人酷爱饮茶，加白砂糖的绿茶是摩洛哥人社交活动中一种必备的饮料。因此，茶艺服务人员在服务中添加白砂糖是必不可少的。

（6）美国　美国人受英国人的影响，多数人爱喝加糖和奶的红茶，也酷爱冰茶，茶艺服务人员在服务中要留意这些细节，在茶艺馆经营许可的情况下，尽可能满足宾客的需要。

（7）土耳其　土耳其人喜欢品饮红茶，茶艺服务人员在服务时可遵照他们的习惯，准备一些白砂糖，供宾客加入茶汤中品饮。

（8）巴基斯坦　巴基斯坦人以牛羊肉和乳类为主要食物，为了消食除腻，饮茶已成为他们生活的必需。巴基斯坦人饮茶风俗带有英国色彩，普遍爱好牛奶红茶，茶艺服务人员在服务中可以适当提供白砂糖。在巴基斯坦的西北地区流行饮绿茶，他们同样也会在茶汤中加入白砂糖。

2．不同民族宾客的服务

我国是一个多民族的国家，各民族历史文化有别，生活风俗各异，因此茶艺服务人员要根据不同民族的饮茶风俗为不同的宾客提供服务。

（1）汉族　汉族大多推崇清饮，茶艺服务人员可根据宾客所点的茶品，采用不同方法为宾客沏泡：采用玻璃杯、盖碗沏泡时，宾客饮茶至杯的 1 / 3 水量时，需为宾客添水。为宾客添水 3 次后，需询问宾客是否换茶，此时茶味已淡。

（2）藏族　藏族人喝茶有一定的礼节，喝第一杯时会留下一些，当喝过两三杯后，会把再次添满的茶汤一饮而尽，这表明宾客不想再喝了。这时，茶艺服务人员就不要再添水了。

（3）蒙古族　在为蒙古族宾客服务时要特别注意敬茶时用双手，以示对宾客的尊重。当宾客将手平伸，在杯口盖一下，这表示宾客不再喝茶，茶艺服务人员可停止斟茶。

（4）傣族　茶艺服务人员在为傣族宾客斟茶时，只斟浅浅的半小杯，以示对宾客的敬重。对尊贵的宾客要斟三道。

（5）维吾尔族　茶艺服务人员在为维吾尔族宾客服务时，尽量当着宾客的面冲洗杯子，以示清洁，为宾客端茶时要用双手。

（6）壮族　茶艺服务人员在为壮族宾客服务时，要注意斟茶不能过满，否则视为不礼貌，奉茶时要用双手。

3．不同宗教宾客的服务

我国是一个多民族的国家，少数民族几乎都信奉某种宗教，在汉族中也有很多宗教信徒。佛教、伊斯兰教、基督教等都有自己的礼仪与戒律，并且都很讲究遵守。为此，从事茶艺馆服务接待工作的人员，也要了解宗教常识，以便更好地为信奉不同宗教的宾客提供体贴、周到的服务。

茶艺服务人员在为信奉佛教的宾客服务时，可行合十礼，以示敬意，不要主动与僧尼握手，在与他们交谈时不能问僧尼的尊姓大名等。

4．VIP 宾客的服务

（1）茶艺服务人员每天要了解是否有 VIP 宾客预订，包括时间、人数、特殊要求等都要清楚。

（2）根据 VIP 宾客的等级和茶艺馆的规定配备茶品。

（3）所用的茶品、茶食必须符合质量要求，茶具要进行精心的挑选和消毒。

（4）提前 20 分钟将所备茶品、茶食、茶具摆放好，确保茶食的新鲜、洁净、卫生。

5．特殊宾客的服务

（1）对于年老、体弱的宾客，尽可能安排在离入口较近的位置，便于出入，并帮助他们就座，以示服务的周到。

（2）对于有明显生理缺陷的宾客，要注意安排在适当的位置就座，能遮掩其生理缺陷，以示体贴。

（3）如有宾客要求到一个指定位置，应尽量满足其要求。

小资料 4-2

茶艺服务人员在回答客人提问时应具备哪些知识？

（1）应熟悉茶艺馆所经营的茶饮和茶点知识，如所经营茶叶的品种、其产地和特点、茶点的口味等。

（2）当地的旅游景点、文化历史、风土人情等方面的知识。

（3）茶艺馆的营业时间、联系电话等相关的营业信息。

第三节　茶艺服务的具体环节

一、接待准备

为了给前来饮茶的宾客提供优质的服务，茶艺馆必须做好准备工作，包括环境的准备、茶具的准备、接待人员的准备等方面。

1．环境的准备

中国人饮茶不仅注重茶叶的品质还很讲究饮茶的环境。

品茗喝茶，除了要有好的茶叶、茶具、水和泡茶技术以外，品茗的环境也十分重要。

（1）饮茶场所的卫生　饮茶场所要保持整洁、卫生、无污物、无异味、无杂物，包括正门口、大厅、包间、茶水间、卫生间，以确保茶艺馆对客服务的质量。

（2）温度、湿度　茶艺馆多使用空调控制温度，将温度调节到人体适宜的范围之内，夏季一般为22～24℃，冬季为20～24℃。湿度应该与温度相协调，一般在40%～60%之间，湿度太大或太小都会使人感觉不舒适。

（3）通风、采光　茶艺馆要经常通风换气，保持空气的新鲜和流通，尤其是新装修的茶艺馆，会有异味，如不经常换气会给人体带来危害。

（4）噪声　在茶艺馆内听起来不和谐、不悦耳的声音都属于噪音，会影响人们的情绪，降低工作效率。因此，在茶艺馆内服务人员要养成说话轻、走路轻、操作轻的“三轻”习惯，禁止大声喧哗。播放背景音乐也应该音量适当。

（5）灯光　由于茶艺馆在装修装潢时使用了大量的装饰品，这在一定程度上影响了自然的采光，因此灯光照明就显得格外重要。一般都以暖色光线为主，采用漫射光。

（6）装饰　茶艺馆的装修应以中国传统文化为基调，给客人一种浓浓的文化气息，外观装修典雅别致，内部装修幽雅舒适，在适当的位置摆放书画、雕刻、古玩、盆景等。

除此之外，还应注意不要特意喷洒香水、空气清新剂等喷剂以免影响茶叶的真香。

2．茶叶、茶具的准备

（1）茶叶准备　茶艺服务人员根据每天茶叶的销售情况（包括种类和数量）准备相应的茶叶。

（2）茶具准备　茶具会因茶叶的种类不同而不同，通常准备以下几类茶具：

1）玻璃杯器皿。

主泡器：玻璃杯、茶盘。

备水器：电随手泡。

辅助用具：茶则、茶匙、茶巾、水盂、杯托、温度计、托盘、储茶罐。

2）盖碗器皿。

主泡器：茶船、盖碗、公道杯、品茗杯。

备水器：电随手泡。

辅助用具：茶则、茶匙、茶巾、茶夹、杯托、温度计、托盘、储茶罐。

3）瓷壶器皿。

主泡器：茶盘、瓷壶、品茗杯。

备水器：电随手泡。

辅助用具：茶则、茶匙、茶巾、茶针、茶夹、茶漏、水盂、杯托、温度计、托盘、储茶罐等。

4）紫砂器皿。

主泡器：茶盘、紫砂壶、公道杯、闻香杯、品茗杯。

备水器：电随手泡。

辅助用具：茶则、茶匙、茶巾、茶针、茶夹、茶漏、水盂、杯托、温度计、托盘、储茶罐等。

3．熟悉茶单

茶单，就是茶艺馆为顾客提供的产品和服务的总的一览表，它能够体现茶艺馆的经营特色、服务档次和服务水平。作为茶艺服务人员对茶单是否熟悉直接影响到服务的质量与经营的效果。熟悉茶单可以方便茶艺服务人员进行推销，一个不熟悉自己商品的售货员是很难对客人进行推销服务的。一般来说，要知道茶叶的产地、价格、质量、性能、特点、冲泡方法、保管措施等。此外，对于茶单的了解有助于服务人员对客人提供建议，当客人对茶点、茶饮不太熟悉时，服务人员可以根据客人的茶饮需要提出可供选择的建议。

服务人员在为客人介绍推荐茶叶时必须讲究职业道德，维护消费者的利益，不要夸大其词，不要隐瞒缺点，不要以次充好，一切都要实事求是。

4．接待人员的准备

（1）淡妆上岗，不得化浓妆、喷洒香水，不得吃有异味的食品。

（2）注意手部的卫生和保养，不涂抹有香味的护手霜，不涂手指甲，不佩戴饰物。

（3）头发干净整洁，长发盘起，短发梳齐。

（4）按照茶艺馆的要求统一着装。

二、接待程序

1．迎宾服务

茶艺服务人员应采取站立的姿态迎接客人，举止优雅，面带微笑，既要注意服务态度，又要讲究接待方法，站立的位置既要能够照看本人负责的区域，又要易于观察和接近客人。一般应该面向顾客或顾客来临的方向，不能四处走动，忙于私事或聚堆聊天。

在迎接顾客时，通过仔细地观察对顾客进行角色定位，以便对其进行有针对性的服务。当客人进入茶艺馆时要主动问候，这被称为迎客之声，它直接影响到客人对茶艺馆和服务人员的第一印象。

根据客人的要求和人数为客人安排合适的位置或者包间。

2．点茶服务

客人入座以后，茶艺服务人员应该主动送上茶单，为客人提供点茶服务。如果客人主动点茶，服务人员就应完整记录，但是这种方式缺乏主动性，不能适时推销茶饮产品，因此我们建议服务人员根据客人的特征为其推荐合适的茶饮产品。这样既能满足客人的要求又能增加茶饮收入。推荐时要考虑多种因素，包括推荐的时机、客人的状态、季节因素等。

3．冲泡服务

客人点茶完毕，服务人员应该根据客人的需求取茶叶和与之相配套的茶具，并且准备泡茶用水。

（1）茶叶展示　在泡茶之前，服务人员应向客人展示所点的茶叶，并进行简单的介绍。

（2）清洁杯具　尽管茶艺馆的茶具都是经过清洗的，但为了表示对客人的尊重和使客人放心饮茶，服务人员应将茶具再次清洁，用沸水浇淋茶壶、茶杯，这样做还可以提高杯具的温度，有利于茶香的散发。

（3）投茶 投茶之前，服务人员应该询问客人喜欢浓茶还是淡茶，从而根据不同客人的饮茶习惯和口味决定投茶量的多少。

（4）冲水 根据所冲泡茶叶对于水温的要求，将烧好的沸水凉至所需温度（一般来说，冲泡绿茶，水温以 80～85℃为宜；冲泡乌龙茶，水温以 100℃为宜；冲泡红茶水温以 90～95℃为宜；冲泡花茶，水温以 95℃为宜）。在冲泡的手法上，一般冲泡绿茶、花茶、白茶、黄茶宜使用“凤凰三点头”的手法，水柱有节奏地注入可使茶芽慢慢舒展开来，有利于茶叶色、香、味、形的展现；冲泡乌龙茶和黑茶则应采用“悬壶高冲”的手法，水柱从高处急流而下，冲击茶叶，有利于茶叶的有效成分快速释放。

（5）闷茶 有些茶叶在冲水后需要闷泡一段时间，以利于茶香、茶味的释出，但并不是所有茶叶都需要此道工序，只有那些茶质粗老、外形紧结的茶叶才会有此工序。

（6）分茶 将已经泡好的茶汤均匀地分到各杯之中，茶汤不宜过满，一般斟至七八分满即可。

（7）敬茶 将斟好的茶捧在手中，通常双手捧住茶杯的下半部，双眼平视客人，面带微笑，将茶杯放在客人前面的茶桌上，并礼貌地说：“请用茶。”

（8）品茶 待每一位客人都拿到茶杯后，茶艺服务人员可以引领客人进行茶叶的品饮，如拿杯子的手法、品饮茶汤的方法等。

4．茶点服务

服务人员应在客人饮茶过程中适时询问客人是否需要茶点和小吃，如有需要立即记录，遇到客人拿不定主意的时候，可以向客人介绍并推荐该茶艺馆的特色茶点和小吃。

5．台面服务

在客人饮茶的过程之中，服务人员应该注意观察客人的饮茶情况，及时为客人续水、斟茶，如果客人壶中的茶汤已经很淡了，可询问客人是否需要更换，并适时进行推销，如果客人点了茶点或小吃，服务人员应该及时清理桌面上的空盘、果壳、果皮等杂物。

6．结账收款

结账工作要求准确、迅速、彬彬有礼。客人可以到吧台结账，也可以由服务人员为客人结账。一般的结账方式有现金支付、签单、信用卡支付等。当客人需要结账时，服务人员可以引领客人到吧台办理结账，也可以由服务人员来到吧台取来客人的账单，并将其放在托盘里拿到客人面前让客人过目，客人付账后，服务人员将现金送到吧台，由收款员收款找零。设在饭店内的茶艺馆如果接待的是住店客人，可用签单的形式一次性结账，最后按照饭店和茶艺馆的合同约定分成。客人签单时需要出具有效房卡或房间钥匙，由服务人员进行对照房号与客人所签是否一致。客人签完单后，服务人员要向客人致谢。现在使用信用卡结账的客人越来越多，因此服务人员应该了解茶艺馆可以接受的信用卡类型，以便于客人结账。一般来说，客人核对账单后，将账单和信用卡一起交予吧台，由收款员处理，并请客人在单上签字。

7．送别服务

客人起身离去之时，服务人员应该为客人拉椅，以便于客人行走，并准确、快速地将客人的衣物递给客人，提醒客人拿好随身携带的物品，礼貌地将客人送到茶艺馆门口，目视客人、面带微笑，挥手与客人道别。

8．整理台面

客人饮茶完毕离开之后，服务人员应该及时检查客人有无遗留物品，如有发现及时交还给客人。然后按照规定重新布置桌面，摆设茶具，清扫地面，补充服务用品，清洗茶具，给茶具消毒，做好收尾工作。

三、茶艺服务人员的岗位职责

1．经理的主要职责

（1）了解茶艺馆内的设施设备情况，做好维护保养。

（2）安排员工班次，核准考勤表。

（3）定期对员工进行培训，确保服务质量。

（4）定期检查茶艺馆内的清洁卫生情况，包括员工卫生、服务台卫生以确保宾客饮食安全。

（5）抓好成本控制，及时堵住漏洞。

（6）监督管理茶艺馆内的日常工作，并做好记录。

（7）检查货物是否充足，确保茶艺馆正常运转。

（8）填写工作日志，以反映茶艺馆的营业、服务和宾客投诉情况。

（9）抓好安全防火工作。

2．领班的主要职责

（1）接受经理安排的工作，负责本区域的服务工作。

（2）负责填写本班组员工的考勤情况。

（3）安排好员工的工作班次，并根据情况进行人员调整。

（4）带领服务人员做好班前准备工作与班后收尾工作。

（5）检查账单，保证在宾客结账前账目准确。

（6）配合经理对员工进行业务培训，不断提高员工的专业知识和服务技能。

3．迎宾员的主要职责

（1）在门口迎接宾客，将客人引领到适当的位置，拉椅让座。

（2）通知领班或服务员，及时送上茶单。

（3）将宾客分配到不同的区域，以平衡工作量。

（4）熟悉茶艺馆内座位的位置和容量，确保相应的位置上有适当的人数。

4．茶艺师的主要职责

（1）负责准备茶叶和茶具。

（2）根据茶叶种类的不同选择不同的方法为客人泡茶。

（3）严格按照标准的泡茶方法和步骤为客人冲泡茶叶。

（4）耐心细致地为客人讲解并回答客人的提问。

（5）协调好与服务人员、客人的关系。

5. 服务员的主要职责

（1）负责擦洗茶具、服务用具，搞好茶艺馆的卫生。

（2）熟悉各种茶叶、茶食，做好推销工作。

（3）按照茶艺馆的服务程序和规格为客人提供尽善尽美的服务。

（4）协助茶艺师工作。

（5）负责宾客走后的收尾工作。

（6）接受宾客预订，做好收款、结账工作。

（7）随时留意宾客的动向，以便宾客需要时迅速做出反应。

小资料 4-3

服务行业中的"接待三声"都是什么？

"接待三声"为迎客之声、介绍之声和送客之声，是服务人员在工作中必须使用、必须重视的语言。

是不是所有茶叶的第一泡茶汤都不能喝？

不是，一般乌龙茶和黑茶的第一泡茶汤不喝，俗称洗茶。洗茶一方面可以去除茶叶上的灰尘和污物，另一方面主要针对外形过于紧结的茶叶，需要进行预泡处理，以提高茶汤的色、香、味。其他的茶叶一般都不需要洗茶。

本章小结

本章对茶艺服务人员应该具备的基本素质、茶艺服务的基本礼仪和茶艺服务的具体服务环节进行了详细的介绍，为学生们能够更好把握茶艺服务的要领和为客人提供优质的服务奠定了基础。

思考与练习

一、选择

1. 茶艺服务人员应用（　　）礼接待印度客人。

A. 鞠躬　　B. 握手　　C. 合十　　D. 作揖

2. 英国人偏爱（　　）。

A. 红茶　　B. 绿茶　　C. 黄茶　　D. 白茶

3. 摩洛哥人喜欢加白砂糖的（　　）。

A. 红茶　　B. 绿茶　　C. 黄茶　　D. 白茶

4. 宾客赠送小费，茶艺服务人员应该（　　）。

A. 接受　　B. 退回　　C. 感谢　　D. 婉拒

5. 茶艺服务人员在服务中应该对客人使用（　　）。

A. 敬语　　B. 俗语　　C. 白话　　D. 英语

二、判断

1. 茶艺服务人员要有规范的站姿和优雅的坐姿。 ( )

2. 茶艺服务“五声”，即迎客声、点茶声、致歉声、应答声、送客声。 ( )

3. 茶艺服务人员应该具备的基本素质包括身体健康、思想积极向上、仪容仪表大方得体、服务技能过硬。 ( )

4. 茶艺服务接待前的准备包括环境准备、茶叶茶具准备、熟悉茶单和接待人员的准备。 ( )

5. 茶艺服务的程序有迎客服务、点茶服务、冲泡服务、茶点服务、台面服务、结账服务、送别服务、整理台面服务。 ( )

三、简答

1. 何为茶艺服务？
2. 茶艺服务人员应该具备哪些基本素质？
3. 茶艺服务人员在为客人服务时应该注意哪些礼仪？
4. 为蒙古族客人提供茶事服务时应注意哪些服务细节？
5. 为日、韩客人服务时应该注意哪些服务细节？
6. 茶艺服务人员应该如何为VIP客人服务？
7. 在茶艺服务开始之前应该从哪几方面进行准备工作？
8. 茶艺师有哪些工作职责？
9. 如何为饮茶的客人提供结账服务？

四、实际操作练习

实训：茶事服务练习

实训安排：

实训项目	茶事服务练习
实训时间	30分钟
实训要求	按照茶楼接待客人相应服务流程，进行茶事服务练习
实训工具	茶台、茶单、茶具、茶叶等
实训步骤	1. 迎宾服务 2. 点茶服务 3. 冲泡服务 4. 茶点服务 5. 台面服务 6. 结账收款服务 7. 送别服务 8. 整理台面
实训方法	先由老师讲解示范，然后分组模拟客人与服务人员进行练习，最后由老师讲评

第五章

茶艺表演

学习目标

◎ 掌握各类茶的冲泡技巧以及各类茶的生活待客型茶艺。

◎ 了解茶艺表演的基本要求及十大名茶的表演型茶艺。

茶艺表演是在茶艺的基础上产生的，它是通过各种茶叶冲泡技艺的形象演示，科学地、生活化地、艺术地展示泡饮过程，使人们在精心营造的优雅环境氛围中，得到美的享受和情操的熏陶。自从20世纪70年代，台湾茶人提出“茶艺”概念后，茶文化事业随之兴起，各具地域特色的茶艺馆和大大小小的茶文化盛会则为茶艺表演的出现提供了平台。经过十多年的实践，茶艺表演作为茶文化精神的载体，已经发展成为非同一般表演的艺术形式，渐渐受到人们的关注。

第一节　茶艺表演的基本要求

一、茶艺表演的特征

1．茶艺表演的艺术性

与一般的艺术表演相比，茶艺表演既具有一般艺术表演的共性特征，也存在着一些个性特征，主要包括：

（1）茶之性一静

茶树默默生长在大自然中，禀山川之灵气，得日月之精华，天然赋有谦谦君子之风。与一般饮料不同，茶叶饮后使人清醒而不过度兴奋，更加安静、平静、冷静。因此茶事活动一般都应具有静的特点。

（2）茶之魂一和

和既是中国茶道的核心，也是中国茶艺的灵魂。历代茶人在茶事活动中常会注入儒家修身养性的思想，同时也将儒家的一些精髓融入茶事之中。因此无论是煮茶过程、茶具的使用、茶叶品饮、还是茶事礼仪，都要体现和的精神。

（3）茶之韵—雅

雅也是中国茶艺的主要特征之一，它是在“静”“和”基础上形成的神韵。在整个茶艺表演过程中，表演者应该自始至终表现出高雅、文雅、优雅的气质，不能俗气、俗套。

2．茶艺服饰的新颖性

茶艺表演服装的式样、款式多种多样，但应与所表演的主题相符合，服装应得体，衣着端庄、大方，符合审美要求，如“唐代宫廷茶礼表演”中表演者的服饰应该是唐代宫廷服饰，“白族三道茶表演”应着白族的民族特色服装；“禅茶表演”则应着禅衣为宜等。

3．茶艺环境的优雅性

茶艺表演的环境选择与布置是重要的环节，表演环境应无嘈杂之声，干净、清洁，窗明几净，室外也须洁净，还须预备观看者的场所以及座椅、奉茶处所等。例如，日本茶道在茶会前要打扫庭院，室内悬挂简单又令人深思的字画，布置插花及小型花卉等，以利茶艺表演的进行，使各位进入茶艺表演的艺术创造之中。

4．茶艺音乐的协调性

茶艺所配音乐与茶艺表演的主题应该相符合，正如服装与茶艺表演主题相符合是一样的，均有助于人们对表演效果的肯定与认同，如“西湖茶礼”用江南丝竹的音乐，“禅茶”用佛教音乐。

5．茶艺礼仪的规范性

中国是文明古国、礼仪之邦，素有客来敬茶的习俗。茶是礼仪的使者，可融洽人际关系。在种种茶艺表演里，均有礼仪的规范。例如，“唐代宫廷茶礼”就有唐代宫廷的礼仪；“禅茶”中有敬茶（奉茶）之后，僧侣向客人的礼仪；日本茶道中有主人对客人的礼仪；客人对客人的礼仪；人对器物的礼仪；在“台湾乌龙茶茶艺表演”中，表演者对客人光临的礼，感谢观看的礼，助泡敬茶后向客人鞠躬致意的礼等。在行礼时，行礼者应该怀着对对方的真诚敬意进行行礼。

二、解说词的创作

解说词的创作要具有完整性，从开始准备茶具直到收具谢客，每一个步骤都要一环扣一环，体现出解说词的连贯性。此外，在创作过程中，还要有一定的诗意及艺术性，其中有些是以古代文人所留下的诗词歌赋为内容，采用抒情方式表达其意的，有些是通过动作的“形”表示其意的，如“凤凰三点头”，但也有的是无形的，它是通过有形的茶艺动作以最终的结果去说明其意的。具体内容分为 3 大类：

1．代表吉祥与祝福

（1）浅茶满酒　在中国民间，有一种习俗，叫作“茶满欺人，酒满敬人”，或者说“浅茶满酒”。它指的是，在用玻璃杯或瓷杯或盖碗直接冲泡茶水，用来供宾客品饮时，一般只将茶水冲泡到品茗器的七八分满为止。这是因为茶水是用热水冲泡的，主人泡好茶后，马上奉茶给宾客，倘若满满的一杯热水，则无法用双手端茶敬客，一旦茶汤晃出，又颇失礼仪。其次，人们品茶，通常采用热饮，满满一杯热茶，会烫坏嘴唇，这会使宾客处于尴尬场面。第三，茶叶经热水冲泡后，总会或多或少有部分叶片浮在水面。所以，人们饮茶时，常会用嘴稍稍吹口气，使茶杯内浮在表面的茶叶下沉，以利于品饮；如用盖碗泡茶，也可用左手握住盛有茶汤的碗托，右手抓住盖钮，顺水由里向外推去浮在碗中茶水表面的茶叶，再去品饮茶叶。如果满满一杯热茶，一吹一推，会使茶汤洒落桌面。而饮酒则不然，习惯于大口畅饮，显得更为豪放，所以在民间有“劝酒”的做法。加之通常饮酒，不必加热，提倡的是温饮。即使加热，也是稍稍加温就可以了，因此大口喝酒也不会伤口。所以说“浅茶满酒”，既是民间习俗，又符合饮茶喝酒的需求。

（2）七分茶、三分情　七分茶、三分情，其实就是“浅茶满酒”的体现。其做法是主人在为宾客分茶，或是直接泡茶时，泡茶时要做到茶水的用量正好控制在品茗杯（碗）的七分满为止。而留下的三分空间，当作是充满了主人对客人的情意。其实，这是泡茶和品茶的需要，而民间则上升成为融洽主宾的一种礼仪用语。

（3）凤凰三点头　对细嫩高档名优茶的冲泡，通常是采用两次冲泡法：第一次采用浸润泡法；第二次采用凤凰三点头法。它们指的都是泡茶的动作与要领，泡茶的技巧与艺术。具体做法是：当茶置入杯或盖碗中后，把水壶中的开水，用旋转法按逆时针方向冲水，用水量以浸湿茶叶为度，通常约为容器的 1/5。再用手握茶杯（碗），轻轻摇动杯（碗），目的在于使茶叶在杯（碗）中翻动，浸润茶叶，使叶片舒展，这样既能使茶叶容易浸出，更好地溶解于水，又可使品茶者在最大限度内闻到茶的真香。这一动作，在茶艺界称之为浸润泡。整个泡茶过程的时间，掌握在 20～30 秒之间完成。紧跟浸润泡的第二次冲泡，采用的方法是“凤凰三点头”，即再次向杯（碗）内冲水时，将水壶由低向高，连拉 3 次，俗称“凤凰三点头”，使杯（碗）中的冲水量恰好达到七八分满为止。采用凤凰三点头法泡茶：一是可以使品茶者观察到茶在杯（碗）中上下翻滚，犹如凤凰展翅的美姿；二是可以使浸出的茶汤上下、左右回旋，使整杯（碗）茶汤浓度均匀一致。不过，这个动作还蕴藏着一个重要的含义，那就是主人为迎接客人的到来，有向客人“三鞠躬”之意，以示对客人礼貌和尊重的意思。所以，这个泡茶动作，在茶馆中常为运用。如果茶艺员穿着大方，风度有加，再加上泡茶时，能从茶性出发，在做到技巧的同时，又能兼顾到艺术美，那么像凤凰三点头之类的泡茶技艺，既能融洽宾主双方的情感，还能收到以礼待人的效果。

2．拟人与比喻

在饮茶技艺中，还有些约定和成规，是通过形象的手法，用拟人的方法和比喻的动作去说明问题的，前者如“关公巡城”“韩信点兵”，后者如“内外夹攻”“端茶送客”。

（1）关公巡城　在茶艺表演过程中，关公巡城这道程序既是寓意，又是动作，多用于福建及广东汕头、潮州地区冲泡功夫茶时运用。这些地方冲泡功夫茶时，用茶量通常要比冲泡普通茶高出 2～3 倍，这样大的用茶量，冲泡浸水后，茶叶几乎占据了整个茶壶，使壶中的茶汤上下浓度不一，如将壶中的茶水直接分别洒到几个小小的品茗杯中，这样往往使前面几杯的茶汤浓度偏淡，后面几杯的茶汤浓度偏浓，这在客观上不符合茶人精神，不能同等对客。为此，通过长期的饮茶实践，总结出了一套能解决这一矛盾的功夫茶冲泡方法，“关公巡城”就是其中之一。具体做法是，一旦用茶壶或盖碗冲泡好功夫茶后，在向几个品茗小茶杯中倒茶汤时，为使各个小茶杯的茶汤多少以及茶汤的颜色、香气、滋味前后尽量接近，做到平等待客，在分茶时先将各个小品茗杯按宾客多少“一”字形排列，再用来回提壶倒茶法洒茶，尽量使各个品茗杯中的茶汤浓度均匀。加之，冲泡功夫茶时，通常选用的是紫砂壶或盖碗泡茶。而在茶壶（罐、碗）中的茶汤，又是用现烧开水冲泡的，热气腾腾。在人们的心目中，三国时的武将关公（关云长）是紫红色的脸面。如此，提着紫红色的冲茶器，在热气腾腾条形排列的城池（一排小品茗杯）上来回巡茶，犹如关公巡城一般，故而将这一动作称之为“关公巡城”。它既生动又形象，还道出了动作的连贯性。但关公巡城这道茶艺程序，其目的在于使分茶时各个品茗杯中的茶汤多少浓度达到一致，称它为“关公巡城”，只不过是拟人化的美称。

（2）韩信点兵　韩信点兵，与关公巡城一样，既是饮茶的需要，又是一种拟人的比喻，也是一种美学的体现。这在小杯啜功夫茶时常加运用，特别是冲泡福建功夫茶和广东潮（州）汕（头）功夫茶时最为常见。这一茶艺程序是紧跟关公巡城进行的。因为经巡回分茶（关公巡城）后，还会有少许茶汁留在冲泡器中，而冲泡器中的最后几滴茶汁往往是最浓的，也是茶汤的精髓所在，弃之可惜。为了将少许茶汁均匀分配在各个品茗杯中，还得将冲泡器中留下的几滴茶汤，分别一滴一杯，一一滴入到每个品茗小杯中，这种分茶动作，被人形象地称之为“韩信点兵”。其实，韩信乃是西汉初的一位名将，他足智多谋，善于用兵、点兵。因此，用“滴滴茶汁，一一入杯”之举比做“韩信点兵”实在是惟妙惟肖，使人回味无穷。不过，就茶艺而言，“韩信点兵”的关键是使一壶茶汤通过分茶做到各个品茗杯中的茶汤均匀一致。而形象的拟人动作，只是体现了功夫茶冲泡中的一种美学展示。

（3）内外夹攻　内外夹攻是出于对冲泡某些茶的需要而采用的一道程序，诸如对一些采摘原料比较粗老的茶叶，最典型的是特种名茶乌龙茶，最佳的采摘原料是从茶树新梢上采下的“三叶半”，即待茶树新梢长到顶芽停止生长，新梢顶上的第一叶刚放半张叶时，采下顶部“三叶半”新梢，是为上品。这与采摘单芽或一芽一二叶新梢加工而成的茶相比，显然原料要粗老。对这种茶，茶汁很难冲泡出来，所以冲泡时水温要高。为提高泡茶时的水温，不但泡茶用水要求现烧现泡，泡茶后当即加盖，加以保温；而且要在泡茶前，先用热水温茶壶，以免泡茶用水被壶吸热而降温；此外，还得在泡茶后用滚开水淋壶的外壁追热。这一茶艺程序称之为“内外夹攻”。它的寓意是淋在壶里，热在心里，给品茶者一种温馨之感。其实，这一程序在很大程度上是出于泡茶的需要。主要有两个目的：一是为了保持茶壶中的水温，促使茶汁浸出和茶香透发；二是为了清除茶壶外溢出的茶沫，以清洁茶壶。这一程序，对冬季或寒冷地区冲泡乌龙茶而言，更是必不可少。

（4）游山玩水　采用壶泡法泡茶，通常在冲泡后，难免有水滴落在壶的外壁，特别是冲泡乌龙茶时，不但泡茶冲水要漫出壶口，还要淋壶，使壶的外壁附着许多水珠。如果要将壶中的茶汤，再分别倒入各个品茗杯中，即分茶时，常用右手拇指和中指握住壶把，食指抵住壶的盖钮，再提起茶壶，为了不使溢在壶表顺势流向壶足的小水流（滴）落在桌面上，往往在分茶前，先把茶壶底足在茶船上沿逆时针方向荡一圈，再将壶底置于茶巾上按一下，这样可以除去附在壶底上的水滴。在这一过程中，由于把壶沿着“小山”（茶船）荡（玩）了一圈，目的又在于除去游动着的壶底之水，因而美其名为“游山玩水”。

（5）端茶送客　茶是用来敬客的，但在中国历史上也有用茶逐客的。这种做法过去多见于官场中。如大官接见小官时，大官都堂堂正正地摆好架子，端坐大堂上。再在两边，侍从“一字”排开。然后传令“请”！于是小官进堂拜谒，旁坐进言，倘若有言语冲撞，或遇言违而意不合，或言繁而烦心，大官就会严肃地端起茶杯，以一种端茶的特定方法，示意左右侍从“送客”。而侍从也就心领神会，齐呼“送客”。在这种情况下，端杯就成为一种“逐客令”。但端茶逐（送）客，与客来敬茶的美德是背道而驰的，特别是在提倡社会文明进步的今天，此风更不可长。

3. 方圆与规矩

在茶艺过程中，有些方圆与规矩，那是在总结泡茶技艺的基础上才形成的，不成方圆，也就是没有规矩可言，所以，这种茶艺程序是在泡茶实践中逐渐总结出来的，而又在实践中得到提高与升华。以下一些约定与成规，就是如此。

（1）老茶壶泡和嫩茶杯泡　老茶壶泡说的是较为粗老的茶叶，需用有盖的瓷茶壶或紫砂茶壶泡茶。而对一些较为细嫩的茶叶，适用无盖的玻璃杯或瓷杯冲泡。这是因为：对一些原料较为粗老的鲜叶加工而成的中、低档大宗红、绿茶，以及乌龙茶、普洱茶等特种茶来说，它们有的因原料所致，有的因茶类所需，采摘的鲜叶原料与细嫩的名优绿茶，以及少数由嫩芽加工而成的红茶、白茶、黄茶相比，因茶较粗、较大，处于老化状态，所以茶叶中的纤维素含量高，茶汁不易在水中浸出，泡茶用水需要有较高的温度才能出味。而乌龙茶，由于茶类采制的需要，采摘的原料新梢已处于半成熟状态，冲泡时既要有较高的水温，还要在一定时间内保持水温不致很快下降，只有这样才能透香出味。这些茶选用茶壶冲泡，不但保温性能好，而且热量不易散失，保温时间长。倘若用茶壶去冲泡原料较为细嫩的名优茶，因茶壶用水量大，水温不易下降，会“焖熟”茶叶，使茶的汤色变深，叶底变黄，香气变钝，滋味失去鲜爽，产生“熟汤”味。如改用无盖的玻璃杯或瓷杯冲泡细嫩名优茶，既可避免对观赏细嫩名优茶的色、香、味带来的负面效应，又可使细嫩名优茶的风味得到应有的发挥。

对一些中、低档茶和乌龙茶、普洱茶而言，它们与细嫩名优茶相比，冲泡后外形显得粗大，无秀丽之感，茶姿也缺少观赏性，如果用无盖的玻璃杯或瓷杯冲泡，会将粗大的茶形直观地显露眼底，一目了然，有失雅观，或者使人“厌食”，引不起品茶的情趣来。

由上可见，老茶壶泡，嫩茶杯泡，既是茶性对泡茶的要求，也是品茗赏资的需要，它符合科学泡茶的道理。

（2）高冲和低斟　高冲与低斟，是针对泡茶与分茶而言的。前者是指泡茶时，采用壶泡法泡茶，尤其是用提水壶向泡茶器冲水时，落水点要高。冲泡时，犹如“高山流水”一般。因此，也有人称这一冲泡动作为“高山流水”。冲泡功夫茶（乌龙茶）时更加讲究，要求冲茶时，一要做到提高水壶，使沸水环茶壶（冲罐）口边缘冲水，避免直接冲入壶心；二要做到注水不可断续，不能急促。那么泡茶为何要高点注水呢？这是因为高冲泡茶能使热力直冲泡茶器底部，随着水流的单向流动和上下旋转，有利于泡茶器中的茶汤浓度达到相对一致。另外，高冲泡茶，特别是首次续水，对乌龙茶来说，随着泡茶器中茶的旋转和翻滚，使茶的叶片很快舒展，可以除去附着在茶片表面的尘埃和杂质，能为乌龙茶的洗茶、刮沫打下基础。

茶叶经过高冲后，通常还要进行适时分茶，即斟茶。具体做法是将泡茶器（壶、罐、瓯）中的茶汤一一斟入到各个品茗杯中。但斟茶与泡茶不一样，斟茶时，提起茶壶分茶的落水点宜低不宜高，通常以稍高于品茗杯口为宜。在茶艺过程中，相对于“高冲”而言，人们称之为“低斟”。这样做的目的在于：高斟会使茶汤中的茶香飘逸，降低品茗杯中的茶香味；而低斟可以在一定限度内尽量保持茶香的散。高斟会使注入品茗杯中的茶汤表面泡沫丛生，从而影响茶汤的洁净和美观，会降低茶汤的欣赏性。高斟还会使分茶时产生“嘀嗒”声，弄得不好还会使茶汤翻落桌面，使人生厌。

其实，高冲与低斟是茶艺过程中两个相连的动作，它们是人们在长期泡茶实践中的经验总结，目的是有利于提高茶的冲泡质量。

（3）恰到好处　这是泡茶待客时的一个吉祥语。其做法是泡茶选器时，要根据品茶人数，再选择泡茶用的茶壶或茶罐，应按泡茶器容量大小配上相应数量的品茗杯，使分茶时每次在泡茶器中泡好的茶不多不少，总能刚刚洒满对应的品茗杯（通常为品茗杯的七八分满）。其实，恰到好处既是喜庆吉祥之意，又是茶人精神的一种体现，它表达的意思是：人与人之间是平等的，不分先后，一视同仁，没有你、我、他之分。

（4）上投法、中投法和下投法　这 3 种投茶方法，是指在茶的冲泡过程中如何投茶而言的。在实践过程中，要有条件、有选择地进行。如果运用得当，不但能掩盖不足，还能平添情趣。

1）上投法。上投法是指在茶叶冲泡时，先按需要在杯中冲上开水至七分满，再用茶匙按比例取出适量茶叶，投入盛有开水的茶杯中。用上投法泡茶，多数因泡茶时开水水温过高，而冲泡的茶又是紧细重实的高级细嫩名茶时采用，如高档细嫩的径山茶、碧螺春、祁门红茶等。但用上投法泡茶，它虽然解决了冲泡某些细嫩高档名茶时，因水温过高而造成对茶汤色泽和茶姿挺立带来的负面影响，但却会造成茶汤浓度上下不一的不良后果。因此，品饮上投法冲泡的茶叶时，最好先轻轻摇动茶杯，使茶汤浓度上下均一，茶香透发后再品茶。另外，用上投法泡茶，对茶的选择性也较强，如对茶形松散的茶叶，或毛峰类茶叶，都是不适用的，它会使茶叶浮在茶汤表面。不过，用上投法泡茶，在某些情况下，若能向宾客主动说明其意，有时反而能平添饮茶情趣。

2）中投法。它是相对于上投法和下投法而言的。目前，对一些细嫩名优茶的冲泡，多数采用中投法冲泡。具体操作方法是：先向杯内投入适量茶叶，而后冲上少许开水（以浸没茶叶为止）；接着，右手握杯，左手平摊，中指抵住杯底，稍加摇动，使茶温润；再用高冲法或凤凰三点头法，冲开水至七分满。中投法泡茶，在很大程度上解决了上投法和下投法对泡茶造成的不利影响，但操作比较复杂，这是美中不足。

3）下投法。这是在冲泡上用得最多的一种投茶方法，它是相对于上投法而言的。具体方法是：按茶杯大小，结合茶与水的用量之比，先在茶杯中投入适量茶叶，而后按茶与水的用量之比，将壶中的开水高冲入杯至七八分满为止。用这种投茶法泡茶，操作比较简单，茶叶舒展较快，茶汁较易浸出，且茶汤浓度较为一致，因此有利于提高茶汤的色、香、味。目前，除细嫩、高级名优茶外，多数采用的是下投法泡茶。但用下投法泡茶，常常因为不能及时调整泡茶水温，而影响各类茶冲泡时对适宜水温的要求。

三、如何进行茶艺程序安排

茶艺的“艺”之美，是指茶艺程序编排的内涵美，以及茶艺表演的动作美、神韵美和服装道具美。

1. 茶艺程序编排的内涵美

俗话讲 “外行看热闹，内行看门道”，一套茶艺程序编排得美不美，要看 4 个方面：

（1）是否“顺茶性” 通俗地说，就是按程序操作，是否能把茶叶的内质发挥得淋漓尽致，泡出一壶最可口的好茶来。

我国的茶叶可分为基本茶和再加工茶两大类。基本茶类包括绿茶、红茶、乌龙茶（青茶）、白茶、黄茶和黑茶 6 大类。再加工茶类中，常用于茶艺表演的有花茶和紧压茶。各类茶的茶性（如粗细程度、老嫩程度、发酵程度、火工水平等）各不相同，所以泡不同的茶时所选用的器皿、水温、投茶方式、冲泡时间等也各不相同。

（2）是否“合茶道” 通俗地说，就是看这套茶艺是否符合茶道所倡导的“精行俭德”的人文精神和“和静怡真”的基本理念。茶艺表演既要以道驭艺，又要以艺示道。

以道驭艺，就是茶艺的程序编排必须遵循茶道的基本精神，以茶道的基本理论为指导；以艺示道，就是通过茶艺表演来表达和弘扬茶道精神。有些茶艺的程序很传统、很形象、很流行，如某些地区的功夫茶茶艺中的“关公巡城”“韩信点兵”，但因为这些程序刀光剑影，杀气太重，有违茶道以“和”为哲学思想核心的基本精神，所以只是在某一套茶艺程序中添加此类词语。

（3）是否科学卫生 目前，我国流传较广的茶艺多是在传统的民俗茶艺的基础上整理出来的。有个别程序按照现代的眼光去看是不科学、不卫生的。例如，有的地区的茶艺要求泡出的茶要烫嘴，认为烫的茶喝着才过瘾。但从现代医学卫生理论看，过烫的食物反复刺激口腔黏膜易导致口腔病变，诱发口腔癌。有些茶艺的洗杯程序是把整个杯子放在一小碗水里洗，甚至是杯套杯滚着洗，这样会使杯外的脏物粘到杯内，越洗越脏。对于这些传统民俗茶艺中不够科学、不够卫生的程序应当扬弃。

（4）是否有文化品位 这主要是指各个程序的名称和解说词，应当具有较高的文学水平。解说词的内容，应当生动、准确，有知识性和趣味性，能够艺术地介绍所泡茶叶的特点和历史。

2. 茶艺表演动作美和神韵美

茶艺，首先是一门生活艺术而不是舞台艺术。

（1）茶艺表演的动作美 比起其他的表演艺术来，茶艺更贴近生活，更直接地服务于生活。它的动作不强调难度，而是强调生活实用性，在此基础上表现流畅的自然美。在表演风格上，茶艺注重自娱、自享和内省内修。这就有点像练太极拳一样，它虽然也可用于表演，但根本作用还是个人修身养性。

从神韵上看，茶艺之美应当是“庖丁解牛之美”，而非“公孙大娘舞剑”之美。从表现形式上看，茶艺之美是中和之美、自然之美、出水芙蓉之美，而非夸张之美、惊险之美、镂金错彩之美。

泡茶是日常生活中一种平凡的活动，只要我们能以茶道为指导，专心一意，不事张扬，自然而然地认真泡茶，当达到十分熟练后，必定会实现“技”的升华，达到“道”对“技”的超越，这样不仅本人会在平凡的活动中享受到创造的自由和精神的愉悦，别人也会从朴实的操作中感受到美。

（2）茶艺表演的神韵美 “韵”是美的最高境界，可以理解为传神、动心、有余意。

在古典美学中常讲“气韵生动”，在茶艺表演中要达到这个境界要经过3个阶段：

1）要求达到熟练。这是基础，熟能生巧。

2）要求动作规范、细腻、到位。

3）要求传神达韵。在传神达韵的练习中，要特别注意“静”和“圆”。

小资料5-1

中国古老的茶文化可以上溯到炎帝时期，茶文化的形成、发展及完善与茶艺是分不开的。从中国最早的茶道萌芽时期晋代开始，至茶道盛行的唐代，尚无茶艺表演的专职。但唐代因陆羽善于烹茗被太守请去试茗；另据《封氏闻见记》记载，唐代御史大夫李季卿宣慰江南时，曾请常伯熊表演煮茶，表演时，常氏手里拿着茶壶，口中述说着茶名，逐一详细说明，大家佩服异常。两者与现在的茶艺表演有着相似之处。陆羽在《茶经》中对茶艺过程也有过深刻的描述，对选茗、蓄水、置具、烹煮、品茗各个环节非常讲究，并制定了一整套茶艺程序，这已明显带有浓厚的艺术形式和丰富的内涵，推进了茶的技艺演化过程。宋代，人们兴起斗茶，卖茶水的人也相互间试论高低，被时人成为“茶百戏”，既能称“戏”，自然是一种表演内容了。无论是“试茗”还是“茶百戏”，但至少说明茶艺表演在中国古代的茶文化样式中已渐呈现表演的意识。

茶艺表演成为一种需要是近20年的事情。加之人们在改革开放和物质生活日益满足的条件下，开始重视中国传统文化的继承与生活质量的提高，欲从满足生理需要的大众饮品中，重新品出古人早以传承但在近百年的民众生活中渐以消失的中国茶文化的内质。而林林总总的茶艺馆中推出的茶艺表演，无疑成了普及茶文化精神、引导人们如何领悟中国茶道的最佳载体。因而，茶艺表演的出现由中国古代的雏形渐趋成为普及茶文化必不可缺的茶艺样式，从可能性的存在变为一种实际需要。

第二节　各类茶的生活待客型茶艺

生活待客式茶艺没有像舞台表演那样有比较形象的流程名称和优美的表演动作。主人待客一般选择品质好的茶叶，选用清洁的水，煮至初沸，采用相应的主泡器具，然后按照基本泡饮程序进行。茶几旁，或两人相对而坐，或三五人围聚而坐，一同赏茶、鉴水、闻香、品茶，每一个人都是参与者，一起领略茶的色、香、味之美。这样的场景更多见于家庭待客。大家一起品品茶，聊聊天，亲切随和，自由地交流情感，相互切磋茶艺，相互探讨茶艺人生，既消闲又联谊，既高雅又轻松，其乐融融。

在端茶给客人时应注意一些礼节。按我国的传统习惯，应双手给客人端茶。对有杯耳的杯子，通常是用一只手抓住杯耳，另一只手托住杯底，把茶水送给客人，随之说声“请您用茶”或“请喝茶”。切忌用手指捏住杯口边缘往客人面前送，这样敬茶既不卫生，也不礼貌。

一、绿茶类茶艺

（1）备具　玻璃杯（根据客人人数确定玻璃杯数），成直线状摆在茶盘斜对角线位置（左低右高）；茶荷、茶叶罐、茶巾、茶道组合、随手泡。

（2）备水 选用清洁的水。有条件的可以安装水过滤设施，或可购买筒装、瓶装矿泉水。急火煮水至沸腾，倒入热水瓶备用。开水壶中水温应控制在 85℃左右。

（3）温杯 将茶杯用煮好的沸水一一洗过，这样做既能在泡茶前让茶杯吸收一定的热量，使茶叶中的可溶物质充分溶出，又能够当着客人的面对杯体再次清洁。

（4）置茶 用茶荷、茶匙置茶，茶叶从茶罐中拨入茶荷中，再分放各杯中。一般的茶水比例为 1 克:50 毫升，每杯用茶叶 2～3g 克。

（5）赏茶 双手将玻璃杯奉给来宾，敬请欣赏干茶外形、色泽及嗅闻干茶香。赏毕按原顺序双手收回茶杯。

（6）浸润泡 以回转手法向玻璃杯内注入少量开水（水量为杯子容量的 1/3 或 1/4 左右），目的是使茶叶充分浸润，促使可溶物质浸出。浸润泡时间约 20～60 秒，可视茶叶的紧结程度而定。

（7）摇香 运用腕力逆时针轻转茶杯，左手轻搭杯底。此时杯中茶叶吸水，开始散发出香气。

（8）冲泡 可采用吊水线和凤凰三点头手法（依水温决定），高冲低斟将开水冲入茶杯，使茶叶上下翻动。冲泡水量控制在总容量的七分满。

（9）奉茶 双手将泡好的茶依次敬给来宾。这是一个宾主融洽交流的过程，奉茶者行伸掌礼请宾客用茶，接茶者点头微笑表示谢意，或答以伸掌礼。

（10）品饮 接过杯茗，观其汤色碧绿清亮，闻其香气清如幽兰；浅啜一口，温香软玉，深深吸一口气，茶汤由舌尖温至舌根，轻轻的苦，微微的涩，然而细品却似甘露。

（11）续水 这时主人应该留意，当品饮者茶杯中只余 1/3 左右茶汤时（意为“留根”），就该续水了。续水前应将随手泡中未用尽的温水倒掉，重新注入开水。使续水后茶汤的温度仍保持在 80℃左右，同时保证第二泡的浓度。一般每杯茶可续水两次（或应来宾的要求而定）。

（12）复品 名优绿茶的第二、三泡，如果冲泡者能将茶汤浓度与第一泡保持相近，则品者可进一步体会甘甜回味。

（13）净具 每次冲泡完毕，应将所用器具收放原位，对茶壶、茶杯等使用过的器具一一清洗。

二、红茶类茶艺

（1）备具 盖瓯（盖碗）、公道杯、茶荷、茶巾、茶道组合、随手泡、过滤网。

（2）煮水 选择用水的关键是要用现沸水，不用已经煮开过或者在保温的水来泡红茶。

（3）温具 将盖瓯（盖碗）用煮好的现沸水一一洗过，这样做既能在泡茶前让茶杯吸收一定的热量，使茶叶中的可溶物质充分溶出，又能够当着客人的面对杯体再次清洁。

（4）置茶 将红茶置入主泡器具中。

（5）泡茶 在注入开水后就马上盖上盖子，并以顺时针方向将冲出的茶沫刮掉。

（6）闷茶 这个步骤完全体现出红茶浓淡口味的变化，根据主泡器具的大小和品茶人数的多少及品茶者的口味等适当闷 1～2 分钟，切记不要搅拌茶壶中的茶叶。这样会破坏茶叶的纤维。

（7）分茶　使用公道杯为客人分茶。

（8）品茶　将分好的红茶敬奉给品茶者，宾主共品。

三、乌龙茶（青茶）类茶艺

（1）备具　紫砂壶、公道杯、茶荷、茶巾、茶道组、随手泡、过滤网、茶叶罐。

（2）备点　就是点心的意思，由于乌龙茶浓郁而收敛性比较强，空腹饮用或不习惯饮浓茶者喝下易造成胃部不适，因此特别需要配备茶点。

（3）备水　尽可能选用清洁的天然软水，有条件的可以在自家安装过滤设施，或者是大桶的瓶装矿泉水。

（4）温具　把水烧开，依次的把紫砂壶、品茗杯等泡茶所需要的器具依次烫洗一遍。

（5）取茶　茶馆比较讲究，一般是用茶则取茶，现在的多数都是已包装成 7 克真空小包装的茶叶了，所以只要把一小包 7 克真空的茶叶放入盖碗中即可。这里还需注意：疏松条形的乌龙茶用量为茶壶体积的 1/2 左右，球形及紧结的半球形乌龙茶用量为茶壶体积的 1/3 左右，碎茶较多的时候灵活置茶。

（6）赏茶　把茶叶放在茶荷内让各位来宾欣赏干茶的外形（这个可以放在样品盘里欣赏，或者是在盖碗里欣赏）。

（7）冲泡　右手提壶用回转手法沿茶壶口向内冲水，至满溢后左手提茶壶盖刮去浮沫（动作由外向内），然后仍用右手提壶将盖上的沫冲洗干净后盖好。

（8）淋壶　右手提壶向茶壶注热水，逆时针回转运动手腕，水流从壶身外围开始浇淋，向中心绕圈最后淋至盖钮处，直至茶壶外壁受热均匀。一般乌龙茶头一道需泡 30～60 秒（根据个人的口感来定，喜欢重口感可以浸泡久一点，喜欢清淡的可以短一点）。

（9）分茶　右手提壶逆时针方向不断转动，令茶汤均匀分入 4 只品茗杯中，有的采用先把茶汤倒入公道杯过滤一下茶渣，然后再分入茶杯中。

（10）奉茶　将冲泡好的茶汤敬奉给客人。

（11）品茶　举杯分 3 口缓缓喝下，茶汤在口腔内应停留一下，用舌尖两侧及舌面、舌根充分领略滋味。

（12）冲二、三道茶　采用延时冲泡时间的方法，二道、三道、四道、五道还可继续冲泡，虽然之后的香味会明显逊色，茶人惜福，对好茶叶不忍轻易舍弃，有时候甚至可以泡到第九道、第十道，这要看茶叶的质量来决定。

（13）净具　冲泡完毕，将所有茶器具收放原位，有条件的要对茶壶、茶杯等使用过的器具都要一一清洗、消毒。

四、白茶类茶艺

（1）备具　可用玻璃壶、玻璃杯冲泡。

（2）备水　将沸水倒在玻璃壶或玻璃杯中备用。

（3）赏茶　白茶鲜叶形似兰花，叶肉玉白，叶脉翠绿，鲜活欲出。

（4）温杯　倒入少许开水于茶杯中，双手捧杯，均匀清洗玻璃壶或玻璃杯。

（5）置茶　用茶匙取白茶少许置放在茶荷中，然后向每个杯中投入 3 克左右白茶。

（6）浸润泡　提壶将水沿杯壁冲入杯中，水量约为壶或杯子的 1/4，目的是浸润茶叶使其初步展开。

（7）摇香　左手托杯底，右手扶杯，将茶杯顺时针方向轻轻转动，使茶叶进一步吸收水分，香气充分发挥。

（8）冲泡　冲泡时采用回旋注水法，可以欣赏到茶叶在杯中上下旋转，加水量控制在约占杯子的 2/3 为宜。冲泡后静放 2 分钟。

（9）奉茶　用茶盘将刚沏好的白茶奉送到来宾面前。

（10）品茶　品饮白茶先闻香，再观汤色和杯中上下浮动玉白透明形似兰花的芽叶，然后小口品饮，茶味鲜爽，回味甘甜，口齿留香。

（11）观叶底　白茶与其他茶不同，除其滋味鲜醇、香气清雅外，叶张的透明和茎脉的翠绿是其独有的特征。观叶底可以看到冲泡后的茶叶的优美姿态。

（12）收具　客人品茶后离去，及时收具，并向来宾致意送别。

五、黄茶类茶艺

（1）备具　冲泡黄茶宜用无色透明玻璃杯为主泡器具，能更好地欣赏茶叶在水中上下翻飞、翩翩起舞的仙姿，观赏其汤色、茸毫。此外，还须备有随手泡、茶巾、茶道组合、茶荷等。

（2）择水　冲泡黄茶，要选择清鲜甘活的软水。

（3）候汤　冲泡黄茶的水温宜在 80℃左右。

（4）温杯　用热水清洁茶杯。

（5）投茶　冲泡黄茶，茶叶与水的比例大致为 1 克：50 毫升，即每杯投茶叶 2 克左右，冲水 100 毫升。

（6）浸润泡　提壶轻轻地将水沿杯子周边旋转着冲入，注水量约占杯容量的 1/4-1/3。浸润时间 20-60 秒，目的使黄芽吸水膨胀，便于内含物的溢出。

（7）冲泡　高提壶，让水由高处向下冲去，并利用手腕的力量，将水壶由上向下反复提举 3 次，这一动作被称为“凤凰三点头”。注入杯约七成左右，意为“七分茶，三分情”。

（8）品饮　品饮之前，先赏茶汤，观色、闻香、赏形，然后趁热品啜茶汤的滋味。黄茶形似雀舌、嫩绿披毫，清香持久，滋味鲜醇浓厚、回甘，汤色黄绿、清澈明亮。第一泡品茶之鲜醇和清香；第二泡茶香最浓，滋味最佳，要充分体验茶汤甘泽润喉、齿颊留香、回味无穷的特征；第三泡时茶味已淡，香气亦减。三泡之后，一般不再饮了。

六、黑茶类茶艺

（1）备具　冲泡黑茶大多选用紫砂壶为主泡器具，此外还应备有随手泡、茶巾、茶荷、茶道组合、过滤网、公道杯、品茗杯等。

（2）温壶　紫砂壶中倒入烧开的清水，主要起到温壶、温杯的作用，同时可以涤具。

（3）投茶　将茶叶置入壶中。

（4）润茶　沸水冲入壶中，快速倒去以达到醒茶目的，通常黑茶类要洗两次茶。

（5）浸润泡　根据实际情况掌握冲泡时间。

（6）分茶　将壶中的茶汤倒入公道杯中，保持茶汤浓淡的均匀，再分别均匀地分入小品杯中。

（7）敬茶　将冲泡好的茶汤敬奉给客人。

七、花茶类茶艺

（1）备具　主泡器具为三才杯、茶巾、茶道组合、随手泡、茶荷、水盂。

（2）备水　将随手泡壶中温壶的水倒入水盂，冲入刚煮沸的开水。

（3）温盖碗　将盖子反面朝上的盖碗一一温热。

（4）揭盖冲水　注水为总容量的 1/3，将盖碗盖放回盖好。

（5）开盖弃水　双手端起盖碗至水盂上方，将洗杯碗之水倒入水盂。倒毕盖碗复位。

（6）置茶　用茶匙从茶罐中取茶叶放至茶荷中，将茶叶均匀投入盖碗中，通常 150 毫升容量的盖碗投茶 2～3 克。

（7）摇香　水温宜控制在 90～95℃。用单手或双手回旋冲泡法，依次向盖碗内注入约容量 1/4 的开水，然后盖上碗盖摇香，令茶叶充分吸水浸润。

（8）冲泡　向盖碗内注水至七分满。

（9）示饮　考虑到盖碗使用的非普及性，在生活待客饮茶中，主泡者不妨先示范饮茶动作，让不太了解盖碗正确品饮方法的来宾有个初步印象，不至于太尴尬。

女士双手将盖碗连托端起，摆放在左手前四指部位（此时左手如同掬着一捧水似的），右手腕向内一转搭放在盖碗上，用大拇指、食指及中指拿住盖钮，向右下方轻按，令碗盖左侧盖沿部分浸入茶汤中；复再向左下方轻按，令碗盖左侧盖沿部分浸入茶汤中；接着右手顺势揭开碗盖，将碗盖内侧朝向自己，凑近鼻端左右平移，嗅闻茶香；然后撇去茶汤表面浮叶（动作由内向外共 3 次），边撇边观赏汤色；最后将碗盖左低右高斜盖在碗上（盖碗左侧留一小隙）。赏茶已毕，开始品饮时右手虎口分开，大拇指和中指分搭盖碗两侧碗沿下方，食指轻按盖钮，提盖碗向内转 90℃（虎口必须朝向自己，这样饮茶时手掌会将嘴部掩住，显得高雅），从小隙处小口啜饮。端托碟的左手与提盖的右手无名指与小指可微微外翘做兰花指状。

男士用盖碗喝茶可用单手，左手半握拳搭在左胸前桌沿上，不用端起托碟，右手饮茶手法同女士。

（10）奉茶　双手连托端起盖碗，将泡好的茶依次敬给来宾，行伸掌礼请用茶，接茶者宜点头微笑或答以伸掌礼表示谢意。

（11）品饮　闻香、观色、啜饮。动作要舒缓轻柔，不宜大大咧咧随意将盖子一揭，抄起盖碗来牛饮。

（12）续水　盖碗茶一般续水两次，也可按客人要求而定。

（13）净具　每次冲泡完毕，应将所用茶器具收放原位，对盖碗等使用过的器具一一清洗。

小资料 5-2

泡茶误区

茶叶是有益于身体健康的上乘饮料，是世界三大饮料之一，因此茶叶有“康乐饮料”之王的美称。但是饮茶还需要讲究科学，才能达到提精神益思维、解口渴去烦恼、消除疲劳、益寿保健的目的。但有些人饮茶习惯不科学，常见的有以下几种：

（1）用保温杯泡茶 沏茶宜用陶瓷壶、杯，不宜用保温杯。因用保温杯泡茶叶，茶水较长时间保持高温，茶叶中一部分芳香油逸出，使香味减少；浸出的鞣酸和茶碱过多，有苦涩味，因而也损失了部分营养成分。

（2）用沸水泡茶 用沸腾的开水泡茶，会破坏很多营养物质。例如，维生素C、P等，在水温超过80℃时就会被破坏，还易溶出过多的鞣酸等物质，使茶带有苦涩味。因此，泡茶的水温一般应掌握在70～80℃。尤其是绿茶，如温度太高，茶叶泡熟，变成了红茶，便失去了绿茶原有的清香味。

（3）泡茶时间过长 茶叶浸泡4～6分钟后饮用最佳。因此时已有80%的咖啡因和60%的其他可溶性物质已经浸泡出来。时间太长，茶水就会有苦涩味。放在暖水瓶或炉灶上长时间煮的茶水，易发生化学变化，不宜再饮用。

（4）习惯于泡浓茶 泡一杯浓度适中的茶水，一般需要10克左右的茶叶。有的人喜欢泡浓茶。茶水太浓，浸出过多的咖啡因和鞣酸，对胃肠刺激性太大。

第三节 十大名茶的表演型茶艺

一、西湖龙井茶艺表演

“上有大堂，下有苏杭”西湖龙井是素有人间天堂之称的杭州市名贵特产，清代嗜茶皇帝乾隆品饮之后，曾写诗赞美说：“龙井新茶龙井泉，一家风味称烹煎；寸芽生自烂石上，时节焙成谷雨前；何必凤团夸御名，聊因雀舌润心莲”。

今天就请各位嘉宾与我一同品一品润如心莲的龙井茶。

（1）焚香除妄念 俗话说：“泡茶可修身养性，品茶如品味人生”，古今品茶都讲究平心静气，焚香除妄念，就是通过点燃这支香为品茶者营造一个祥和肃穆的气氛。以达到驱除妄念，心平气和的目的。

（2）冰心去凡尘 茶是至清至洁、天涵地育的灵物，泡茶所用的器皿也必须是至清至洁的。“冰心去凡尘”就是用开水再烫洗一遍本来就干净的玻璃杯，做到茶杯冰清玉洁、一尘不染。

（3）玉壶养太和 龙井茶属于芽茶类，茶叶柔嫩脆弱，如果用滚烫的开水直接冲泡，会破坏茶芽中的维生素，泡出的茶汤老而失味，因此要用80℃左右的开水冲泡。“玉壶养太和”指的是把开水壶中的水微凉一下，等水温降到合适时再泡茶。

（4）清宫迎佳人 苏东坡有诗云“戏作小诗君勿笑，从来佳茗似佳人”。清宫迎佳人就是用茶匙将茶叶缓缓地拨入已经洗去凡尘的玻璃杯中，借用此诗，描述了茶叶投入杯中的场景。

（5）甘露润莲心 好的绿茶外观如莲心，乾隆皇帝把茶称为“润心莲”，“甘露润莲心”就是在泡茶之前先向杯中注入约1/3容量的热水，由此达到润茶的目的。

（6）凤凰三点头 龙井茶在冲泡时讲究高冲水，即需将水壶抬到一定高度，从高处开始冲水时，水壶要有节奏地三起三落，并保证水流不间断，好似中国传统文化中神奇的百鸟之王凤凰在频频点头向茶客致意，只有这样才能保证茶叶充分受到水流的激荡，均匀而滋润。

（7）碧玉沉清江　冲入热水之后，龙井茶先是悬浮在水面上，随着水分渐渐被吸收，茶叶开始逐渐舒展开来并慢慢沉入杯底，这一过程通常被喻为“碧玉沉清江”。

（8）观音捧玉瓶　就是把泡好的茶敬奉给各位嘉宾，表达出对来宾的尊重与祝福，希望杯中的茶可以像玉瓶中的甘露一样，为品茶者驱除灾病与痛苦。

（9）春波展旗枪　作为龙井茶茶艺的特色程序，赏茶也是品茶的重要一步，赏茶重在观，然后是细细品味。在热水的浸泡下，茶芽开始慢慢舒展，茶芽尖尖如枪，展开的叶片如旗。一芽一叶的被称为“旗枪”，一芽两叶的被称为“雀舌”。大家还可以轻轻地晃动一下茶杯，杯中的茶芽随着水波的晃动好像有生命的精灵在舞蹈，十分生动有趣。

（10）慧心悟茶香　龙井茶的茶香清幽淡雅，必须用心灵来感悟才能感受到它那春天般的气息，以及清纯悠远难以言语的生命之香。

（11）淡中品至味　大家都知道品字三个口，请先随我品下第一口，这时你会感觉到口齿留香；再品第二口，你会感觉满口生津，回味无穷；接着品第三口，你会感觉茶汤鲜爽甘醇，给我们带来无限遐想。

（12）自斟乐无穷　品茶之乐，乐在闲适，乐在怡然自得。

二、碧螺春茶艺表演

“洞庭无处不飞翠，碧螺春香万里醉。”烟波浩渺的太湖洞庭山所产的碧螺春，是我国历史上的贡茶。新中国成立之后，被评为我国的十大名茶之一。碧螺春茶艺表演共 12 道程序。

（1）焚香通灵　我国茶人认为“茶须静品，香能通灵”。在品茶之前，首先点燃这支香，让我们的心平静下来，以便以空明虚静之心，去体悟碧螺春中所蕴含的大自然的信息。

（2）仙子沐浴　今天我们选用玻璃杯来泡茶。晶莹剔透的杯子好比是冰清玉洁的仙子，“仙子沐浴”即再清洗一次茶杯，以表示我对各位的崇敬之心。

（3）玉壶含烟　冲泡碧螺春只能用 70℃左右的开水，在烫洗了茶杯之后，我们不用盖上壶盖，而是敞着壶，让壶中的开水随着水汽的蒸发而自然降温。这道程序称之为“玉壶含烟”。

（4）碧螺亮相　“碧螺亮相”即请大家鉴赏干茶。碧螺春有“一嫩三鲜”——“一嫩”指采摘的芽叶嫩，“三鲜”指色鲜、香鲜、味鲜。加工制作一斤特级碧螺春约需采摘六万多个嫩芽，它条索纤细、卷曲成螺、满身披毫、银白隐翠，多像民间故事中娇巧可爱且羞答答的田螺姑娘。

（5）雨涨秋池　唐代李商隐的名句“巴山夜雨涨秋池”是个很美的意境，“雨涨秋池”向玻璃杯中注水，水只宜注到七分满，留下三分装情意。

（6）飞雪沉江　即用茶匙将茶荷里的碧螺春依次拨到已冲了水的玻璃杯中去。满身披毫、银白隐翠的碧螺春如雪花纷纷扬扬飘落到杯中，吸收水分后即向下沉，瞬间白云翻滚，雪花翻飞。

（7）春染碧水　碧螺春沉入水中后，杯中的热水溶解了茶里的营养物质，逐渐变为绿色，整个茶杯好像盛满了春天的气息。

（8）绿云飘香　碧绿的茶芽，碧绿的茶水，在杯中如绿云翻滚，飘浮的蒸汽使得茶香四溢，清香袭人。这道程序是闻香。

（9）初尝玉液　品饮碧螺春应趁热连续细品。头一口如尝云玉之膏，方华之液，感到色淡、香幽、汤味鲜雅。

（10）再啜琼浆　二啜时茶汤更绿、茶香更浓、滋味更醇，并开始感到了舌根回甘，满口生津。

（11）三品醍醐　品第三口茶时，我们所品到的已不再是茶，而是在品太湖春天的气息，在品洞庭山盎然的生机，在品人生的百味。

（12）神游三山　古人讲茶要静品、要慢品、要细品。在品了三口茶之后，静心去体会“清风生两腋，飘然几欲仙。神游三山去，何似在人间”的绝妙感受。

三、信阳毛尖茶艺表演

信阳毛尖创制于清朝末年，产于河南信阳西部海拔 600 米左右的车云山一带。这里地势高峻，群峦叠翠，溪流纵横，云雾缭绕，为生产优质信阳毛尖茶提供了得天独厚的地理条件，成品茶以“色翠、味鲜、香高”著称。

（1）仙鹤沐淋　茶是至纯至洁、天孕地育的灵物，冲泡器具也必须至清至洁，涤器即用开水浇烫玻璃杯，达到高温消毒的目的。

（2）玉壶含烟　信阳毛尖一般采摘于 4 月中下旬，特级毛尖多采用一芽一叶制成，芽叶相当细嫩，这就要求冲泡水温不宜过高，以 80℃左右为宜，过高就会烫伤茶芽，导致维生素 C 类物质大量流失。

（3）鉴赏佳茗　信阳毛尖为十大名茶之一，成品茶外形细、圆、紧、直、多白毫。

（4）投茶润茶　优质毛尖多采用中投法来冲泡，先冲入 1/3 量的开水于玻璃杯中，然后再置茶。

（5）香茗入宫　把一个个玻璃杯比作晶莹透亮的水晶宫，每杯置茶量在 3 克左右。

（6）凤凰点头　采用凤凰三点头的手法注水，表示对客人三鞠躬，欢迎大家的到来。

（7）香茗奉知己　茶艺师将冲泡好的龙井茶一一奉给客人。

（8）鉴赏汤色　冲泡后的信阳毛尖茶汤呈淡黄微绿色，茶芽如朵朵兰花绽放于杯中，时而上浮，时而下沉，芽叶交相辉映，十分生动好看。

（9）寻香探趣　信阳毛尖“头泡香高，二泡味浓”，茶香清香悠长，馨香扑鼻，并不同程度地表现出熟板栗香、毫香、鲜嫩香。

（10）品饮茶汤　“春茶苦，夏茶涩，要好喝，秋白露。”清明前采摘的特级毛尖茶，入口微苦，旋而回甘，继之醇厚鲜爽，弥留于齿颊之间，令人心旷神怡，回味无穷。

茶在信阳是友情的锦缎，犹如织金的金梭，往返穿梭，记载着信阳人的缕缕情丝和绵绵厚义。

四、黄山毛峰茶艺表演

（1）温杯烫盏　用热水温暖茶杯，其目的是既清洁茶具又提高茶杯的温度。

（2）请您赏茶　黄山风景优美，山高林密，日照短，云雾多，自然条件十分优越，茶树得到云雾的滋润，没有寒暑的侵袭，孕育出良好的品质。黄山毛峰采制十分精细。制成的毛峰茶外形细扁微曲，状如雀舌，带有金黄色鱼叶；芽头肥壮、均匀、整齐、多毫，色泽嫩绿微黄而且油润。

（3）飞澈甘霖　意为温杯，水流从左到右由杯底至杯口逐渐回旋一周，然后将杯中的水倒出，经过热水浸润后的茶杯犹如珍宝一般光彩夺目。

（4）峰降甘霖　冲泡黄山毛峰采用中投法，将热水倒至杯中约茶杯的 1/4。

（5）执权投茶　用茶匙把茶荷中的茶拨入茶杯中，茶与水的比例约为 1 克∶50 毫升。

（6）浸润茶芽　轻轻摇动杯身，促使茶汤均匀，加速茶与水的充分融合。泡茶用水十分讲究，古人云："山水上，江水中，井水下。"而现代的人们则多选用清冽的山泉、矿泉或纯净水来泡茶。而泡茶的水温也因茶而异，冲泡黄山毛峰应选用 85～90℃的热水最为适宜。

（7）悬壶高冲　高冲水有利于茶叶中的营养成分有效溶出。

（8）凤凰点头　也可称之为凤凰三点头。执壶冲水，似高山涌泉，飞流直下。茶叶在杯中上下翻动，促使茶汤均匀，同时也蕴含着向宾客三鞠躬的礼仪。

（9）观茶品茶　黄山毛峰汤色清澈明亮，香气清鲜高长，滋味鲜浓、醇厚，回味甘甜，令人赏心悦目。

（10）喜闻幽香　轻轻推动杯身，茶香慢慢飘来，细心品味。

（11）鉴赏茶汤　双手托杯，缓缓转动杯身，观赏茶汤色泽及茶叶在茶汤中舒展起伏的状态。

（12）共品香茗　同品佳茗，共话友谊。

五、铁观音茶艺表演

（1）焚香静气，活煮甘泉　"焚香静气"就是通过点香来营造一个祥和肃穆、无比温馨的气氛。"活煮甘泉"即煮沸壶中之水。

（2）孔雀开屏，叶嘉酬宾　"孔雀开屏"是向同伴展示自己美丽的羽毛，接下来介绍冲泡乌龙茶所用的精美茶具：紫砂壶，是泡茶用的主泡器具，也称为"母壶"。储备茶汤用的公道杯，也称为"子壶"。闻香用的闻香杯，品茗用的品茗杯。茶则，用来量取茶叶。茶夹，用来夹洗杯子。茶漏，用来扩充壶口。茶匙，用来拨取茶叶。茶针，用来疏通壶嘴。茶巾，用来清洁茶盘。茶荷，用来鉴赏干茶。过滤网，用来过滤茶渣。随手泡，煮水器具。茶盘，用来盛装茶具并排泄废水。

（3）大彬沐淋，乌龙入宫　"大彬沐淋"是用开水烫洗茶壶，其目的是洗壶并提高壶温。时大彬是明代制作紫砂壶的一代宗师，它所制作的紫砂壶被后人叹为观止，视为至宝，所以后代茶人常把名贵的紫砂壶称为"大彬壶"。铁观音茶属于乌龙茶类，将茶叶导入茶壶中，称为"乌龙入宫"。

（4）高山流水，春风拂面　“高山流水”是通过悬壶高冲借助水的冲力使茶叶翻滚，达到洗茶的目的。“春风拂面”是用壶盖轻轻刮去茶汤表面的白色泡沫，使壶内的茶汤更加清澈洁净。

（5）乌龙入海，重洗仙颜　冲泡乌龙茶讲究“头泡汤，二泡茶，三泡四泡是精华”。头泡出来的茶汤一般不喝，而是用来温杯，将剩余的茶汤注入茶海中称为“乌龙入海”。“重洗仙颜”是指第二次冲入开水后，我们还要用开水浇淋壶的外部，这样内外加温有利于茶香的散发。

（6）母子相哺，再注甘露　将母壶中的茶汤注入子壶，好像母亲在哺育婴儿，称为“母子相哺”。茶道即人道，最讲究温馨，这道程序反映了人间最宝贵的亲情——“母子之情”。

（7）祥龙行雨，凤凰点头　将子壶中的茶汤快速而均匀地注入闻香杯，称为“祥龙行雨”，取“甘露普降”的吉祥之意。用点斟的手法称为“凤凰点头”，象征着向客人行礼致敬。

（8）夫妻合和，鲤鱼翻身　把品茗杯扣在闻香杯上称为“夫妻合和”，也称为“龙凤呈祥”，祝福天下有情人终成眷属，祝所有的家庭幸福美满。把扣好的杯子翻转过来，称为“鲤鱼翻身”。

（9）捧杯敬茶，众手传盅　通过传茶能使大家的心贴得更紧，感情更加亲切，气氛更加融洽。

（10）鉴赏汤色，喜闻高香　铁观音汤色金黄浓艳。喜闻高香是指第一次闻香，主要是指闻茶香的纯度，看是否香高新锐无异味。

（11）三龙护鼎，初品奇茗　品茶前需注意持杯手势，用拇指、食指夹杯，中指托住杯底，女士舒展开兰花指，男士则将后两指收拢，这样持杯既稳当又雅观。三根手指头称为三龙，茶杯如鼎，所以这种茶杯手势称为“三龙护鼎”。“初品佳茗”是指第一次品茶。茶汤入口前不要马上咽下，而是吸气，使茶汤在口腔中充分翻滚流动。让茶汤与舌根、舌尖、舌面、舌侧的味蕾充分接触，以便更精确地品悟出奇妙的味道。这一次主要是品这泡茶的火功水平，看看有没有老火或生青。

（12）再斟流霞，二探兰芷　“再斟流霞”即斟第二道茶。将品茗杯扣在闻香杯上，再将扣好的杯子翻转过来，这称为“芙蓉出水”。茶道精神倡导茶人应出淤泥而不染。“二探兰芷”即第二次闻香。宋代范仲淹有诗云：“斗茶味兮轻醍醐，斗茶香兮薄兰芷。”兰花之香是世人公认的王者之香。

（13）二品云腴，喉底留甘　请大家品第二道茶，主要是品茶汤的滋味，看茶汤过后是否鲜爽，是甘醇还是生涩平淡。

（14）三斟石乳，荡气回肠　石乳是元代武夷山贡茶的珍品，后来常用于武夷岩茶的代名词。“三斟石乳”是为大家斟第三道茶。请大家再次将品茗杯扣在闻香杯上，这次可用单手大幅度将两个杯子翻转过来，这称为“白鹤亮翅”，祝大家青云直上。第三次闻香与前两次不同，这次用口腔大口大口吸入香气，然后从鼻腔呼出，称之为“荡气回肠”。

（15）茗茶探趣，游龙戏水　“茗茶探趣”重在参与，请大家自己动手泡茶，感受茶事活动中的无穷乐趣。“游龙戏水”是把泡后的茶叶放入清水杯中，请客人观赏，行话称为“看叶底”。铁观音茶是半发酵茶，叶底三分红、七分绿，称之为“绿叶红镶边”。由于乌龙茶的叶底在清水中晃动，很像龙在戏水，故名“游龙戏水”。

（16）尽杯谢茶　孙中山先生曾倡导以茶为国饮，鲁迅先生说“有好茶喝，会喝好茶是清福”，自古以来人们视茶为健身的良药，生活的享受，修身的途径，友谊的纽带。

六、祁门红茶茶艺表演

祁门红茶产于安徽省祁门县，清光绪年间开始仿照闽红试制生产，最终因其内质优异，与闽红、宁红齐名，国外有将祁门红茶与印度大吉岭茶、斯里兰卡乌伐的季节茶并称为世界三大高香茶。

主要用具包括：瓷质茶壶、茶杯（以青花瓷、白瓷茶具为好），赏茶盘或茶荷，茶巾，茶匙，奉茶盘，随手泡。

（1）“宝光”初现　祁门红茶条索紧秀，锋苗好，色泽乌黑润泽。国际通用红茶的名称为“Black Tea”，即因红茶干茶的乌黑色泽而来。

（2）清泉初沸　随手泡中用来冲泡茶叶的水经加热，微沸，壶中上浮的水泡，仿佛“蟹眼”已生。

（3）温热壶盏　用初沸之水，注入瓷壶及杯中，为壶、杯升温。

（4）“王子”入宫　用茶匙将茶荷中的红茶轻轻拨入壶中。祁门红茶也被誉为“王子茶”。

（5）悬壶高冲　这是冲泡红茶的关键。冲泡红茶的水温要在 100℃，刚才初沸的水，此时已是“蟹眼已过鱼眼生”，正好用于冲泡。而高冲可以让茶叶在水的激荡下，充分浸润，以利于色、香、味的充分发挥。

（6）分杯敬客　用回旋斟茶法，将壶中之茶均匀分入每一杯中，使杯中之茶的色、味一致。

（7）喜闻幽香　一杯茶到手，先要闻香。祁门红茶是世界公认的三大高香茶之一，其香浓郁高长，又有“茶中英豪”“群芳最”之誉。香气甜润中蕴藏着一股兰花之香。

（8）观赏汤色　红茶的红色，表现在冲泡好的茶汤中，祁门红茶的汤色红艳，杯沿有一道明显的“金（钢）圈”。茶汤的明亮度和颜色，表明红茶的发酵程度和茶汤的鲜爽度。再观叶底，嫩软红亮。

（9）品味鲜爽　闻香观色后即可缓啜品饮。祁门红茶以鲜爽、浓醇为主，与红碎茶浓强的刺激性口感有所不同。滋味醇厚，回味绵长。

（10）再赏余韵　一泡之后，可再冲泡第二泡茶。

（11）三品得趣　红茶通常可冲泡 3 次，3 次的口感各不相同，细饮慢品，徐徐体味茶之真味，方得茶之真趣。

（12）收杯谢客　红茶茶性温和，收敛性差，易于交融，因此通常用之调饮。祁门红茶同样适于调饮。然而清饮更能领略祁门工夫红茶先特殊的“祁门香”香气，领略其独特的内质、隽永的回味、明艳的汤色。

七、茉莉花茶艺表演

花茶又称香片，属于绿茶的再加工茶，北方人尤喜爱花茶。花茶是集茶叶与花香于一体，茶引花香，花增茶味，既保持了浓郁爽口的茶味，又有鲜灵芬芳的花香。冲泡品啜，花香袭人，满口甘芳，令人心旷神怡。

（1）恭请上座　以伸掌礼请客人入座，以表示对客人的尊重。

（2）焚香静气　燃香，营造良好的品茗氛围。

（3）活火煮泉　“活水还需活火煎”，这里是指用活火煎煮泡茶所选的山泉。

（4）雅乐怡情　播放或演奏优雅的乐曲，从而来愉悦宾主的身心。

（5）嘉叶共赏　茉莉花茶香气浓郁，鲜灵度高，香味持久耐泡，爽口宜人，可消暑降温、舒缓情绪，深受国内外消费者的喜爱。

（6）烫具净心　泡茶前给茶碗升温，有利于茶汁的迅速浸出。水要柔和地倒入杯中，水量为盖碗的 1/4～1/3。

（7）飞瀑叠荡　将杯中的水倒出，像瀑布叠荡而下。

（8）群芳入宫　这是指投茶的过程。将花茶誉为群芳，步入她们的宫殿。

（9）温润心扉　先注入少量水温润茶芽，水与茶的融合将使茶香更高、滋味更醇。用细细的水流浸润茶叶，似轻轻扣开少女的心扉。此时的水量应为总量的 1/4～1/3。

（10）旋香沁碧　这是指摇香的过程。合上杯盖，轻轻旋转杯身，茶叶渐渐舒展，香气渐渐溢出。

（11）飞泉溅珠　悬壶冲水，似飞泉落入杯中，溅起的水珠都像珍珠般晶莹。此时的水量应为七分满。

（12）天人合一　冲泡花茶选用瓷制盖碗，盖为天、托为地、杯身为人。天人合一就是通过将杯盖盖好的动作表明人与自然是融为一体的。

（13）敬奉香茶　这是指奉茶的过程。花茶馨香味美，不仅有茶的功效，而且花香也具有良好的药理作用，健裨益人。

（14）星空推移　右手持杯盖，轻轻拨动茶汤，促进茶汤均匀。因盖为天，此举似星空推移，日月穿梭，给人以遐想。

（15）天穹凝露　借用杯盖闻香，似天穹将茶香凝结，带给人一种飘渺幽香的感觉。

（16）品啜鲜爽　品饮时小口品啜，鲜爽怡人。

（17）再冲芳华　当茶汤还剩 1/3 时，进行第二次冲泡。

（18）论茶颂德　在此浅释中国茶德精神的内涵，共求茶人思想的共鸣与升华。

（19）反盏归元　将茶具收回如初，意在周而复始，期待下次相聚。

八、普洱茶茶艺表演

普洱茶产于云南西双版纳等地，该地区是一个自然环境优美、生态保护良好的地方，是大叶种最丰富的产地，为普洱茶的生产提供了最丰富资源。

（1）净器洁具　用沸水冲洗茶具，起到清洁并提高茶具温度的作用，有利于茶内所含物质有效溶出。普洱茶是云南特有的地理标志产品，它以云南大叶种晒青毛茶为原料，按特定的加工工艺生产，是一种具有独特品质的茶叶。

（2）鉴赏佳茗　将准备好的普洱茶请嘉宾鉴赏。

（3）普洱入宫　将茶荷内的茶叶投入主泡器具内。

（4）洗尘开颜　意为洗茶，用提壶向茶壶中高冲水，使茶叶随水浪翻滚，有利于茶香更好的散发。通常普洱茶要洗两次茶。明朝，茶马市场在云南兴起，来往穿梭云南与西藏之间的马帮组织在茶道的沿涂上，聚集而形成许多城市。以普洱府为中心点，透过了古茶道和茶马大道频繁的东西交通往来，进行着庞大的茶马交易，蜂拥的驮马商旅将云南地区编织为最亮丽光彩的茶马史话。

（5）巡分茗露　意为分茶。普洱茶分为生、熟两种：生茶，制作时以晒青毛茶为原料，经过长时间存放，完全依靠自然方式发酵制作而成；熟茶，制作时以晒青毛茶为原料，经过渥堆，通过湿热作用以科学配方的人工方式发酵而成。

（6）斟茶入杯　一般从左到右依次斟倒。自古以来，人们都会视茶为健身的良药，生活的享受，修身的途径，友谊的纽带。

（7）敬茶奉宾　被称为“宫廷普洱”的普洱茶是普洱茶中的上品，它选用大叶种茶的芽尖作为原料，通过精细的加工工艺制作而成；它被古代的宫廷作为御用饮品，故称为“宫廷普洱”。

（8）品赏佳茗　冲泡后的普洱茶汤色的红润根据其品质的不同可分为宝石红、玛瑙红、琥珀红等，其中宝石红尤为难得，为茶中极品，其次是玛瑙红与琥珀红，但不管是什么红一定要通透明亮。若汤色泛青则为发酵不够，汤色浑浊则为发酵失败的变质茶。普洱茶的陈香不同于霉味，其陈香是在发酵过程中多种微生物作用的综合香气，只有“色真、香真、味真”的茶才能称其为好茶。

（9）尽杯谢茶　感谢宾客的品饮，将宾客品饮过的杯具收回清洗。

九、君山银针茶艺表演

在八百里浩渺的洞庭湖中，荡漾着一颗绿色的翡翠，远望如横黛，近观似青螺，这里生态条件独特，冬春多雾，夏秋多云，72 座山峰，横卧在浩渺的烟波之中，满山茂林翠竹，郁郁葱葱，遍地奇花异草，四季飘香，林中百鸟争鸣，山、水、林、鸟，同声共荣，浑然一体，这就是君山岛。地处江南水乡的君山，有着宜茶的环境，中国十大名茶之一的君山银针就产于这里。

（1）鉴赏名茶　在众多品目的茶叶中，有一种特殊的茶类，它既与绿茶近似，又增加了渥堆焖黄的工序，形成特有的黄色，这就是黄茶。君山银针就是属于这种茶类中的黄芽茶。

君山银针由不带叶片的单个芽头制成，外形粗壮，重实挺直，芽身金黄，银毫满披。君山银针不仅品质极为优异，外形也是十分独特的。

（2）活煮山泉　“茶者，水之神；水者，茶之体。”君山银针精茗蕴香，借水而发。银针的冲泡最宜泉水、溪水，也就是通常所说的“活水”，从科学的角度来讲是“软水”。

（3）观壶赏杯　唐代不仅君山茶有名，岳州茶具也已风靡全国了。唐代陆羽《茶经》就记载了岳州的茶碗。近年来，在湘阴县的古窑址中发掘了唐代的青瓷茶碗，可见当时岳州茶具之一斑。茶具发展到今天，已经品种齐全，品目众多，或者说，琳琅满目，五彩缤纷了。然而适合烧水的壶首推石英壶，石英壶其壁透明如玻璃，对水质无影响。而冲泡银针的茶杯则首选透明玻璃杯，玻璃杯洁白无瑕，价廉物美，给人以美和净的感觉。玻璃杯能透视杯中的景观，把赏杯与赏茶有机地结合起来。真是相互衬托，相得益彰。

（4）入茶冲泡　取茶容易，定量却难，要在每杯中准确地放入 2～3g 银针。初次润茶水为茶杯容量的 1/3，浸润茶芽后。采用“凤凰三点头”的技巧，悬壶高冲，冲至茶杯的七分满。

（5）观茶赏汤　“君山岛上贡毛尖，配以洞庭白鹤泉，入口醇香神着意，杯中白鹤上青天。”这是诗人笔下的白鹤茶。银针奇观，杯中一景，静心赏茶，茶人一乐。君山银针的杯中倩影是神话中的故事，是文人笔下不朽的题材，是客人品赏时最难忘的一刻。茶芽竖立于水面，像万笔书天，部分茶芽正在徐徐下沉，还有的忽上忽下，称为“三起三落”，茶水相映，蔚为奇观，这不是神话故事，这是目睹的现实！

（6）请客品尝　茶道有四德，即“廉、美、和、敬”，向客人敬茶，表示对客人的尊重，通过品茶，沟通情感，体现谦和。

（7）收杯谢茶　有人说，饮酒能激发诗人的情感，那么饮茶却能为人注入活力，激发灵感，增强信心。

十、都匀毛尖茶艺表演

都匀毛尖茶又名“都匀细毛尖”“白毛尖”“鱼钩茶”“雀舌茶”，产于贵州南部的都匀市。都匀毛尖茶是明代崇祯年间以来历代皇室的贡茶，素有“北有仁怀茅台酒，南有都匀毛尖茶”之美誉。它以优美的外形、独特的风格列为中国名茶珍品之一。

（1）焚香除妄念　俗话说：“泡茶可修身养性，品茶如品味人生。”古今品茶都讲究要平心静气。“焚香除妄念”就是通过点香，来营造一个祥和肃穆的气氛。

（2）备具候水　将泡茶用具准备好。冲泡都匀毛尖茶主泡器具为玻璃杯。古代有“精茗蕴香、借水而发，无水不可论茶”的说法。说明名茶、好茶必须配好水。因为水的优劣会直接影响茶汤的质量。自古以来人们常把“石泉佳茗”并提，以享受饮茶的真味。都匀产名茶，是一方灵山秀水亘古孕育的结晶。品饮都匀毛尖，如何做到茶香“借水而发”，用水是比较讲究的。主要念好“五字经”，即“清、活、轻、甘、洌”。

（3）冰心去凡尘　“茶是至清至洁、天涵地育的灵物，泡茶要求所用的器皿也必须至清至洁。“冰心去凡尘”就是用开水再烫一遍本来就干净的玻璃杯，做到茶杯冰清玉洁，一尘不染。

（4）玉壶养太和　都匀毛尖属于绿茶芽茶类，因为茶叶细嫩，若用滚烫的开水直接冲泡，会破坏茶芽中的维生素并造成熟汤失味，只宜用 80℃的开水。

（5）都匀亮相　都匀毛尖茶有“三绿透三黄”的特色，即干茶色泽绿中带黄，汤色绿中透黄，叶底绿中显黄。成品都匀毛尖色泽翠绿、外形匀整、白毫显露、条索卷曲。

（6）流水席丹春　都匀毛尖茶采用上投法，先向玻璃杯中注水，水只宜注到七分满，留下三分装情意。

（7）水中映佳人　即用茶匙把茶叶投放到玻璃杯中。冲入热水后，茶先是浮在水面上，而后慢慢沉入杯底。

（8）仙人捧玉瓶　传说中仙人捧着一个瓶，瓶中的甘露可消灾祛病，救苦救难。将冲泡好的茶敬奉给客人，意在祝福好人一生平安。

（9）慧心悟茶香　都匀毛尖茶香气清幽淡雅，必须用心灵去感悟，才能够闻到那春天的气息，以及清醇悠远、难以言传的生命之香。

（10）淡中品致味　茶的茶汤滋味鲜浓，汤色清澈，回味甘甜，用心去品饮，就能从淡淡的茶香中品出天地间至清、至醇、至真、至美的韵味来。

（11）自斟乐无穷 品罢茶汤后，观都匀毛尖叶底，叶底明亮、芽头肥壮。茶界前辈庄晚芳先生曾写诗赞曰：“雪芽芳香都匀生，不亚龙井碧螺春。饮罢浮花清爽味，心旷神怡功关灵！”

小资料 5-3

接待程序的基本常识

（1）客人来时用礼貌用语迎接客人，询问客人有几位及是否预先订座订厢，将客人领至订好或选好的座位或包厢。

（2）随手泡的开关及饮水机开关打开，必要时打开空调，同时请客人点茶，并做出适当介绍或建议，同时查看桌面茶具是否齐全。

（3）服务台开单人员报出座号或包房名称及客人所点茶叶，共同备好茶点餐巾纸及缺漏茶具（此项工作要求在 5 分钟内完成），客人换包房或换位要及时通知开单人员。

（4）冲泡时向客人做详细讲解、示范，要求动作规范，语言清晰、流畅，多用肯定语气。一般顺序为“介绍茶具→鉴赏茶叶→按要求边冲泡边讲解”。

（5）奉茶时一般按从右到左顺序，如有客人明确指示则按其指示顺序奉茶。

（6）原则上是一直给客人冲泡到最后，因人手不够需照顾其他桌或客人要求自行泡茶方可告退，告退要应用礼貌用语向客人表示歉意。

（7）冲泡离开后要经常（约 10-15 分钟）回到所负责座位包厢照看客人是否有服务需要，及时解决客人需要。

（8）客人买单时，应要求客人出示卡（熟悉的客人除外），要向结账人员清楚报出座位及卡号，配合结账人员核对账目。

（9）客人走时要求送至楼梯口，并用礼貌用语向客人道别。

（10）客人走后应及时通知并协助服务员打扫地面、撤换桌面物品，空出座位或包房。

（11）及时将客人的存茶贴上标签，交回总台保管。

（12）清点收回的棋、牌、麻将等。

本章小结

本章主要讲授茶艺表演的基本特征，通过对茶艺解说词的编排与创作，学会各类常见茶叶的冲泡技巧，明确茶艺操作流程，能知晓常见茶类的生活待客型茶艺操作流程，并了解几种名茶的表演型茶艺操作流程，理解茶艺词的内涵。

思考与练习

一、选择

1. “孔雀开屏”是乌龙茶的一道（ ）的表演程序。

A. 展示茶具　　B. 注水　　C. 闻取茶香　　D. 奉茶

2. “凤凰三点头”是（　　）的一道茶艺表演程序。

A. 红茶　B. 绿茶　C. 黄茶　D. 白茶

3. 泡茶的规矩是：老茶壶泡，嫩茶（　　）。

A. 壶泡　B. 碗泡　C. 杯泡　D. 盖碗泡

4. 泡茶时要注意高冲水，（　　）。

A. 高斟茶　B. 低冲水　C. 中斟茶　D. 低斟茶

5. “温杯烫盏”是一道（　　）的程序。

A. 展示茶具　B. 洗杯提高杯子温度

C. 闻取茶香　D. 奉茶

二、判断

1. 茶艺表演的特征是茶艺的艺术性、新颖性、优雅性和协调性。（　　）
2. 投茶的方法有上投法和下投法。（　　）
3. 解说词的创作要具有规范性、完整性和艺术性。（　　）
4. 红茶的饮用方式只有清饮一种。（　　）
5. “喜闻高香”这道茶艺表演程序是闻取茶香一道程序。（　　）

三、简答

1. 茶艺解说词的创作分为哪几类？
2. 茶艺程序编排的内涵美包括哪些方面？
3. 茶艺冲泡的投茶方法？
4. 简述泡茶中操作卫生需注意的问题。
5. “焚香除妄念”的目的有哪些？

四、实际操作练习

实训：茶艺表演训练

实训项目	实训要求
龙井茶茶艺表演	1. 熟记茶艺解说词　2. 动作与解说协调一致 3. 手法娴熟、轻柔　4. 程序正确、茶量适当 5. 口味纯正
红茶茶艺表演	1. 熟记茶艺解说词　2. 动作与解说协调一致 3. 手法娴熟、轻柔　4. 程序正确、茶量适当 5. 口味纯正
铁观音茶茶艺表演	1. 熟记茶艺解说词　2. 动作与解说协调一致 3. 手法娴熟、轻柔　4. 程序正确、茶量适当 5. 口味纯正
普洱茶茶艺表演	1. 熟记茶艺解说词　2. 动作与解说协调一致 3. 手法娴熟、轻柔　4. 程序正确、茶量适当 5. 口味纯正
茉莉花茶茶艺表演	1. 熟记茶艺解说词　2. 动作与解说协调一致 3. 手法娴熟、轻柔　4. 程序正确、茶量适当 5. 口味纯正

第六章 茶楼的经营与管理

学习目标

◎ 掌握茶楼的经营特点、内容以及茶楼的营销方法。
◎ 了解茶单的设计与制作和茶楼的经营管理等相关知识。

现代茶楼的经营主要是为顾客提供品茗、休闲、交流、娱乐、艺术观赏等服务的场所。由于它适应了当前的消费趋势和潮流，所以发展迅速。作为营利性的商业组织，现代茶楼要适应社会发展的需要，不断提高经营水平，在激烈的市场竞争中，加强管理创新和服务创新，在促进自身持续发展的同时，为弘扬中华茶文化做出应有的贡献。一个好的茶楼，一定要最大限度地发挥自己的功能，获得竞争优势，结合茶叶行业的特点，加强经营管理，提高服务水平，以优质高效的服务获得顾客。

第一节　茶楼的经营特点及内容

茶楼的经营是利用空间、场地、设备和一定消费性物质资料，通过服务人员的服务活动来满足顾客的需要，从而实现经济效益和社会效益。茶楼的经营与管理是一项专业性较强的工作，除了具有一般性服务行业的共同之处，还有自身的特点。

一、茶楼的经营特点

1. 文化特色的民族性

茶楼表现的是茶艺和茶文化知识的结合，其服务的内容也代表了中华民族文化精神的内容，可以说茶楼是民族文化的浓缩。随着社会的发展，茶楼越来越成为人们重要的社交场所，茶楼悬挂的字画、古朴典雅的家具、悠扬的民族音乐、具有民俗特色的挂饰及工艺品，再加上全国各地形态不同的名茶，引人入胜的茶艺表演，真是美不胜收。图 6-1 为具有民族韵味的老舍茶馆。茶艺服务人员也通过语言、形体动作、情感交流等向顾客展示茶文化、诠释中国民族文化的内涵。

图 6-1　具有民族韵味的老舍茶馆

2. 顾客的差异性

从服务对象来看，茶楼的顾客是多种多样的。有的人文化素质较高，追求高雅宁静的环境和艺术享受；有的人是为了社交或是商务洽谈的需要；有的人则附庸风雅，追求时尚。去茶楼的人，既有名人雅士、海外同胞，也有国际友人。由于各国的兴趣爱好、风俗习惯、品茗动机不同，他们对茶艺服务的要求也就存在一定的差异。这就要求茶楼服务人员要不断提高自身技能和服务水平，满足不同层次顾客的需求。

3. 服务的无形性

茶楼的服务与其他服务产品一样，具有无形性、不可储存性。为客人提供的服务是与客人的消费同时进行，并且需要顾客的参与。这就要求茶楼服务人员不仅具备高超的茶艺专业技能，还要懂得如何及时了解顾客的需求，及时调节现场气氛，善于观察和分析顾客心理，具有一定的亲和力，努力使顾客与茶楼的氛围融为一体，积极主动参与到茶艺过程中，更好地理解和接受茶楼的各项服务。

4. 艺术的综合性

在众多的茶楼中，通常会在装饰、陈列品上突出某一时代的特征，充分将这个时代的艺术风格与茶艺完美结合。茶楼中不仅仅有茶艺，还有琴、棋、书、画、诗、词、歌、赋，以及服装、工艺品、食品等，展现出了茶楼与艺术的综合性特征。因此，茶艺服务人员也要努力使自己在各方面得到升华，更好地展现茶艺的魅力。

5. 效益的社会性

茶艺既是古老的，又是现代的，更是未来的。她的生命力是旺盛的，茶艺的发展是方兴未艾的，因为茶艺本身是以中华民族五千年灿烂文化内涵为底蕴的。在追求经济效益的同时，也要强调其社会效益。

6. 经营管理的复杂性

为了更好地体现茶叶的灵性，展示茶艺之美，演绎茶文化的丰富内涵，在进行茶艺服务时就要体现出“礼、雅、柔、美、静”的基本要求。

（1）礼　在服务过程中，要注意礼貌、礼仪、礼节，以礼待人，以礼待茶，以礼待器，以礼待己。

（2）雅　茶乃大雅之物，尤其在茶楼这样的氛围中，服务人员的语言、动作、表情、姿势等要符合雅的要求，努力做到言谈文雅，举止优雅，尽可能地与茶叶、茶艺、茶楼的环境相协调，给顾客一种高雅的享受。

（3）柔 茶艺人员在服务时，动作要柔和，讲话时语调要轻柔、温柔、温和，展现出一种柔和之美。

（4）美 主要体现在茶美、器美、境美、人美等方面。茶美，要求茶叶的品质要好，货真价实，并且要通过高超的茶艺把茶叶的各种美感表现出来。器美，要求茶具的选择要与冲泡的茶叶、客人的心理、品茗的环境相适应。境美，要求茶室的布置、装饰要协调、清新、干净、整洁，台面、茶具应干净、整洁且无破损等。茶、器、境的美，还要通过人美来带动和升华。人美体现在服装、言谈举止、礼仪礼节、品行、职业道德、服务技能和技巧等方面。

（5）静 主要体现在境静、器静、心静等方面。茶楼最忌喧闹、喧哗、嘈杂之声，音乐要柔和，交谈声音不能太大。茶楼在使用茶具时，动作要娴熟、自如、柔和、轻拿轻放，尽可能不使其发出声音，做到动中有静，静中有动，高低起伏，错落有致。心静，就是要求心态平和，心平气和。茶艺员的心态在泡茶时能够表现出来，并传递给顾客，表现不好，就会影响服务质量，引起客人的不满。因此，管理人员要注意观察茶艺员的情绪，及时调整他们的心态，对情绪确实不好且短时间内难以调整的，最好让其不要为顾客服务，以免影响茶楼的形象和声誉。

二、茶楼经营的内容

从茶楼经营的内容上可分为文化型、商业型、混合型和自我肯定型。

（1）文化型 将文学、艺术等功能结合在一起，经常举办各种讲座、座谈会，馆内提供交谈、集会、休闲品茗，并兼营字画、书籍、艺术品等买卖，富有浓厚的文化气息，类似某些文化交流中心，也有些类似18世纪法国的沙龙，靠经营的收入来维持，但是有创造文化、发扬文化的理念和功能。

（2）商业型 以文化为包装，配合季节、庆点举办各种促销活动，以企业管理方式，经营茶叶、茶具及饮品等，服务周到，但一切以创造利润为优先，因此付费就较多了。

（3）混合型 以品茗为主，但也以商业经营来创造利润。因此，冰茶、葡萄茶、餐点等有利可图的项目也经营，类似茶餐厅性质。

（4）自我肯定型 以经营者自己的观点为主决定茶楼经营的特色，不在乎别人怎么评论与认定，我行我素，想怎么做就怎么做，是一种“个性茶楼”。

小资料 6-1

茶道思想在茶楼管理中的运用

当今大多数企业管理者都已意识到企业文化在企业管理中起到不可或缺的作用，而中国茶道传承了几千年的文化思想结晶，已成为中国文化花苑中的一枝奇葩，它吸取中国儒、道、佛思想中实用的精华，而又与时俱进，兼收并蓄形成了当代诸多流派的茶道思想。

茶道思想中的“和谐文化”已为社会及企业广泛接受，“和谐”会让企业凝聚力增强。茶道精神中的礼仪礼貌也和企业管理中的素质管理不谋而合，这些精神恰恰是企业内外群体关系的润滑剂。茶道尊重人性而又强调科学地驾驭人性，不正是现代企业管理所强调的特质吗？凡事种种只要合理利用茶道文化，它完全可以成为一个茶楼及各类企业所需的企业文化，从而找到企业管理的杠杆支点。

第二节　茶楼的经营筹备

茶楼的经营筹备涉及多方面的工作和事务，内容繁杂，要求比较高。

一、选址

茶楼位置选择是否得当，对茶楼经营能否成功起者关键作用。如果位置选择不当，会带来巨大的投资风险，因此在茶楼选址时必须慎重，一般要考虑下列主要因素：

1. 建筑结构

开茶楼首先要对建筑的面积、内部结构是否适合开设茶楼有一定的了解，是否便于装修，有无卫生间、厨房、安全通道等，对不利因素能否找到有效的补救措施。

2. 市场调研

了解周围企事业单位的情况，包括经营状况、人员状况、消费特点等；了解周围居民的基本情况，包括消费习惯、消费心理、收入、休闲娱乐消费的特点等；了解周围其他服务企业的分布及经营状况，主要了解中高档饭店、酒店等。必要时，可以进行较深入的市场调查，全面了解当地的消费状况，分析投资的可行性。

3. 租金

了解租金的数量、缴纳方法、优惠条件、有无转让费等。因为租金是将来茶楼最主要的组成部分，所以必须慎重考虑，不能不计后果地轻率做出决定。

4. 水电供应

了解水电供应是否配套、方便，能否满足开馆的正常需要；水电设施的改造是否方便，有无特殊要求；排水情况；水费、电费的价格，收费方式等。

5. 交通状况

了解交通是否便利，有无足够的停车场地，对停车的要求，交通管理状况如何等。交通与停车是否便利、安全，往往影响到客源。

6. 同业经营者

了解在一定范围内茶楼的数量、经营状况；了解其他茶楼的装饰风格、经营特色、经营策略；了解整体竞争状况等。周围茶楼的经营状况在一定程度上反映出该地域茶艺消费的特色及发展趋势，通过对其他茶楼的了解，可以使我们对经营环境有更全面的认识。

7. 政策环境

了解当地政府及有关管理部门对投资有优惠政策，能否提供公平、公正、宽松的竞争环境，有无相关的支持或倾斜政策等；主要了解工商、税务、公安、消防、卫生等部门对服务企业管理的政策法规。

8．投资预算

要做出一个基本的投资预算，与投资者的资金实力、拟投资数量进行比较。估算项目包括装修费用，购置家具、茶具、茶叶的费用，招聘及培训费用，装饰费用，考察费用，证照办理费用，流动资金，办公费用，前期人员工资，前期房租及其他费用。

9．效益分析

根据投资估算及开业后日常费用估算，可以做盈亏平衡分析，确定一个保本销售额。这样，根据市场调查所收集的资料及对未来经营状况的预测，对周围其他茶楼经营状况的分析，再进行系统的比较，基本可以确定是否值得投资。

另外，还有其他一些需要考虑的因素，如周围的居民环境、房主是否收取押金、有无继续发展的便利条件、市政规划及房产的稳定性、国家的相关政策等。这些因素也会对目前的经营或将来的发展产生影响。

投资者再选址时，往往对多个位置进行考察，比较。这样，就可以把不同地点的相关资料进行归纳整理，然后逐条进行对比分析，找出各个位置的优势和劣势。最后，根据对比结果，结合个人的实际情况做出决定，选出一个较满意的地点。

二、定位

茶楼的定位就是根据茶艺市场的整体发展情况，针对消费者对茶艺的认识、理解、兴趣和偏好，确立具有鲜明个性特点的茶楼形象，以区别于其他经营者，从而使自己的茶楼在市场竞争中处于有利的位置。定位实际上是要解决为谁服务（即目标顾客），提供什么样的服务（服务内容、档次），以什么方式服务（服务手段、方法）等问题。顾客消费都有特定的兴趣和偏好，不同的人选择标准存在一定的差异，表现在对茶楼的选择上就有一定的倾向性。通过定位，确定目标顾客，明确他们选择茶楼的标准，就能增强经营管理的针对性，从而更好地吸引顾客，提高茶楼的经济效益和社会效益。

对茶楼进行定位，可以通过以下几个步骤来进行：

（1）确定市场范围，进行顾客分析。要明确茶楼可能影响到的区域，该区域中有哪些主要顾客，其消费特点、习惯等。

（2）确定目标顾客及其选择茶楼的标准。在市场范围内的顾客各种各样，一个茶楼能影响的只是其中的一种或几种类型。通过对顾客分析，确定本茶楼未来重点服务的顾客的类型。在此基础上要准确了解他们选择茶楼的标准，他们的消费特点及一些新的要求，作为确定茶楼类型、风格、档次、服务项目等内容的重要参考。

（3）与其他茶楼进行对比分析。对将来主要竞争对手（与自己确定的目标顾客基本相同）进行分析，找出其经营上的优势及存在的问题，使自己在对茶楼的定位及经营上能扬长避短，少走弯路，争取主动。

（4）在广泛搜集信息的基础上，根据对目标顾客及竞争对手的分析，结合个人的偏好，为茶楼确定一个具有竞争力的形象。

定位的内容包括茶楼的类型和档次，茶楼的布局及装饰风格，茶艺形式及服务的内容，经营管理的特色，吸引顾客的主要手段等。

三、装饰设计

在对茶楼定位以后，就可以进行装修装饰的设计。设计可以自己进行，也可以请专业的设计公司来进行。不论由谁来设计，都要注意以下几个问题：

（1）充分体现定位的特色和要求。设计实际上是定位的具体化，要紧紧围绕定位来进行。

（2）体现茶文化的精神和茶艺的要求，注意强调清新、自然的风格。

（3）要符合目标顾客的心理预期。

（4）要从整体上去考虑，使形式与功能以及各区域之间能相协调、相呼应。

（5）注重实用性与经济性，量力而行，不要盲目追求高档、豪华，或者标新立异。

（6）便于施工。

（7）要考虑消费者的主观感受及适宜性，考虑消防安全、方便服务及管理等要求。

（8）要充分考察市场，了解其他茶楼及有关建筑的风格，以便借鉴其可取之处。设计是施工的蓝图，一旦开始施工，就难以进行大的改动。如果在施工中感到不满意，进行大的改变，往往会造成较大损失。所以，在设计时，尤其在确定设计方案时，一定要慎重从事。

四、招聘与培训

设计方案确定后，就进入实施阶段。在选择施工队伍时，要选择有一定实力、有信誉的单位，这样才能保证施工质量。在施工中，要加强对施工现场的监督和管理，注意检查工程进度、工程质量、安全等问题，使施工单位能保质保量、按计划完成装修工程。

一般情况下，在装修施工开始以后，就要考虑员工招聘与培训问题。招聘可以在确定的开业日期前40～45天开始，培训可以在确定的开业日期前20～30天开始。

1．招聘

招聘工作的质量直接影响到以后的经营管理工作。招聘质量高，选择的人员合适，不仅有利于提高服务质量，而且还能保证员工队伍的稳定性。选人不当，一方面不利于管理，影响服务水平，另一方面还会造成较高的人员流动率，增加招聘与培训成本。所以对招聘工作必须给予足够的重视。

（1）招聘的准备工作　为了保证招聘工作的顺利进行，并给应聘者留下较好的印象，在招聘开始前必须做好以下准备工作：

1）设计、印制“应聘人员登记表”。

2）确定初试、复试的内容、方式。测试的内容包括茶艺知识、社会知识、能力、品质等。方式主要有口试、笔试、现场表演、具体操作等。

3）确定人工的待遇，包括工资、奖金、福利、假期、食宿等。

4）招聘负责人及测试人员的确定。

5）测试标准与考核办法的确定。

6）确定初试、复试时间及结果的公布方式。

7）落实面试、考试、表演的场地以及所需物品。

（2）员工的来源

1）大专院校及职业学校。

2）职业技能培训学校。

3）朋友介绍、推荐。

4）广告招聘。广告可以采用媒体广告或招贴广告等形式。广告要讲明招聘岗位、人数、性别、年龄、学历、应准备的个人资料、报名时间、报名地点、联系电话、联系人等内容。

（3）招聘的过程

1）报名。报名要有固定的地点，由专人负责。报名者要填写“应聘人员登记表”，并告知初试时间。

2）初试。在应聘人员较多时，可以进行初试，淘汰一部分人，以提高复试的质量。有的单位把报名过程就作为初试的过程。初试可以采取口试的方式，通过与应聘者的交流了解其基本情况。测试者对每个应聘人员客观地作出判断。初试结束后，测试者把各自的判断综合在一起，确定参加复试人员的名单。

3）复试。复试可以采用口试、笔试、具体操作等不同形式。每个测试者都从不同的角度（如语言表达能力、思维反应能力、性格、技能等方面）给应聘者打分。复试结束后，综合各种测试的总体结果，确定录取人员名单。

4）录取人员名单的公布确定。以适当的形式公布出来，或直接通知相关人员，同时要确定培训的时间、地点及应注意事项。

2．培训

现代茶楼对培训工作都给予了高度的重视，并希望通过高质量的培训来提高经营管理水平。

（1）培训方式 培训可以采用外部培训和内部培训两种方式，或者两种方式相结合。外部培训要选择正规的、负责任的专业培训单位，如有影响的茶楼、茶艺培训学校、茶艺培训班等。内部培训由本茶楼具有较高茶艺水平、茶文化知识、经营管理水平的专业人员负责。

（2）培训内容 对茶艺员的培训，主要包括以下内容：

1）茶艺知识，包括茶艺表演的基本步骤、动作要领、讲解内容、面部表情、身体语言等。

2）茶文化的基本知识，包括茶叶的分类，茶叶与茶艺的历史发展，主要名茶的产地、品质特点、冲泡方法、故事和传说，茶具的基本知识，喝茶的好处，有影响的茶人、茶诗词等。

3）服务技能，包括茶艺表演、提供服务所需要的各种技能。

4）服务程序，包括从迎宾、服务、结账、送宾，到顾客投诉的处理等一系列过程的具体步骤和要求。

5）服务案例。把茶艺服务过程中经常遇到的问题编成案例，提出切实可行的解决方案供茶艺员学习。

6）规章制度，包括劳动纪律、仪容仪表的要求、卫生制度、考勤制度、奖惩制度等内容。

7）人际关系技能，包括处理与同事的关系、上下级的关系、与顾客的关系。

（3）时间安排 对茶艺员的培训是实用性很强的培训，所以在时间安排上可以把理论学习与实际操作结合在一起，交叉进行。前期边学习理论边培训茶艺，增加培训的趣味性。

后期重点突出服务技能、服务程序、规章制度的培训。最后，可以进行实践性的模拟训练，以增加茶艺员的临场经验。

小资料 6-2

茶楼怎样才能留住人?

（1）防止员工过度流动的第一步在“入口关”，在招聘时就应该综合考评，选用对茶艺感兴趣、热爱服务业、踏实肯干的人。在招聘时一定给应聘者讲清楚，要告诉他们茶文化的内涵等其他有吸引力的方面，让应聘者在对茶楼全面了解的基础上，根据自身实际做出选择。这样可以避免一些员工仅因工作难找、一时兴起等原因盲目进入茶楼工作，结果与期望相去甚远而离开。

（2）招入适合的员工后，还得用待遇留人。员工流动性比较小的茶楼给予员工的待遇中等偏上，而且更重要的是其待遇的结构比较合理。例如，大旗门茶楼，茶艺服务人员的工资由基本工资、奖金、效益提成等几部分组成，工资结构既体现了公平又兼顾了效益，可以激发员工的积极性，在内部形成竞争的氛围。该茶楼的员工待遇在全国也是令人羡慕的。同时，该茶楼给员工宽松的成长空间，在一定的权限范围内，员工可以发挥其创造性，以主人翁的态度参与到茶楼的经营中。

（3）要想员工一门心思地在茶楼里干，除了合适的待遇外，还必须关心员工的生活和心理。工作要与生活分开，要求员工不能将生活中的不良情绪带到工作中去，影响工作的质量。还可以通过意见箱、交流会、谈心室等沟通渠道，了解员工工作之外的思想状况，疏导他们的心理障碍，关心他们生活中的喜乐，往往可以使员工更贴心，工作更努力。关心员工还可以体现在支持员工进修、提供培训、给探亲假等诸多方面，通过这些无微不至的关怀，使员工对茶馆产生忠诚感、依赖性，茶楼员工的流动性就会降低。员工满意了，他们才能在工作中让客人满意；客人满意了，茶楼才能客人盈门，发展平稳。

第三节 茶楼的经营管理

现代茶楼是服务领域中比较独特的一个行业，它以茶艺和品茗为载体，来满足顾客物质和精神方面的多种需要，具有品茶论艺、休闲娱乐、文化交流、艺术欣赏、商务洽谈、社会交往等多种功能，是一个综合性很强的服务场所。由于它适应了当前的消费趋势和潮流，所以发展迅速。一个茶楼要想更好地发挥自己的功能，获得竞争优势，就必须结合茶艺行业的特点，加强经营管理，提高服务水平，以优质高效的服务赢得顾客。

一、日常事务管理

茶楼每天都要遇到大量的事务性问题，对这些问题要制定相应的管理制度和规范，有利于管理人员跳出繁琐的杂务，提高管理的效率，同时也为有关人员提供了相应的行为标准。从茶楼的角度讲，日常管理的内容主要包括物品管理、商品管理、采购管理、仓库管理、吧台管理、会议管理、财务管理等。

1．物品管理

这里的物品主要指除对外销售的商品之外的有关物品，如字画、工艺品、乐器、家具、电视机、音响、茶具、装饰品、报刊、杂志、书籍、空调、消防器具等。这些物品非常分散，分布在茶楼的各个区域，有的是易损物品，如何使用、如何管理等，都会影响茶楼的正常经营活动。对物品的管理和使用要制定出相应的规章制度，内容包括负责人、使用的具体规定、损坏的处理规定、养护的规定与措施等。

2．商品管理

商品是茶楼对顾客销售的有关物品，如茶叶、茶具、书籍等。商品一般都是集中陈列或展示，以便于客人选购。商品管理制度的内容主要包括商品陈列的要求、商品定价的要求、调价的规定、损坏的处理、日常的维护、销售奖励等。

3．采购管理

采购的质量和水平不仅影响到茶楼的经营水平，而且也会影响到茶楼的服务质量和信誉。因此，对采购工作也必须规范管理，严格要求。采购管理的内容主要包括：

（1）采购人员的基本条件。

（2）采购工作的程序。

（3）缺货处理。

（4）采购后不合适物品的处理。

（5）采购人员的责任与奖惩。

（6）采购人员的账务、单据管理。

（7）采购人员了解市场行情、开辟新货源渠道的要求。

（8）采购人员与供应商关系的处理。

（9）采购人员的职业道德要求。

4．仓库管理

仓库管理制度的内容主要包括：

（1）验收入库的具体规定，入库程序。

（2）仓库单据的保管，台账的制作。

（3）各种物品最低库存量的规定。

（4）申购程序。

（5）领料的程序与手续。

（6）各种货物（如茶叶、茶具）存放的具体规定。

（7）盘存的要求。

（8）防潮、防蛀、防鼠、防变质的具体制度。

（9）货物账实不符的处理。

（10）仓库的卫生管理。

（11）仓库的安全管理

（12）仓库保管员的职业道德要求。

5．吧台管理

吧台是联系内外、交流信息、接待顾客、处理纠纷、接受意见和建议的重要场所，吧台管理的水平也直接关系到茶楼的服务水平和整体形象。吧台管理制度的内容主要包括：

（1）顾客消费单据的管理规定。

（2）发票填制的要求。

（3）吧台物品的管理规定。

（4）电话使用的规定。

（5）顾客订位的处理。

（6）顾客的意见、建议、留言的处理。

（7）吧台卫生管理。

（8）电话留言的处理。

（9）吧台物品盘存，物品账实不符的处理。

（10）顾客消费打折的处理。

6．会议管理

茶楼要经常召开各种各样的员工会议，如例会、班前会、班后会等。为了提高会议质量，也要形成相应的会议管理制度，如例会的时间、请假及缺席的处理、纪律要求、会议决定的检查落实等，都可以做出相应的规定。

7．财务管理

财务管理主要涉及会计报表、税务、内部的会计制度、财务制度、工作流程、现金管理、资金运作等，可依据国家的会计准则、税务部门的具体要求，结合企业的实际情况，制定相应的管理制度。

二、现场管理

服务现场是指参与服务的各要素和谐而有机的组合。服务现场主要包括服务者、服务活动、场所，以及设施、材料、用具。

服务者为顾客提供服务，是现场管理的中心；服务活动是顾客消费的主要内容，服务活动的质量影响到顾客对服务的认识和评价；场所提供了服务的空间；设施、材料、用具是服务场所必需的物质条件。这 4 个要素有机结合，使服务现场成为具有生机和活力的统一体。

服务离不开现场，服务质量取决于服务现场。服务现场是服务工作矛盾的焦点，是顾客评价的核心，是展示茶楼形象的窗口。因此，现场管理就成为茶馆管理的核心，而这个核心的“核心”就是人。现场管理也就是围绕为顾客创造良好的消费环境而对服务人员的服务活动和服务过程的管理。现场管理主要围绕 3 个方面进行，即人的管理、物的管理和环境管理。

1．服务人员的管理

（1）仪容仪表的管理要求

1）服装。按季节规定统一着装，做到干净、整齐、笔挺，不得穿规定以外的服装上岗；常换洗内衣，保持内衣的干净、整洁；服装上不得挂饰规定以外的饰物；衣袋内不得多装物品；不得戴手链、大耳环等饰品；非工作需要，不得在茶楼外穿工装。

2）个人卫生。上岗前后，不准吃葱、蒜等带有异味的食物；饭后要刷牙，保持口腔清洁；勤理发、洗头、勤剪指甲，指甲内不得有污垢，不染指甲；保持自然发型，不得染发，不能留怪异发型；淡妆上岗，不得使用带有较明显刺激性的化妆品；手部不能涂抹化妆品；患有皮肤类疾病者，要选择用药，勤洗澡，严禁体臭上岗；不准在服务区域剔牙、抠鼻、挖耳；不准随地吐痰；经常洗澡，保持身体清洁。

（2）言谈举止的管理要求

1）站立。站立迎送客人，要毕恭毕敬，收腹挺胸，颔首低眉，双目微俯，面带微笑，双腿不可叉开，身体不能扭斜，头部不可歪斜或高仰。

2）坐姿。在需要坐下的场合，背要挺直，不含胸，表情温婉，头部不可上仰或低俯，身体不得来回摆动，两腿不要抖动。

3）行走。步履轻盈，和颜悦色；头不低，收腹挺胸，要从容，不显得匆匆忙忙；空手行走不得倒剪双手或袖手，手臂自然摆动；客人在先，其中女士在前。

4）看。面向客人，目光间歇地投向客人；不能望天花板，不能直瞧地面，不能无目的地东张西望；禁止凝视、斜视、冷白眼；禁止对客人上下打量，长时间审视。

5）听。认真倾听，平和地望着客人，视线间歇地与客人接触；对听到的内容，可用微笑、点头应对等做出反应；不能面无表情、心不在焉，不可似听非听，表示厌倦；不能摆手或敲台面来打断客人，更不得不自制地甩袖而去。

6）交谈。对客人要热情礼貌，有问必答；顾客多时，要分清主次，恰当地进行交谈；说话声音要柔和、悦耳，控制好语调、语速，不得大声说话；不得表现出不愿与客人交谈，或不应答客人；对客人提出的要求，要尽可能地想办法予以满足；对客人的不满或刁难，要冷静处理，巧妙应对，不得与客人发生冲突，必要时可请领班或经理出面解决。

7）服务。按茶艺服务的动作标准、程序、规定进行。

8）其他。无客人时，不能扎堆聊天，不能梳妆打扮，不能大声喧哗；可以有组织地进行学习、讨论、练习等，并安排专人做好迎宾工作。

（3）礼仪礼节的要求

1）在接待客人和服务过程中，恰当地使用文明服务用语。

2）不能使用服务禁忌语言。

3）在服务区域碰到客人要主动打招呼，向客人问好。

4）对顾客要热情服务，耐心周到，百挑不厌，百问不烦。

5）递送物品要用双手，轻拿轻放，不急不躁。

6）不能与客人发生争执、争吵。

7）不能带情绪上岗，不能带着不悦的情绪接待顾客。

8）对特殊客人要了解其禁忌，避免引起客人的不快或发生冲突。

9）尊重客人的习惯，不得议论、模仿、嘲笑客人。

10）保持愉快的情绪，微笑服务，态度和蔼、亲切。

11）进入房间要先敲门，经许可方能入内。

12）同事之间要和谐相处，团结互助，以礼相待。

（4）劳动纪律

1）员工必须按时上班，准时进入工作岗位；如有急事要向经理请假，批准后方可离开。

2）不准在服务现场吃东西、干私活。

3）严禁酒后上岗。

4）工作期间必须讲普通话，不得使用方言。

5）严守工作岗位，不准随便离岗。

6）维护茶楼的形象，不得在服务现场聊天、打闹、嬉笑、大声交谈。

7）不能因点货、收拾台面、结账等原因不理睬顾客。

8）不得当面或背后议论客人，不得对客人评头论足。

9）不得使用破损、有缺口、污渍的茶具。

10）不准与顾客争吵。

11）不准坐着接待顾客，对待顾客要礼貌、热情、主动。

12）不得随地吐痰、乱扔杂物，要保持工作区域的清洁。

13）不得表现出对客人的冷淡、不耐烦及轻视，对所有客人要一视同仁。

14）保持良好的站立姿势，不可倚靠服务台，不可袖手或倒背双手。

15）与客人交谈时要掌握技巧，注意分寸，不得打听客人的隐私。

16）全面了解茶楼的情况，不得对客人的问题一问三不知。

17）收放物品时要小心，轻拿轻放，不能声音过大。

18）不能不理会其他服务员招待的客人的招呼。

19）不得当着客人的面打扫卫生。

20）严禁向客人索取小费。客人付小费时要婉言谢绝。

（5）考勤制度

1）为保证正常的工作秩序，员工必须正常上班，不迟到，不早退，不旷工，不擅离职守，有事要请假，并按要求办理请假手续。

2）经理或领班要如实记录所有人员的出勤情况。考勤是员工考核、奖惩的重要依据之一。考核记录不得涂改，记录错误须更改，当事人要签名并说明更改原因。

3）请假要由员工本人填写请假条，写明请假的事由和起止时间，经理批准后方可离开。职工病假超过一天者，需出具市级以上的医院证明。一般情况下，不得电话请假，不得他人代请假。

4）各种请假的管理，如事假、病假、婚假、丧假、探亲假、休假等，视具体情况做出相应的规定，内容包括请假手续的办理、工资、奖金的处理等。

5）对违反考勤制度者，如迟到、早退、旷工、捏造理由请假、考勤弄虚作假等，要制定相应的处理措施，以保证考勤制度得以确切执行。

2．物品和设施的管理

茶楼的各种服务设施、用具、物品的维护和保管十分重要，必须建立相应的管理制度。

（1）设施和物品要由专人负责，专人专管，做到岗位清楚，职责分明。

（2）明确设施、用具的检查项目和检查方式，定期定时进行检查，发现问题及时处理。

（3）建立设施维护保养资料卡和用具账目及损坏情况登记卡，以便积累数据，掌握规律。

（4）对商品陈列做出明确规定，使陈列安全、有序，显示出美感，并方便顾客选购。

5）对物品的人为损坏，要有相应的处理方法。

3．环境管理

茶楼服务环境的要求整洁、美观、舒适、方便、有序、安全、安静。好的服务环境，一方面可以满足顾客的需求，获得顾客的好感和信任，树立企业的良好形象；另一方面会使服务人员精神焕发，工作更有劲头。

（1）安全管理

1）有目的、有组织地分析服务全过程，尽可能抓住容易发生事故的关键环节，制定预防措施及对策。

2）着眼于发生事故的苗头，以便采取相应的措施。

3）制定应急计划和措施，避免措手不及，以减少事故发生时可能造成的损失。

4）抓好安全教育，使所有员工树立牢固的安全防范意识。搞好安全培训，使员工熟悉安全措施和消防设施的使用方法。

5）按照安全消防的要求，配置消防器材，并安排专人负责管理。

6）经常巡视检查，查除安全隐患。

7）明确每个员工的安全责任，动员全员参与，共同搞好安全工作。

8）经理和领班在安全管理中要发挥主动作用，经常检查关键环节，抓好对员工的安全教育和培训工作。

（2）卫生管理

1）地面要求光、亮、净，不得有未清理的垃圾。顾客丢弃的废物要随时清理。

2）地面无痰迹、烟头、烟灰、污水、纸片等。

3）大厅、房间、卫生间墙面、墙角、窗台等处无积尘、浮土、蛛网等。

4）门窗、楼梯扶手无灰尘、污垢，玻璃要清澈透亮，无污点、污痕。

5）柜台、货架、灯架、音响、电视等凡能看得见、摸得着的地方，不得有污物、灰尘、污渍。台面无杂物、灰尘、茶渍等。

6）卫生间地面干净，无污水、脏物。纸篓的垃圾及时清理，所存垃圾不得超过纸篓高度的1/2。管道上下水通畅，洗手池外壁、内壁、台面、水管把手无污迹、灰尘，便池干净、洁白，无明显污渍。室内经常通风，无异味。各种物品摆放整齐、有序，墙面无乱涂乱画。

7）客用茶具无水痕、污渍、手纹、茶渍（紫砂壶、茶船除外）。

8）室内无蚊蝇、老鼠，以及腐烂变质的商品、食品，无异味。

9）宣传栏、装饰物无灰尘、污垢。

10）客用茶具、餐具按规定进行消毒。

11）吧台物品摆放整齐，卫生要求与室内的其他要求相同。

12）每天上午开门接待顾客前，经理或领班要组织服务人员全面打扫卫生，对所有区域按标准进行清理，并逐项检查，不合格的地方要重新清理。

13）营业期间，所有人员要随时注意卫生情况，发现问题要及时处理。

14）晚上送宾后，对地面、台面、墙面要彻底打扫一遍。

15）所有员工不得乱扔杂物，不得随地吐痰。

16）及时清理台面上的果皮、茶叶、水迹等，勤换烟缸，保持台面的干净、整洁。

17）对出现问题的员工，领班和经理要随时提醒其注意个人行为。问题严重的，要进行相应的处罚。

18）对员工进行卫生知识和卫生法律制度的培训，帮助员工养成良好的卫生习惯，树立卫生意识，注意约束自己的行为，努力创造卫生、清洁、舒适的工作和服务环境。

19）经理、领班要经常检查卫生制度的落实情况，对存在的问题要提出改进意见和要求。

（3）营造安静的服务环境

1）所有服务人员要注意自己的言谈举止，保持环境的安静。

2）音乐要柔和，声音适度，不能太高。

3）对发出声音、声响较大的顾客，要以适当的方式提醒其注意，共同营造安静的环境。

小资料 6-3

茶楼商品全方位立体结构

商品立体结构与品种齐全是有区别的，一是在品种齐全的基础上增加茶叶不同等级，如“黄山毛峰”有明前特级、特级、一级等。“牡丹绣球”有“头春”“二春”“三春”。二是经营茶叶的同时经营与茶叶有关的商品，如茶具、茶书、茶点、茶水、茶保健品、茶字、茶画及文房四宝。茶具有紫砂、瓷器、玻璃、不锈钢等，而紫砂有高、中、低，有套壶、单壶、怪壶，有黑泥、白泥、红泥等；茶点有瓜子、开心果、牛肉干等。三是采取与众不同的包装与储存，如花茶锡箔袋包装，绿茶可以放在冰柜里保鲜出售等。

茶叶的主体结构要根据不同地区不同消费者而定，须经市场调查，不能盲目模仿，盲目拼凑。

第四节 茶单的设计与制作

一、茶单的设计原则

1. 迎合目标顾客的需求

茶单上应列出多种茶品供顾客挑选，这些品种要体现茶楼的经营宗旨，迎合目标顾客的需求。如果茶楼的目标顾客是收入水平中等的群体，就应将茶单的茶位、茶品及茶食的价格进行调整；如果针对的客户群是以享受型为主的高收入顾客作为目标市场，在所提供的茶单、茶品及茶食的档次上要做一些精细、服务讲究的高级茶单；以商务洽谈为主要品饮人群的茶单设计，要突出便捷、周到的茶单及茶品。

2. 与总体环境相协调

茶单并非越精细越好，而是必须和总体的装饰环境相配套、相协调。一家设计美观、建筑成本高的豪华茶楼，人们指望那里提供高档次的茶品，如果茶单上只是一些低档次的、加工粗糙的普通茶品，人们便会大失所望，产生很坏的印象；相反，一家设计简单、布置具有文化底蕴及古典味道的茶楼，人们希望品饮到价廉且口感相对较好的普通茶，如果茶楼提供高价的茶品，人们会觉得茶品的价格不值。

3．品种不宜过多

一家好的茶楼，应保证供应茶单上列出的品种不应缺货，否则会引起顾客的不满。但茶单所列的品种不宜太多。品种过多意味着茶楼需要很大的原料库存量，由此会占用大量资金和高额的库存管理费用，茶品品种太多还容易在销售和冲泡方法上出现差错；还会使顾客挑茶决策困难，延长挑茶时间，降低座位周转率，影响茶楼收入。因此，茶单上的品种应该适当添加，本着少而精的原则，为将来更换茶品留有余地。

4．选择毛利额较大的品种

茶品计划应使茶楼获得可观的毛利，因此设计茶品时要重视原料成本。影响原料成本的因素不仅包括原料的进价，还包括加工和切配的折损和其他浪费等损耗因素。如果茶品原料成本高、价格贵而难以售出，则这类茶叶不宜多选。要选择一些能产生较大毛利额的茶叶和那些组合起来能使茶楼达到毛利指标的茶品。

5．定期更换茶品

为了使顾客保持对茶单的兴趣，应适当定期更换茶单上的品种，防止顾客对茶单发生厌倦而易地就餐。这对回头客较多的茶楼更为重要。

定期更换茶单中的茶品种，要注意尽量减少浪费，要检查库房有哪些茶叶贮存时间较长、哪些茶不能再继续贮存，要设法换上一些能用这些原料的茶品。定期更换茶单中的茶叶品种，留下盈利大、受顾客欢迎的茶品种，换去一些不受顾客欢迎且收入少的茶叶品种。更换茶品时要尽量补上新产品，即过去不存在的产品、过去虽有但又经过改进冲泡技巧的产品、曾有但被遗忘而又重新出售的产品。茶楼工作人员要注意学习其他茶楼茶馆的新品种及操作技巧，经过模仿和改进，补充到自己的菜单里去。

二、茶单的内容

茶单（如图 6-2、图 6-3 所示）是为顾客提供一目了然的价格与产品服务，茶单内容的取舍和分类要方便库房提货和茶水服务员备茶。茶单也作为推销工具，一定要清楚、有逻辑地将信息正确而迅速地传递给顾客，同时通过内容的编写、顺序的安排及艺术处理等吸引顾客购买。一张茶单通常由 3 个部分组成。

图 6-2　茶单

图6-3　茶单

1. 茶叶品种名称及价格

茶叶品种的名字会直接影响顾客的选择。顾客未曾尝试过某种茶，往往会凭品名去挑选茶叶品种。茶单上的品名会在品茶顾客的头脑中产生一种联想。顾客对茶楼产品是否满意在很大程度上取决于看了茶单上的品名后对茶叶品种产生的期望能否得到满足。编写茶叶品名和价格要符合以下要求：

（1）茶品名和价格应具有真实性　具体包括：

1）茶品名真实。茶品名应好听，但必须真实，不能太离奇。中国茶叶协会对顾客进行调查发现，故弄玄虚而离奇的名字以及不为顾客熟悉或名不副实的名字，不容易被顾客接受，只有小型的、以常客为主的茶楼可用不寻常的名字。通常大众茶楼应采用朴实并为顾客熟悉的茶品名称。

2）茶品的质量真实。茶品的质量真实包括原料的质量和规格要与茶单上的介绍相一致。如茶品名称为杭州狮峰龙井，茶楼就不能拿杭州其他地区所产龙井来代替，狮峰龙井已经注册过，未经允许擅自使用其名，要追究其法律责任；茶品的份额必须准确，茶单上介绍份额为50克一筒或一小袋，其分量必须是50克；茶品的新鲜程度应一致，大多数茶品由于存放及其本身品种的原因，品饮是有一定期限的，所以在进货及平时点货或是推销过程中，要了解茶楼现有茶叶的全部情况，再向客人推销。

3）茶品价格真实。茶单上的价格应该与实际供应的一样。如果茶楼加收包房费或是其他服务费，则必须在茶单上加以注明，若有价格变动要立即改动或更换茶单。

4）茶单上列出的茶品种应保证供应。有些茶楼管理人员认为凡茶楼能供应的茶品种应该全部列在茶单上，多给客人选择的余地，但是当产品原料不能保障供应，客人所点茶品无货，就会使茶单不可靠、不严肃。

（2）茶品名称要文雅、引人深思　粗俗的名字往往会同茶楼场所不合拍。

2．茶品介绍

茶单上要对茶叶品种以简单的介绍，具体内容有茶品所属类别、冲泡水温、使用器具、茶叶产地、香气类型、汤色、滋味、叶底、投茶量。

介绍茶叶品种有利于推销茶品。要引导顾客去消费那些茶楼希望销售的茶叶品种，同时还要介绍一些名称罕见、口感特殊的品种加以比较。

茶叶品种的介绍不宜过多，非信息性介绍会使顾客感到厌烦，而拒绝购买或不再光顾茶楼。但一张茶单就像产品的目录那样刻板地列出茶品种名称及价格，也会因过于枯燥无法吸引顾客。

3．告示性信息

告示性信息必须十分简洁，一般有以下内容：

（1）茶楼的名字　通常安排在封面。

（2）茶楼的特色　如果茶楼具有某些方面的特色，如茶与书画艺术、古董、现代棋牌及商业洽谈等联系较多，可以适当突出主题。

（3）茶楼地址、电话和商标记号　一般列在茶单的封底。有的茶单还标注出在城市中的地理位置。

（4）茶楼经营的时间　列在封面或封底。

（5）茶楼加收的费用　如果茶楼加收服务费或包房费（按时间或按茶位等）要在茶单的内页上注明。

（6）机构性信息　有的茶单上还介绍了茶楼的包房数或面积、历史背景及茶楼特点、代理茶叶品牌厂家介绍。

三、茶单的制作

1．准备工作

（1）列出清单　在制作茶单前要拟制作一份茶单，这需要联系艺术设计师、文字撰写者以及印刷商。在这以前需要计划好茶楼主要拟经营的方向及档次、提供什么服务和茶叶品种。期间，茶叶品种的项目和价格通常需要改动好几次。分类列出茶叶品种，可以帮助人们权衡所选茶叶品种在贮存、冲泡方法、使用器具及价格方面是否搭配得当。

（2）选择艺术设计师、撰稿人和印刷商　许多茶楼没有认识到茶单对茶楼的点缀作用、推销作用和标记作用。设计茶单一定要选专业设计师，可以从广告代理公司聘用，也可聘用商业艺术师、美术艺术师。另外要请一位善于文字写作的人员，对茶叶品种名称、茶叶介绍或冲泡表演介绍等描述性的措辞进行推敲。印茶单一般采用活字印刷和胶印印刷。由于印刷的量一般不会太大，所以可聘用从事小量印刷并能在短期内交货的印刷商。

2．茶单的制作材料

（1）纸张的选择　茶单设计应从选择纸张开始，因为纸张是设计的基础，一份精美的茶单的说明、印刷效果等都要通过纸张来体现的。由于纸张成本占印刷成本的 1/3，茶楼经营管理人员和茶单设计人员应重视纸张的选择。

（2）茶单用纸和有关设计技术

1）凹凸印刷。

2）深色纸上采用淡色墨水。

3）带色的纸上使用淡色和金属色。

4）纸的立体使用。

5）在透明的或半透明的纸上印刷。

6）在同一茶单中使用不同种类的纸。

3．茶单的尺寸大小

茶单的式样和尺寸有一定的规律可循（如图 6-4 所示）：一般单页茶单可以 30 厘米×40 厘米大小为宜；对折式的双页茶单，茶单合上时，其尺寸以 25 厘米×35 厘米为宜，也可以根据茶楼的特色来制作相应尺寸的茶单。另外，茶单上应有一定的空白，这样会使字体突出，易读。如果茶单文字所占篇幅多于 50%，会使茶单看上去又挤又乱，影响顾客阅读和挑选茶叶品种。茶单四边的空白应宽度相等，给人以均匀感。

图 6-4　茶单式样、尺寸

4．茶单的形状、式样

因为大部分茶单印在纸上，所以应考虑所用纸可以折叠，可以被切成各种形状，并有不同的造型。茶单的形状是根据茶楼经营需要，为迎合顾客心理而确定的。茶单可以切成各种几何图形和不规则的形状。总之，茶单的尺寸大小没有统一的规定，用什么尺寸合适，主要从经营需要和方便顾客两个方面考虑。

5．文字和字体

（1）文字　茶单必须借助文字向顾客传递信息。一份好的茶单，其文字介绍应详尽，令人读后增加品饮欲望，从而起到促销的作用。一份精美流畅的茶单其文字撰写的耗时费神程度并不亚于设计一份彩色广告。

茶单的文字部分主要包括：①茶叶品种名称；②描述性介绍；③茶楼声誉宣传等。一般说来，一页纸上的字与空白应各占50%为佳。字过多会使人眼花缭乱，前看后忘；空白过多则给人以茶叶品种不足、选择余地少的感觉。

茶单上的茶名一般采用中文的形式。字体印刷要端正，要使客人在茶楼的光线下很容易看清。多数茶叶品种和茶食品采用小号字体，以增加可读性；分类标题和小标题可用大号字体；慎用古怪字体和"反白"（即黑底白字）印刷。

凡有可能，茶单应该铅印或油印，当然某些茶楼为突出某主题特色也可手写，手写往往更能营造文化气氛，但字迹必须娟秀、清楚。龙飞凤舞的书法必须以宾客认得清楚为准，否则就会失去本来的意义。茶单内容和价格应避免涂改，要使菜单"眉清目秀"，容易辨读。

（2）字体　要设计一份阅读方便和富有吸引力的茶单（如图6-5所示），使用正确的字体是非常重要的。假如不是用手写体的话，就一定要用印刷排版的方式。有许多茶单的字体太小，不便阅读；有的字体排得太紧，而且每项茶叶品种或茶食之间间隔小，几乎连在一起，使宾客选择茶叶品种时很费劲。

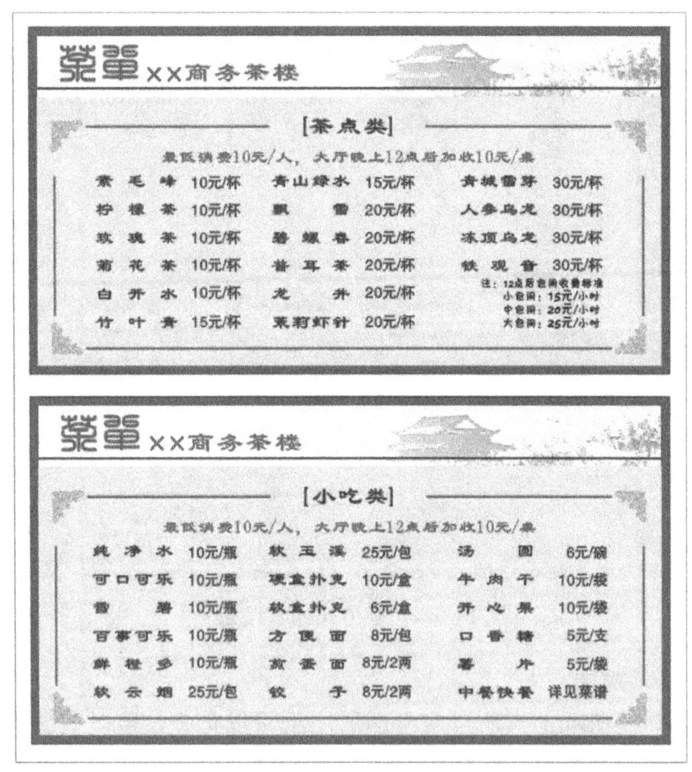

图6-5　茶单的字体

6．茶单的颜色和照片

（1）茶单的颜色　茶单的颜色能起到推销茶品的作用，使茶单更具吸引力。但色彩越多，印刷成本越高，所以不宜用过多的颜色，通常用四色就能基本得到色谱中所有的颜色。不同的颜色还能起到突出某些部分的作用。一些特殊推销的茶叶采用不同颜色，可以按发酵程度等分类方法进行排列。

（2）茶单上的彩色照片　彩色照片配上茶名及介绍文字是一种对食品极好的推销方式。彩色照片能直接而真实地展示茶楼所提供的茶叶品种。尽管印制彩色照片约需四色，比印单色或双色的印刷费用高出35%，但一张优质的彩色照片胜过千言文字说明，能最真实地呈现令人赏心悦目的茶叶品种。彩色照片的拍摄和印制质量很重要，若印制质量差，还不如不印。彩照实例能否激起客人的购买欲望取决于彩照是否逼真美观。

7．茶单封面

封面是茶单的门面，一份设计精良、色彩丰富、漂亮又实惠的封面往往是一家经营有方的茶楼的点缀和醒目的标志。

首先，封面的图案要体现茶楼经营特色，色彩要与茶楼的整体环境相匹配。如果经营的是古典式茶楼，茶单封面要反映出古典色彩。茶单封面要视作茶楼室内的点缀之一。茶单放在桌上，分散在顾客的手中，其颜色或者跟茶楼色彩相近，形成一个体系；或者互成反差，使之相映成趣，犹如万绿丛中的花朵，增加色彩。另外，茶单封面应使用塑料薄膜压膜的厚纸，或是设计茶单外套，这样可防水或污物。

图6-6　茶单的颜色

四、茶单设计者的素质要求

茶单设计者要具备广泛的茶叶基础知识，熟悉茶叶的品种、产地、加工工艺、品质特征、茶与健康及其价格等，有深厚的茶叶冲泡知识和较长的工作经历，熟悉各种茶叶的冲泡方法、冲泡时间和需用的器具，掌握茶叶的色、香、味、形和营养成分。

（1）了解茶楼的冲泡方法及服务程序，工作人员的业务水平。

（2）了解顾客需求及茶叶发展的趋势，善于结合顾客的饮茶习惯，有创新意识和构思技巧。

（3）有一定的美学和艺术修养，善于对茶叶品种在茶单上的颜色及种类进行合理搭配。

（4）善于沟通技巧，虚心听取相关专业人员的建议，具备筹划带有竞争力茶单的能力。

总之，只有具备较高职业素质，并具有一定权威性和责任感的茶艺工作者才能设计和制作出科学完美的茶单。

小资料 6-4

茶楼经营注意事项

（1）做好广告、促销工作 广告、促销对商家的重要性是众所周知的，有条件的茶店，完全可以利用电视、报纸等。条件不具备的也可利用营业员、业务员印制一些小广告进行宣传。促销应该多做，形式多样，可以优惠，也可以按购买的金额赠送一些与茶叶有关的礼品，如茶具、茶书等，不论广告也好、促销也好，一定要取信顾客，不可欺骗顾客，言行一致，表里如一。

（2）做好长期作战的准备 茶叶作为一种特殊的消费品和艺术品，顾客对其口感、滋味、内质、品位要有一个长时间的接受和评定过程，这样就要求经营者要有耐心，不要开张几个月或一年挣不到钱就不想干了，要不断进行宣传，同时针对顾客的要求不断改善，虽然开个茶叶店没有八年抗战那样“论持久战”，但也需两三年工夫不可，这也许是许多茶叶经营难以走出的误区。

（3）逐步走向连锁化 因现代市场经营越来越规范，利润越来越平均，若所经营的一两个茶店效益不错，同时又积累了许多无形资产，千万不能就地踏步，更不能把挣来的钱消费掉，应该总结成功的经验，培训人才，把经营点在逐步稳健的基础上进行同步扩张，走向连锁化。这样可以节约成本，有利于竞争。开设连锁首先可以建立配货中心，建立健全各项规章制度，选拔人才，对已经经营好的点进行复制，这样企业就会不断发展、壮大。

第五节 茶楼的营销方法

茶楼业被称为“绿色产业”，它的工作性质是直接为顾客提供以茶为主的，集休闲、娱乐等为一体的综合性服务。在公司办公区、商店聚集区、行人往来众多的地区，人们进行商务洽谈和各种社交活动需要茶楼；人们工作之余忙里偷闲，约上三五知己，休闲消遣时，茶楼是他们最佳的选择场所。茶楼在现代人们的工作、生活中扮演着越来越重要的角色，成为不可缺少的一部分。

一、茶楼营销活动的策划

茶楼的营销就是通过客人参与服务并对服务满意来实现经营目的。营销的任务在于不断发现和跟踪顾客需求的变化，及时调整茶楼的整体经营活动，努力开发和满足顾客的需要，推动茶楼的不断发展。茶楼营销管理的内容包括：营销战略、营销策略的制定，营销活动的策划和实施，宣传工作的开展，产品创新管理，顾客管理和会员管理，服务人员销售意识的培养等。

1．营销战略和营销策略的制定

营销战略是从茶楼长远发展的角度对营销管理进行的总体规划，它是在茶楼的定位和对市场分析、预测的基础上制定出来的。营销战略不把眼光局限于茶楼目前的经营状况及狭小的市场范围，而是着眼于茶楼未来的发展方向，着眼于对营销系统的、整体的、有步骤的安排和推进。营销战略要对茶楼未来3～5年，甚至更长时期的营销管理进行统筹规划，以充分利用茶楼有限的资源，一步步实现企业发展的目标。

营销策略是在营销战略的指导下，结合目前茶楼的经营情况、市场状况，针对竞争对手的营销活动、营销措施，以及消费需求的变化，对茶楼营销进行的短期规划和安排。它涉及的时间较短，一般在1年以内，如适时制定的价格策略、服务策略、产品策略、宣传策略等，都具有较强的针对性和目的性，以便在一定时期内吸引顾客，扩大影响，提高销售额和企业的效益。

2．营销活动的策划

营销活动是企业吸引顾客，提高销售额常用的一种手段。茶楼可以开展的营销活动多种多样，如价格优惠、推出新的服务、举办主题活动、开展茶文化宣传等。为了增加活动的吸引力，扩大影响，一是对活动要精心策划，找出好的创意和方法；二是要认真组织，使活动能达到预期的效果。

3．宣传工作

宣传工作对提高茶楼的知名度、扩大茶楼的社会影响、提高竞争力等有着重要的促进作用。对此，茶楼应有足够的认识。茶楼可以自己组织宣传，如利用自己的宣传资料、宣传册、茶艺表演、茶文化推广等形式来进行，也可以利用各种新闻媒体进行宣传。

4．产品创新管理

茶楼的产品创新主要体现在服务内容、服务方式的创新上。顾客不希望自己喜欢的茶楼的服务一成不变，各个茶楼的服务大同小异，他们希望茶艺与服务不断创新。因此，茶楼要根据消费心理及顾客需求的变化，有效利用自己的资源，加强产品创新，适时推出新的服务产品，以不断扩大市场需求，提高茶楼的市场竞争能力。

5．顾客管理

对新顾客，除了提供热情、优质的服务外，还要视情况主动介绍茶楼的全面情况，增加客人对茶楼的了解，使其对茶楼留下良好印象。

对于老顾客，可以建立顾客档案，记录客人姓氏、联系方式、消费习惯、特殊爱好等，加强与顾客感情的沟通与联络，以稳定客源。茶楼的重大活动，推出的酬宾活动、营销活动等，要及时通知老顾客。平时消费时可以提供一定的优惠，或奉送茶点、茶叶等。

6．会员管理

有的茶楼实行会员制或者拥有部分会员，一般来讲，在这种消费形式推出时，都要形成相应的会员制度，内容包括会员的权利和义务、茶楼的权利和义务、纠纷的处理方式、会员的有效期、管理制度的解释权等。

7．服务人员销售意识的培养

现代茶楼强调全员促销，并且服务人员处于第一线，直接与客人接触，服务员的销售技巧和销售意识直接影响到茶楼的经营状况。茶楼不仅要加强服务培训，提高服务员的服务技能和服务水平，还要加强销售技能培训，提高销售技能和销售技巧。更重要的是，要让每一个服务人员都认识到销售的重要性，树立销售意识，这需要一定时间的训练，需要观念的转变，需要与服务员个人的利益联系在一起。值得注意的是，对销售意识的强调要适度，要帮助服务员树立正确的销售观念，如果过分强调销售，甚至是不讲策略与方式，可能会引起顾客的反感和不满。

二、茶楼的营销方法

1. 找准目标

通常所指的是市场定位。此定位得根据产品本身的特点及实际情况做出精确的判断。一旦定位错误，就算是给你再强的火力支持也是白搭，可以说投入越大，损失也就越大。具体来说，根据不同地理区域、人民生活水平等的差异来具体定位茶楼的消费群体。消费群体的消费能力大致在什么范围，都要做详细的调查分析，如是中档消费区域，也不必过多顾及高端与低端的消费群体，不过可以保留中低端和中高端消费群体的消费定位。

2. 吸引眼球

这一步可以说是最讲究方式方法的，不但要体现个性化，还要体现差异化，同时还要借助事件，甚至策划事件来达到吸引眼球的目的。可以做一些 POP 广告放在显眼位置，或是做一些小册子、卡片赠送给客人，以便更多的人知道我们茶楼，甚至了解我们最近推出了什么样的新品或活动之类的。

3. 整合资源、集中推广

整合资源、集中推广，也就是近几年来常说的“整合营销”，除了产品本身的品质以外，在营销过程中还得借助其他一切可以利用的资源，如销售渠道。人有你无，你就得想办法以委托或合作的方式进入人家的销售网络，借助对方的优势来弥补自身不足。总之，要让消费者能够接触到你的产品，并能感受到产品的优点、特点。这就要求我们的软件、硬件一定要好，缺一不可。比如，我们的服务好，赞美就会多起来，信誉和口碑也就会随之更好起来，那么就能够借别人的嘴来为自己说话了，这样的活广告效果是其他广告类无法比拟的。

对于营销来说，将产品推销给对方只是营销追求的一个目标，但是并不代表营销的全部。所以不要从一开始就抱着不达目的誓不罢休的心态，而是要让对方在你的营销行为当中感受到你是在处处为他着想，要让他获得快乐，感受到你的温暖和你对他的关注。这样，即使一时间没成功，但以后长时间里，他能够感受到你所想的，那么你的营销也就算是成功了。

三、茶楼营销的主要问题

茶有茶道，器亦当体其道。器、道相宜，方能相得益彰。嗜茶者，爱品茗，好茶道，也极重茶器，无意或有意中体现和完成了茶器道与实用并重之目的。现代茶楼与传统茶楼之区别在于将茶叶、茶具、茶点、茶人、茶楼的环境和布局等融入到现代的生活，让消费者享受到更加人性化的服务。但仅仅有这些硬件肯定还是不够的，软件方面，诸如茶人的服务、管理员的管理、决策者的经营理念也都决定着一个茶楼的兴衰命运。

我国的茶楼主要集中在像北京、上海、杭州、广州、成都等大中型城市，而且每年以

20%的速度增长。这几年随着茶楼数量的增加，茶楼之间的竞争日益加剧，对于茶楼的内部管理也提出了挑战。目前茶楼经营管理上有 4 个亟待突破的问题。

1. 把握消费者心理

把握顾客心理，如何“粘住”回头客是茶楼经营管理的头等大事。根据业内人士介绍，茶楼平均每一位客人的消费在几十元到上百元不等，消费上千元一次的客人则少有人在。因此，一些茶楼用售卖打折卡，或者提前存茶等类似“会员制”的方式试图吸引消费者回头，但是很多打折卡和存茶的推广效果并不明显。茶楼的生意是一种人的生意，特别是处在紧张繁忙的都市生活的人们将茶楼视为洽谈生意、交流情感、修身养性的好去处。来到茶楼的客人大都是商务人士或白领阶层。这个群体的消费者往往有一种非常强烈的归属感觉。他们特别在意在一个地方的消费额度。“我是你们这里的老客户了”“我在你们这里花了很多钱”，是他们经常挂在嘴边的话，也是他们消费心理真实的写照。但是很多茶楼是用手工记录的方式完成记账管理的，这些记账单时间长了就成了废纸，完全没有利用的价值。茶楼要求生存求发展，就必须有一套适应茶楼发展的管理软件对客户进行全面的管理。

2. 抓好服务细节

来到茶楼的客人除了洽谈生意外，往往是来放松、享受和交流的。因此，他们对一些事情非常敏感，一些细小的管理上的疏忽往往会导致他们的不满意。例如：在包间计费上，他们往往担心商家多算时间。而一些茶楼由于只是手工记录客人进入包间的时间，在计费上、打折时间上容易引起客人的不快和争议。在茶楼的经营管理中，除了服务员本身对客人提供主动、热情、周到的服务以外，在管理细节上提高客人的满意度也是非常必要的，而这些细节用管理软件管理起来可以起到事半功倍的效果。

3. 降低成本

茶楼如何更大地降低管理成本也是茶楼面临的非常现实的问题。茶叶库存管理中进、销、存在茶楼的经营管理中占有一个非常重要的地位，它的好坏直接关系到茶楼的盈利状况。先进的管理理念必须通过先进的手段落到实处才能给茶馆带来切实的好处。降低管理成本是一个茶楼重要的经营理念。

4. 文化营销

茶馆要迎合顾客需求，做好文化营销。在装修上体现自然特色，突出人与自然的和谐相处，可以使用木质桌椅并种植竹子等；充分运用茶艺师给予顾客茶艺与茶文化方面的培训；通过音乐、灯光等手段渲染一种文化氛围。

总之，在茶楼经营中，不但要注重饮茶文化方面的设计，还要注重营销方面的设计，更要将两者很好地结合起来，突显营销特色。

小资料 6-5

茶楼经营中的错误管理方式

（1）选址不合理　开店重要的是位置，好多经营人员不经市场调查，随便选一个位置就去开店，有的盲目好高，片面追求繁华地段、大商场，这样就容易陷入困境。

（2）装饰不当　在装饰过程没有按茶店的特殊性，纯粹按个人意志去做，追求豪华的或简单的装饰，某些茶楼的装饰模仿歌厅、饭店的装饰，使茶楼装饰不伦不类。茶叶是一种特殊的商品，它的特点在于它的品位、清心、高雅。

（3）茶叶的质量不行 好多茶店经营者由于本身对茶叶知识的了解不透，没有鉴别能力，为了图方便省事，大多数茶商到初级市场去盲目进货，这样茶叶质量把关不严，坑了顾客，结果也丧失了自己的信誉。

（4）价格定位不合理 由于过去是“商品短缺”时代，市场不规范，大家为了眼前利益，追求暴利，随着市场经济的进一步成熟，商品过剩，薄利的时代已经来临，好多经营者没有从传统的经营思维中跳出来，还是沿着过去“高价位”的老路子经营。

（5）商品陈列不合理 许多茶店给人感觉商品陈列混乱不堪，品种不分、档次不分，这样“一锅粥”式的陈列，肯定会破坏顾客的购买激情。

（6）营业员的整体素质差 这是一个极为关键的要素，一个茶店经营好坏关键在营业员，有些茶店经营图省事，老是用自己家里的亲朋好友，岂不知你花许多精力财力去开一个店，目的是要效益，应该用专职训练有素的营业员。在从事市场调查中，我们发现许多店员素质低下，缺乏茶叶知识，松散、懒惰、反应迟钝、言语不清，有的甚至浓妆艳抹、珠光宝气、言语粗俗、大小姐架势。有人说：“我宁愿花一千元一个月请一个好营业员，也不愿花五十元请一个不合格的营业员。”

（7）财务管理混乱 有些茶店根本没有健全的财务制度，管理混乱，凭感觉相信人，经营效益主要是开源与截流，经营得再好，如果不能截住流，到头来还是一场空。商业是对事不对人，财务是经营的中心，任何人都要按财务规则办事，不管是夫妻、兄弟、朋友都应该如此，相信大家在经营过程中也有所体会，只不过是碍于面子做不到。

（8）广告、促销力量不强 茶店不论大小，都应该在自己有限的承受力内把广告、促销放在重要位置上，有些茶店只顾眼前利益，斤斤计较，不考虑长远，这样顾客就会越来越少，还怨天尤人，岂不知经营是一个潜移默化的过程。

本章小结

通过本章的学习，使学生们了解茶楼经营的特点，茶艺服务的基本要求，茶楼经营的内容，茶楼营销策划的具体内容，重点掌握对茶楼产品的营销方法，分析顾客的购买能力，把握消费者的心理，注意服务细节，完成营销任务。

思考与练习

一、选择

1. 茶楼产品的创新主要体现在服务内容和（　　）的创新上。

   A. 服务质量　B. 服务方式　C. 服务时间　D. 服务品质

2. 茶楼的营销方法包括（　　）、吸引眼球和整合资源、集中推广。

   A. 找准目标　B. 积极促销　C. 上门推销　D. 电话推销

3. 对茶艺服务人员的培训要坚持理论培训与（　　）相结合。

A. 服务质量　B. 服务方式　C. 服务时间　D. 实际操作

4. 对茶艺服务人员采取的培训方式有内部培训、外部培训和（　　）。

A. 内外部相结合　B. 综合培训　C. 定点培训　D. 服务培训

5. 茶单并非越细越好，必须和（　　）相配套相协调。

A. 印刷质量　B. 总体装饰环境　C. 茶单样式　D. 茶单字体

二、判断

1. 所有茶艺服务人员要注意自己的言谈举止，保持环境的安静。（　　）
2. 茶艺服务场所播放的音乐要柔和，音量要适度。（　　）
3. 对在茶楼中大声喧哗的顾客，要严厉制止。（　　）
4. 茶楼定位后，可以进行装饰装修的设计，设计可以由自己进行也可以找专业的设计公司。（　　）
5. 茶艺服务人员的仪容仪表包括服装和个人卫生。（　　）

三、简答

1. 茶楼经营选址有哪些要求？
2. 茶楼经营中有哪些特点？
3. 简述茶楼定位的要求。
4. 茶楼营销策划的方法有哪些？
5. 如何对所招聘员工进行岗前培训？
6. 茶楼经营管理的复杂性体现在哪些方面？
7. 如何分析茶楼顾客的需求？
8. 分析茶单用纸的选择。
9. 从哪些方面介绍茶单上的茶品？
10. 茶楼的广告宣传应从哪几方面入手？
11. 怎样培训员工的全员营销意识？

四、实际操作项目训练

实训一：茶楼策划方案实训

实训项目	茶楼策划方案实训
实训时间	30 分钟
实训要求	从选址到经营管理，按要求完成训练内容，要有调研数据
实训方法	可分组完成此项训练任务，小组成员分工明确，完成策划方案后，由一人陈述方案，一人陈述小组工作过程，老师随机提问其他小组成员的工作情况

实训二：茶叶产品营销策划实训

实训项目	对铁观音茶系列产品进行营销策划
实训时间	30 分钟
实训要求	从营销策划方案到具体实施步骤，按要求完成训练内容
实训方法	可分组完成此项训练任务，小组成员分工明确，完成策划方案后，由一人陈述方案，一人陈述小组工作过程，老师随机提问其他小组成员的工作情况

第七章

茶艺相关知识

学习目标

◎ 了解宗教与茶艺的关系及其对我国茶事业发展的促进作用。
◎ 理解与茶有关的文学作品。
◎ 掌握茶艺在各民族生活中的不同作用。

茶在中国已经有数千年的历史了，在这一过程中它既是饮品，又具有药用价值，还被用作祭品等。有着数种身份的茶叶在其发展过程中与其他社会现象产生了千丝万缕的联系，这包括各类宗教。同时它也融入整个社会发展过程中，在历史的长河中留下了很深的印记，尤其是在一些文学作品中和各民族的民风民俗方面，成为人们生活的一部分，到现在都还在产生着或多或少的影响。本章主要介绍了茶与宗教、茶与文学、茶与民风民俗等内容。

第一节　茶与宗教

几千年来，随着宗教文化的产生、发展及传播，茶与各宗教之间也产生了千丝万缕的联系，并逐渐渗透到宗教文化中，成为适应各种宗教活动的必需品，随之产生了相应的宗教茶文化。佛教强调“禅茶一味”，以茶助禅，以茶礼佛，在茶中体味苦寂的同时，也在茶中顿悟佛理禅机；道家则为茶道注入了“天人合一”的哲学思想，树立了茶道的灵魂，并提出在茶道中应崇尚自然，崇尚朴素，崇尚真的美学理念和重生、贵生、养生的思想。

一、茶与佛教

佛教于公元前6～5世纪间创立于古印度，西汉末年传入我国，经魏晋南北朝的传播与发展，到隋唐时达到鼎盛。由于佛教教义与僧侣活动的需要，茶很快就与佛教结下了不解之缘。东晋高僧怀信在《释门自镜录》中说：“铣足清谈，袒胸谐谑，居不愁寒暑，食不择甘旨，使唤童仆，要水要茶。”其中就有此意。又据《晋书·艺术传》记述，东晋敦煌人单道开，在后赵都城邺城（今河南临漳）昭德寺修行时，室内坐禅，昼夜不眠，“不畏寒暑”，诵经四十余万言，经常用饮茶来提神防睡。唐宋时期，佛教盛行，寺院饮茶之风更盛。唐代封演的《封氏闻见记》写道：“开元中，泰山灵岩寺有降魔师，大兴禅教，学禅，务于不寐，又不夕食，皆许其饮茶，人自怀挟，到处煮饮。”有的僧人甚至达到“唯茶是求”的地步。佛教的广为流传和信徒的大量增加也促进了茶叶的利用和茶文化的形成。茶与佛教的关系具体表现在以下几个方面：

（一）禅茶一味

禅茶一味缘起于禅宗“吃茶去”这则公案。据说有一个和尚参拜赵州和尚（赵州禅师（778—897），法号从谂，是禅宗史上一位震古烁今的大师）。赵州和尚问他是第一次来还是第二次来，那个和尚说是第一次来，赵州和尚告诉他“吃茶去”。过了几天，又有一个和尚来参拜他，赵州和尚同样问他是第一次来还是第二次来，他说是第二次来，赵州和尚同样告诉他“吃茶去”。当时在他身边的和尚就问赵州和尚，第一次来的叫他吃茶去，我们可以理解，怎么第二次来的也叫他吃茶去呢？这是什么道理呢？赵州和尚就叫这个和尚的名字，和尚回答：“我在这。”赵州和尚说：“你也吃茶去。”这就是所谓“吃茶去”这则公案的缘起。一千多年来，禅宗无数的人对这个公案做了各种各样的解释和体会。这个故事向我们启示了一个非常深刻的佛学道理，学习佛法不是一个知性问题，而是一个实践问题。就像要知道茶的味道一样，你必须亲自去品尝，然后才知道这茶的味道，对禅的体验也同样如此。

禅和茶联系在一起，原因主要有三：一是饮茶具有提神醒脑的作用；二是品茶如参禅，品茶时所需要的安详静谧的心境以及所追求的“自省”境界，和佛教禅宗相似；三是茶有延年益寿的作用。同时古人还认为，茶具有“三德”：一是坐禅通夜不眠；二是满腹时能帮助消化，轻神气；三是“不发”，能抑制性欲。中国的禅宗和尚、居士们修行时要求坐禅，又称“禅定”，即静坐、敛心，达到身心“轻安”，观照“明净”的境界。坐禅时要镇定精神、排除杂念、清心静境，方可自悟禅机。坐禅一坐就是3个月，老和尚难以坚持，小和尚年轻瞌睡多，更是难熬。此种耗费精神、损伤体力的坐禅，正好以饮茶来调整精气，饮茶不但能“破睡”，还能清心寡欲，养气颐神，提神驱睡魔，故饮茶历来受到僧人们的推崇，成了寺僧们修炼或修行时常相伴随的饮料，佛禅中人因而也成为饮茶的有力推动者。

茶叶不仅受到佛教禅宗的重视，同样也受到其他各宗各派的重视，以至于各大寺庙里不但设有专门招待上客的茶寮或茶室，就是法器或者是一些法会活动也都与茶有关，如普茶、施茶等。寺院中南面一般都设有钟、鼓。若是设有两鼓，就将两鼓分设在北面的墙角。设在东北角的叫法鼓，设在西北角的叫茶鼓。按时敲击，以召集僧众饮茶。寺僧们坐禅时，每焚完一炷香就要饮茶，以提神集思。有的寺院则在寺门前站立有“施茶僧”，为游人惠施茶水，以行善举。寺院还根据茶叶的不同功用，将茶分别冠以各种茶名，如以茶供奉佛祖、菩萨时，称奠茶；本寺所产的茶，称寺院茶；在寺院一年一度的挂单时，要按照戒腊（即受戒）的年限先后饮茶，称戒腊茶；平常住持请全寺僧众吃茶，称普茶；逢节庆大典，或朝廷钦赐丈衣、锡杖时，还要举行庄严、盛大的茶仪。另外，僧人分工中还有专职的茶头、施茶僧等，可见茶已渗透到佛事的方方面面。

饮茶在寺院中不仅有助坐禅、清心养身之功效，还有联络僧众感情、团结合作之功效。宋代时，每逢诸山寺院作斋会时，寺庙施主往往以茶汤助缘，供大众饮用，成为佛门弟子乐善好施的善举之一，称为茶汤会。

茶和佛教的关系是一个相互促进的关系，在现实生活中，佛教特别是禅宗需要茶叶来协助修行，而这种嗜茶的风尚，又促进了茶事业的发展；在精神境界上，禅宗讲求清净、修心、静虑，以求得智能，开悟生命的道理。而茶是被药用、特用作物，它有别于一般的农作物，其性状与禅宗的追求境界颇为相似，于是也就有了禅茶一味、茶意禅味、茶禅一体之说。

（二）名寺与名茶

禅宗寺院大多数建于名山胜地、绿水青山之间，而且有着“农禅并重”的传统，因此有条件的寺院都辟有茶园，于是就又有了“名山出好茶，名寺出名茶”的说法。由于一般寺院周围大都环境优异，有一定的海拔高度，土地肥沃，因而特别适宜茶树的栽种，同时，茶叶在寺庙有很大的需求量，世俗社会中很多文人雅士也都很喜欢饮茶，他们同佛院有着很广泛的联系，所以大批僧尼开始开垦山区，广植茶树。我国四大佛教名山，除五台山因地处山西东北，自然环境不适合茶树生长外，其他均产茶叶；在我国南方，几乎每个寺庙都有自己的茶园，众寺僧都善采制、品饮，名山名茶相得益彰。流传至今的名茶不少即源于这些寺院僧人之手。例如：四川蒙山茶，相传为汉代甘露普慧禅师亲手所植，有“仙茶”之誉；武夷岩茶，是乌龙茶的始祖，宋元以来，该茶以寺院所制最为得法，因此当地多以僧人为茶师；江苏洞庭山水月院僧人擅长制茶，出产以寺院命名的“水月茶”，即今有名的碧螺春茶；浙江云和县惠明寺的“惠明茶”具有色泽绿润、久饮香气不绝的特点，曾以优异的品质在 1915 年巴拿马万国博览会上荣获一等金质奖章和奖状。此外，安徽黄山松谷庵、钓桥庵、云谷寺一带的“黄山毛峰”，齐云山水井庵附近的“六安瓜片”，江西庐山招贤寺的“庐山云雾茶”，还有蒙顶石花茶、普陀白岩茶、峨眉峨蕊茶等均出自僧人之手。

（三）佛教与茶文化的形成和传播

魏晋时期，品茗吃茶被逐步引入佛教。及至盛唐，佛教在中国的发展达到鼎盛时期。耐人寻味的是，茶文化也恰于此时在中原各地广泛传播，于是，佛教文化与茶文化相互影响、相互融合，自此结下了不解之缘。佛教为茶道提供了“梵我一如”的哲学思想及“戒、定、慧”三学的修习理念，深化了茶道的思想内涵，使茶道更有神韵。特别是“梵我一如”的世界观与道教的“天人合一”的哲学思想相辅相成，形成了中国茶道美学对“物我玄会”境界的追求。

此外，佛门茶事活动也为茶道表现形式提供了参考。郑板桥有一副对联写得很妙：“从来名士能评水，自古高僧爱斗茶。”佛门寺院持续不断的茶事活动，对提高茗饮技法、规范茗饮礼仪等很有帮助。在南宋宁宗开禧年间，经常举行上千人大型茶宴，并把寺庙中的饮茶规范纳入了《百丈清规》，近代有的学者认为《百丈清规》是佛教茶仪与儒家茶道相结合的标志。

由于佛教推崇饮茶，所以自古以来，精于茶事、通晓煮茶的高僧很多，他们持经品茶，精研茶艺，留下了不少佳话和诗词。高僧们写茶诗、吟茶词、作茶画，或与文人唱和茶事，丰富了茶文化的内容。尤其在唐代，僧人大多好茶，有的僧人甚至吃茶成癖。唐代名僧皎然，人称“诗僧”，是陆羽的至交好友，他爱茶、恋茶、崇茶，平生与茶结伴，正如他诗中所写“俗人多泛酒，谁解助茶香”。“茶圣”陆羽，更是和佛教有着不解之缘。相传，陆羽出生后，因家境贫寒而被弃在河边，被一老和尚拾回，留在寺中抚养长大。陆羽虽非僧人，但成年后时常出没寺院，并与许多僧人保持着真挚的友谊，这也是茶叶与佛教因缘的一段佳话。

二、茶与道教

道教起源于中国，是中国土生土长的宗教。狭义上的道家是指形成于先秦时期的一个哲学流派，老子、庄子是其主要代表，它是道教的思想渊源之一。广义的道家则包含了作为学派的道家和作为宗教的道教。道教的终极目的是长生不死，理想是羽化升仙。为此，道教发展出许多修炼方术，如斋醮、符咒、炼丹、行气、导引、吐纳、服食等。服食又名服饵，是指服食药物以养生，是道教的主要修炼方术之一。道教服食的有金石、草木等药物，以求长生不老。茶就是草木药物中的一种，下能祛病，中能养性，上能延命。正是在养生延年这一点上，茶与道教发生了结合。

道教与茶结缘早于佛教。中国饮茶始于古巴蜀，而巴蜀正是道教的发源地。道教徒很早就接触到茶，并在实践中视茶为成道之“仙药”。传说黄帝在黄山（古名黟山）炼丹修道，因饮茶而羽化成仙。炎帝神农氏是被道教敬奉的农业神，也是华夏子孙心目中的茶祖。在我国历史发展进程中，有许多有名的道教中人都是爱茶之士，并与茶结下了不解之缘。例如，被世人称为葛仙翁或太极左仙翁的葛玄、陶弘景、丹丘子、壶公等人，在潜心向道的过程中都与茶有过千丝万缕的联系，可见道教对饮茶早有深刻认识，并将其与追求永恒的精神生活联系在一起，使茶成为精神文化的一部分，这可谓是道教的首功。

唐代以前，有关道家饮茶、种茶、识茶的记载远多于佛教、儒家。道教徒和道家学说宣扬茶的养生功效，道家对茶和饮茶功效的认识远比儒家、佛教深刻。正是通过两晋南北朝时期道士、方士、玄谈名士对饮茶的宣扬，促进了饮茶的广泛传播和饮茶习俗的形成，也为茶道的形成奠定了思想基础。

道家的“自然”之“道”，一开始便渗透在茶文化的精神之中，其虚静恬淡的本性与茶性极其吻合，而道家的人化自然思想更是对中国茶道影响颇深。人化自然首先表现为在品茶时乐于与自然亲近，在思想情感上能与自然交流，在人格上能与自然相比拟并通过茶事实践去体悟自然规律。这种人化自然，是道家“天地与我并生，而万物与我合一”思想的典型表现。所以在中国茶人的眼里，自然的万物都是具有人的品格、人的情感，并能与人进行精神上相互沟通的生命体。大自然的一山一水一草一木都显得格外可爱，格外亲切。人们在品茶时寄情于山水，忘情于山水，心融于山水，平添了茶人品茶的情趣。

当然，道士们品茶，也种茶。但凡道教宫观林立之地，也往往是茶叶盛产之地。道士们于山谷岭坡处栽种茶树，采制茶叶，以饮茶为乐，提倡以茶待客，以茶为祈祷、祭献、斋戒甚而“驱鬼妖”的供品之一。

三、茶与儒学

中国的茶文化能成为一种极其广泛和普遍的社会文明，成为人们精神生活的重要部分，与它能深入到社会的各个层次有很大关系。无论是宫廷的茶宴、士大夫的茶会，还是市民的茶饮、乡间的茶俗，或是僧侣的茶禅、隐逸者的茶趣都和儒家茶文化及其思想有极大关系，它们基本上是以儒家观念为指导的，所以可以认为儒家文化是中国茶文化的核心。

儒家文化的思想，主要体现在礼教及其“中庸之道”“中和”哲学或“中”的境界上。

儒家茶人及其茶文化也无不体现了这种精神。在茶人的心目中，茶之为物，是最为高贵醇厚的，而茶人茶事也须相应地纯洁平和。可以说在漫长的茶文化发展过程中，儒家的中庸之道及廉耻中和的精神一直是茶人自觉贯彻并追求的哲理境界和审美情趣。陆羽在《茶经·一之源》中就指出“茶之为用，味至寒，为饮最宜精行俭德之人”，把饮茶作为“精行俭德”进行自我修养，锻炼志向，陶冶情操的重要环节。这里倡导了一种茶人之德，宜俭宜廉，也就是一种理想人格。

儒家茶文化代表着一种中庸、和谐、积极入世的儒教精神，其间蕴含的宽容平和与绝不强加于人的心态，茶道以“和”为最高境界，亦充分说明了茶人对儒家和谐或中和哲学的深切把握。实际上，儒家茶文化所注重的人格思想，所谓高雅、淡洁、雅志、廉俭等，都是儒家茶人将中庸、和谐引入茶文化的前提准备，只有好的人格才能实现中庸之道高度的个人修养，才能导致社会的完美和谐。通过饮茶，营造一个强化人与人之间和睦相处的和谐空间，这简直是一种绝妙的想法，然而它却代表了儒家茶文化真实的理想。儒家是入世的，而又是以一种平和、儒雅、谦恭的形象入世的，而茶文化这种特殊的文化形态，却比其他任何形态的文化都更能具体而实在地造就这种精神和形象。

儒家的“和”与“敬”及其人生态度，也是儒家茶文化中的一个重要范畴。客来敬茶就是儒家思想主诚、主敬的一种体现。儒家正是以自己的“茶德”作为茶文化的内在核心，从而形成了民俗中的一套价值系统和行为模式，它对人们的思维乃至行为方式都起到指导和制约作用，充分再现了儒家茶文化的化民成俗之效，推动了茶文化的全面兴盛与发展。

儒家茶文化也讲“道”，但这已并非完全意义的“自然”之“道”，而是“以茶利仁”之道，故儒家茶文化同样讲“以茶可行道”。儒家从“洁性不可污”的茶性中吸取了灵感，应用到人格思想中，他们认为饮茶可自省、可审己，只有清醒地看待自己，才能正确地对待他人。

茶与儒教的融合，衍生出茶文化来；茶与道教融汇，派生出养生之道来；茶与佛教混合，使饮茶溢出禅意来。长久以来，形成了茶礼、茶德、茶俗、茶道乃至茶宴、茶禅、茶食等道德风尚和民俗风情。饮茶可以解热止渴、消食除毒、益思少睡、兴奋解倦、清肺化痰、利尿明目、灭菌疗疾、增加营养，功效很多，茶叶的这些作用见于古籍，载于《本草》，并为现今科学所证实。所以，茶既是人们物质生活的饮料，也是人们精神生活的一大享受，是人们文化艺术的一种品赏。

中国茶文化是一个“多媒体”，渗透着佛家的禅机、道家的清寂、儒家的理念。佛茶虽然最初是为了养生、清思，但禅宗使佛学精华与茶文化互相结合，佛理与茶理真正贯通，禅的哲学精神与茶的深蕴内涵融为一体。最早以茶自娱的道家，虽然是先从药理出发认识茶的，但当饮茶后的神清气爽与道家修炼的主张内省沟通后，道家从饮茶中得到自身与天地宇宙合为一气的真切感受，饮茶主要是为了“探虚玄而参造化，清心神而出尘表”（朱权《茶谱》），所以强调创造饮茶的美学意境，进而发掘了茗茶艺术中的深刻哲理。儒家观念是中国茶文化的思想主体，诸如饮茶与中庸、和谐的伦理道德相关连，民间茶俗与气氛欢快浓重的儒家乐感文化相沟通，养廉、雅志、励节与积极入世的操守，秩序、仁爱、敬意与友谊的规范，无一不在其中，甚至饮茶可以蕴含兴邦治国之道。从“茶之味”到“人生之味”，进而到“宇宙体味之味”，这就是饮茶时所展现的三重境界。

小资料 7-1

茶德

“茶德”最早出现在唐代刘贞亮的《茶德》一文中，他以儒教精神为中心将茶叶赋予了“十德”，即以茶散闷气、以茶驱腥气、以茶养生气、以茶除疠气、以茶利礼仁、以茶表敬意、以茶尝滋味、以茶养身体、以茶可雅志、以茶可行道。至今这“十德”仍被茶人们认可。

点评：“茶德”即人德，是茶人们通过茶饮活动所能感受的生活真理。茶叶自被人类发现、利用起就被赋予了人类的精神内涵，从古至今人们以茶行道、以茶喻世、以茶律己，可谓茶中有人生百味。

第二节　茶与茶书

一、茶书的类型

茶之有书，始于我国。茶文化绵延人类发展历史，从古代文化典籍中，各朝代不少文人雅士、爱茶人对我国茶道、茶礼、茶艺、茶俗、种茶、制茶、用茶等均作了经典论述，真实地记录了我国茶业发展的历程。我国茶书，始见于唐。唐代是我国多民族中央集权制的封建国家的鼎盛时代，也是我国茶叶和茶叶生产技术获得空前发展的一个时代，饮茶也逐渐从南方向北方扩大。唐代陆羽撰写的《茶经》是世界上第一本系统论述茶的书。从《茶经》问世以来，据不完全统计，中国目前已知的古代茶书有 120 余种。其中既有内容翔实的理论专著，又有通俗易懂的普及读物；既有严谨实用的科技书籍，又有引人入胜的文学读物；既有系统全面的综合著作，又有某一事项的专题论述。按撰著内容可分为以下 4 种类型：

（一）综合类茶书

这类茶书主要论述茶树植物学形态特征、茶名汇考、茶生态环境条件、茶的栽培、茶叶的采制、茶的烹煮、茶具茶器、饮茶风俗、茶史茶事等。代表书籍有：陆羽的《茶经》，宋徽宗赵佶的《大观茶论》，朱权的《茶谱》，许次纾的《茶疏》，罗廪的《茶解》，屠本峻的《茗笈》。

（二）地域类茶书

这类茶书主要论述与茶相关的产地、名茶、贡品沿革，以及茶叶的采、拣、茁、榨、研、熔等工序。代表书籍有：丁渭的《北苑茶录》，宋子安的《东溪试茶录》，赵汝砺的《北苑别录》，熊蕃的《宣和北苑贡茶录》，熊明遇的《罗芥茶记》，周高超的《洞山芥茶系》，冯可宾的《茶笺》，陈锶的《虎立茶经注补》和程清的《龙井污茶记》。

（三）专题类茶书

这类茶书讲述与茶相关的水、技、具等。代表书籍有：张又新的《煎茶水记》，田艺蘅的《煮泉小品》，徐献忠的《水品》，苏虞的《十六汤品》，蔡襄的《茶录》，徐渭的《煎茶七类》，黄儒的《品茶要录》，陶谷的《茗辨录》，陈继儒的《茶话》，夏树芳的《茶董》，沈立的《茶法易览》和沈括的《本朝茶法》。

（四）汇编类茶书

这类茶书主要把多种茶书合为一集，或是摘录散见于史籍、笔记、杂考、字书、类书等资料，分类编辑而成。代表书籍有：喻政的《茶书合集》，刘源长的《茶史》，余怀的《茶史补》和陆延灿的《续茶经》。

二、历史上重要的茶书

在古代茶书中，唐至五代时期共有13余种，唯有陆羽的《茶经》最为经典。宋、元两代有茶书31种左右，除宋徽宗赵佶的《大观茶论》外，出现了蔡襄著的茶艺专著《茶录》，审安老人的《茶具图赞》，以及沈括的《本朝茶法》和沈立的《茶法易览》等，记载了这一时代茶业生产的兴盛和品饮艺术的探索。《大观茶论》记载了程序繁复、要求严格、技巧细腻的宋代斗茶；丁渭的《北苑茶录》，记载了北苑园焙之数和图绘器具，以及叙述采制入贡法式；蔡襄的《茶录》记载了斗茶时色香味的不同要求，提出斗茶胜负的评判标准，追求整合技巧和审美内涵的统一，都是当时有影响的茶书。明代出书近70种，是中国古代茶书数量最多的时期，张源的《茶录》、许次纾的《茶疏》、朱权的《茶谱》和田艺蘅的《煮泉小品》等著作都是当时作者精研之作。其中朱权《茶谱》论“清饮之说”，把品茗作为表达志向和修身养性的方式，贯穿着求真、求美、求自然的追求，其所持之说，被称为“朱权茶道”，并予日本茶道以影响。明代茶书关于茶具艺术和烹茶技艺的载录，更多地表现出创新精神。而清代虽然饮茶更为平民化、更为普及，但200多年间仅有茶书17种，与明代不可同日而语，并且原创性茶书甚少，多为摘抄汇编性书籍。下面介绍一下在历史上比较重要的几本茶书。

1.《茶经》

陆羽的《茶经》是中国和世界关于茶的第一部专著。全书分为上中下3卷，七千余字，从茶之源、茶之具、茶之造、茶之器、茶之煮、茶之饮、茶之事、茶之出、茶之略、茶之图10个方面分别叙述总结了唐及唐以前的茶事。在《茶经》中，陆羽系统地从茶的形态特征、字源、名称、药效、采制用具、制法、烹饮器具、煮茶方法、品饮技艺、唐前史记茶事以及唐时茶叶产地和品质特点作了综述。他提出了采制茶叶的15种工具和烹茶需用的24器，总结了种茶、采茶、制茶、煮茶的技术经验，论述了历史上与茶有关的任务、故事、史实，同时提出了“精行俭德”的茶道思想。《茶经》是唐代及其之前上至帝王宫廷，下至百姓平民、文人雅士、佛门寺院等崇尚饮茶的系统的总结。具体内容为：

（1）一茶之源　茶的起源，讲述茶树的性状、生长环境、茶字及称呼，采摘制法与用法功效。陆羽在讲述茶的起源时，直接明了地写到茶是生长在南方的嘉木，文中形象地描述了茶的生物学性状：“茶者，南方之嘉木也。一尺、二尺乃至数十尺。其巴山峡川，看两人合抱者，伐木掇之。其树如瓜芦，叶如栀子，花如白蔷薇，实如耕榈，茎如丁香，根如胡桃。”在谈到茶字时，“或从草，或从木，或从草木并”。从草，即为茶。对茶的生长环境、种植方法、采摘标准和茶叶的等级均作了准确的说明，其中茶树的生长环境、对茶树的管理、种植方法至今对生产仍有指导意义。

（2）二茶之具　制茶的工具。陆羽在“茶之具”中列举了籝、灶、釜、甑、杵臼、规、承、檐、芘莉、扑、焙、贯、棚、穿、育等，以下茶具至今还可见到。

籝：主要是用竹编织而成的篮，用于采茶。

灶：无烟的灶，与现存的云南少数民族生活用灶相同。

甑：古代用于蒸食物的炊器，类似于现代的蒸锅，用于茶叶通蒸，除去青草气，保持茶叶的绿色。

焙：干燥茶叶的房子，在云南普洱茶加工中用。

贯：穿茶叶的竹签或木签，少数民族焙制茶叶用。

（3）三茶之造　有关茶叶的制造，陆羽讲得很清楚：“晴，采之，蒸之，捣之，拍之，焙之，穿之，封之，茶之干矣。”茶叶从采摘到制造结束是一个连续的过程，这与今天加工名优茶叶的工艺要求是一致的，如果其中某个环节不当，则会出现“宿制者则黑，日成者则黄”的情况。当今我们在制造茶叶时，2 月份、3 月份、4 月份一芽二叶以上的茶叶品质是一年中最好的，价格也是最高的。

（4）四茶之器　陆羽在“茶之器”中列出了唐朝时茶事所用的 24 种器具，如风炉、筥、炭挝、交床、火策、纸囊、碾、罗合/则、水方、漉水囊、瓢、鍑、夹、竹荚、鹾/簋/揭、熟盂、碗、畚、札、涤方、滓方、巾、具列、都篮。这些器具在今天的茶艺、茶道中大部分都在使用，仅仅是随时代发展形势有所改变而已。

（5）茶之煮　陆羽从炙茶、煮茶、用炭、择水、酌茶等方面对煮茶的方法作了详尽的论述。炙茶中讲求火候，煮茶时烧煮用炭极为讲究，用陈旧或不适宜的木柴烧煮茶叶会使茶叶味道受影响，煮茶时都要特别注意。对于煮茶的水，陆羽总结道：“用山水上，江水中，井水下。”“其山水，拣乳泉、石池慢流者上；其瀑涌湍漱，勿食之，久食令人有颈疾。又多别流于山谷者，澄浸不泄，自火天至霜效以前。”煮茶水温的掌握也很重要，陆羽把煮水过程形象地做了论述：“其沸如鱼目，微有声，为一沸。”缘边如涌泉连珠，为二沸。腾波鼓浪，为三沸。已上水老，不可食也。”

煮茶的方式方法《茶经》中也作了极为客观科学的说明，“第一煮水沸，而弃其沫。之上有水膜，如黑云母，饮之则其味不正”，这与今天我们冲泡茶时第一次润茶（洁茶）快速弃除、刮沫、淋盖所起的作用完全一致。

（6）六茶之饮　有关茶叶的品饮，陆羽认为茶有九难“一曰造，二曰别，三曰器，四曰火，五曰水，六曰炙，七曰末，八曰煮，九曰饮”。陆羽提出煮茶应把握好这 9 个方面，即制好茶，选好茶，配好器，选好燃料，用好水，烤好茶，碾好茶，煮好茶，饮好茶。品饮茶叶是极其讲究的，没有精茶，好的味觉、嗅觉、视觉，精美的茶具，恰如其分的火，甘洌鲜活的水，冲泡茶叶的技巧以及品饮茶的方法和形式，是谈不上品茶的。包括品饮人数都直接影响着品饮的效果，这也正是品饮茶的内在含义。

（7）七茶之事　陆羽在“茶之事”中对当时所能见到的书籍中与茶有关的材料做了详尽的摘录，代表书籍有《神农食经》《宋雅》《广雅》《三国志》《神异论》《食论》《尔雅注》《杂录》等 40 余部，涉及人物有炎帝神农氏、鲁周公旦、齐相晏婴、仙人丹丘子、黄山君等。

（8）八茶之出　茶叶的出处。陆羽在《茶经·八之出》中提到茶出自山南、淮南、浙南、剑南、浙东、黔中、江南、岭南等地，包括今天的四川、重庆、湖北、湖南、陕西、安徽、江西、浙江、江苏、福建、贵州等省（区），唯独未提及云南。张顺高认为，主要是陆羽著《茶经》时云南属南诏国，未在唐版地图中的缘故。

（9）九茶之略　告诉人们哪些茶具、茶器可以省略。根据实际情况要因地制宜，因时制宜，因人制宜，因茶制宜。

（10）十茶之图　教人用绢写成《茶经》悬挂。

2.《大观茶论》

《茶经》问世以后，相继出现了多种茶文化专著，其中《大观茶论》就是一部具有代表性的茶学著作。《大观茶论》原名《茶论》，是宋徽宗赵佶所做的茶书，因成书于大观元年，故后人称之为《大观茶论》。全书共20篇。。

宋徽宗赵佶（1082—1135）是神宗的第11子，北宋第8任皇帝。赵佶多才多艺，却治国无方。他在位期间疏于朝政，政治腐朽黑暗，但他精通书画、音律等，对茶艺也颇为精通。御笔著茶书在我国历代君王中是仅有的一个。他自己嗜茶，也提倡人们饮茶。他认为茶是灵秀之物，饮茶令人清和宁静，享受芬芳韵味，宋代斗茶之风盛行，制茶之法益精，贡茶之品繁多，与赵佶的爱茶关系密切。

《大观茶论》包括序、地产、天时、采择、蒸压、制造、鉴辩、白茶、罗碾、盏、筅、瓶、杓、水、点、味、香、色、藏焙、品名和外焙等20项，比较全面地论述了宋代茶业、茶道的发展情况、茶叶的特点和当时茶事的各个方面。全书两千八百余字，其中对采摘、制作、品尝、烹煮的论述最为精辟，它反映了北宋茶业和茶文化的发展，至今仍有参考价值。

3.《茶疏》

《茶疏》为许次纾（1549—1604）撰写于明万历二十五年（1597），主要从茶的产地、制茶之法、收藏、用水、器具选择、煮茶方法、品饮、环境、饮茶不宜之事、茶礼等诸多方面进行了论述，被誉为“深得茗柯至理，与陆羽《茶经》相表里”。

许次纾，字然明，号南华，明钱塘人。足跛但能文，好蓄奇石，好品泉，对茶颇有研究，又得到过姚绍宪的指导，因此深得茶之至理。

古代茶书记载了中国不同历史阶段茶叶的发展，同时也阐述了中国茶文化的精神、历代利用茶的经验，仍然对今天茶学的发展起着直接或间接的作用。

小资料 7-2

何调“五调”？

“五调”是指佛教禅宗做禅时的一种修习方法，即指调身、调息、调心、调食、调睡眠。

第三节　茶与文学

所谓茶文学，是指与茶有关的文学作品。作品中的主题不一定是茶，但其中一定有歌咏茶或描写茶的优美片段，这些都可视为茶文学。茶文学的内容包括了茶诗、茶词、茶联、茶谚、茶谜、茶的小说……据统计，仅关于茶的诗词，自唐至近代有 2 000 首以上，而其他文学体裁中涉及茶的更是数不胜数了。

一、茶诗词

在我国古代的典籍文献中，记载有大量的茶诗、茶词、茶曲、茶赋、茶画、茶书法、茶的传说故事、茶谚、茶歌、茶舞、茶戏剧等。从这些茶文学作品中可以看出我国茶业发展的历史。我国饮用茶叶的时间很早，但直到唐代以后，茶业才得到全面发展，茶文学也有了灿烂的成果。茶之所以能与各类文化联姻，有多方面的原因：茶具有清幽儒雅品格，是清醒头脑、陶冶性情的朋友，中唐以后的文人以茶叙友已是寻常之举；茶能助文思，助诗兴，吟着诗饮茶也更有味道。因此，中国大文人很少不与茶结缘的，茶成为诗人、文学家们进行文学创作不可缺少的物品。我国历代著名的诗人几乎都写有茶诗。其中比较有代表性的有：

1．李白

李白曾游于金陵，遇族侄僧中孚，得以品饮叶如手状的仙人掌茶，问之则曰出自荆州玉泉寺，传说饮用之后能还童振枯。于是诗兴大发，为后代茶人留下一首《答族侄僧中孚赠玉泉仙人掌茶并序》诗。全诗如下：

尝闻玉泉山，山洞多乳窟。仙鼠白如鸦，倒悬清溪月。
茗生此中石，玉泉流不歇。根柯洒芳津，采服润肌骨。
丛老卷绿叶，枝枝相接连。曝成仙人掌，似拍洪崖肩。
举世未见之，其名定谁传。宗英乃禅伯，投赠有佳篇。
清镜烛无盐，顾惭西子妍。朝坐有余兴，长吟播诸天。

诗中先介绍了茶的出处，并营造出一个神秘的玉泉山洞的神仙境地，玉泉洞中乳水长流，滋养着一些神奇而又长生的动物，如仙鼠等。在这芳津乳水边生长出的茶树采摘下的茶叶，其效用名贵可想而知了。这种茶叶枝枝相交，叶叶相连，制成之后，如仙人手掌之状。品饮之时，似乎有一仙人正徐徐抚慰着你的心胸。诗中对仙人掌茶的产地、出处、品质效用等都有具体详细的描述，因而这首诗也就成为后人研究茶叶的重要的历史资料和咏茶名篇之一了。

2．僧皎然

僧皎然俗姓谢，字清昼，湖州（今浙江吴兴）人，南朝谢灵运十世孙。僧皎然是唐朝著名诗僧，他善烹茶，作有茶诗多篇。他的《饮茶歌诮崔石使君》，赞誉剡溪茶清郁隽永的香气，甘露琼浆般的滋味，并生动地描绘了一饮、再饮、三饮的感受，与《卢仝茶歌》有异曲同工之妙。全诗如下：

越人遗我剡溪茗，采得金牙爨金鼎。
素瓷雪色缥沫香，何似诸仙琼蕊浆。
一饮涤昏寐，情来朗爽满天地。
再饮清我神，忽如飞雨洒轻尘。
三饮便得道，何须苦心破烦恼。
此物清高世莫知，世人饮酒多自欺。

愁看毕卓瓮间夜，笑向陶潜篱下时。
崔侯啜之意不已，狂歌一曲惊人耳。
孰知茶道全尔真，唯有丹丘得如此。

诗中首先描写了茶叶生长的外在环境，继之以素瓷茶杯及一抹仙香铺陈场景，茶未饮、人犹醉！诗人言第一饮“涤昏寐”，第二饮“清我神”，第三饮“便得道”，由浅入深，由消极的去除俗念，到积极的锐利精神，再到悟得真道，层次井然，不仅以灵活的比喻写出茶对于世人的醍醐之效，实际上也间接地表达了作为一个文人的终身理想，尤其是诗人诉诸毕卓、陶潜的隐世传奇，更明显呈现其自清自许的心迹。最后两句是对崔氏的赞美语，今人观之便罢。

3. 白居易

白居易字乐天，山西太原人，生于唐代宗大历七年（772）。白居易的诗文俱佳，尤以诗为后人所称颂，是中唐时期社会写实诗的健将，在他留世的两千八百多首诗作中，大约有 60 首诗是和茶有关的。在他的诗作中写有早茶、午茶、晚茶，更有饭后茶、寝后茶，可说一天到晚茶不离口，是一个爱茶且精通茶道、识得茶味的饮茶大行家。

白居易爱茶，每当友人送来新茶，往往令他欣喜不已，白居易是怎样吃茶的呢？唐宪宗元和十二年，白居易在江州做司马，清明过后不久，好友忠州刺史李宣布寄给他寒食禁火日前的新蜀茶，生病中的白居易感受到友情的温暖，欣喜莫名，就动手碾茶、勺水、候火、下末……品尝新茶为快，并且写下《谢李六郎中寄新蜀茶》诗：

故情周匝向交亲，新茗分张及病身。
红纸一封书后信，绿芽十片火前春。
汤添勺水煎鱼眼，末下刀圭搅麹尘。
不寄他人先寄我，应缘我是别茶人。

诗中第五、六句“汤添勺水煎鱼眼，末下刀圭搅麹尘”是吟咏点茶时事，与陆羽《茶经》所记煮茶法是相同的。所谓“鱼眼”即“鱼目”，是指汤沸腾的第一阶段，此时水面上浮出如鱼目般的小泡泡，并发出些微声音。因此，白居易诗中的“煎鱼眼”是指自汤一沸阶段到更沸腾的阶段，亦即进入二沸、三沸的阶段。而“汤添勺水”，即前录《茶经》所言，在二沸阶段舀出一瓢水，于三沸“势若奔涛溅沫”时浇入，这样就可稍微止其沸腾，使其生成华。而“末下刀圭搅麹尘”的“末”，是指将饼茶碾成粉末的意思。作成末的器具，若据《茶经 • 四之器》所言则是“碾”。“圭”是指掏取粉的“匙”，相当于《茶经 • 四之器》的“则”。“麹尘”是指黄色的茶末。“末下刀圭搅麹尘”就是说用刀圭掏取已碾成粉末的茶，投入时搅拌，相当于《茶经》“量末当中心而下”之意。白居易的吃茶法和《茶经》所语，大致是相同的。

白居易任职江州司马时，还曾辟园种茶。江州地近庐山，白居易非常喜欢东西二林间香炉峰下的云水泉石，曾筑草堂于此，茶园便在草堂旁。他有《香炉峰下新置草堂，即事咏怀题于二石上》诗，有“架岩结茅宇，斫壑开茶园”的诗句。诗人在山上，结茅而居，辟茶园，听飞泉，赏白莲，饮酒弹琴，仰天长歌，感到舒泰而自足。

穆宗长庆二年，白居易调到杭州任刺史，两年任内，他钟爱西湖的湖光山色，香茗甘泉，常邀请诗僧吟咏品饮，留下了一则与灵隐韬光禅师汲泉烹茗的佳话。诗僧韬光与白居易常有诗文酬答往来。一次白居易以诗邀韬光禅师到城里喝茶，然韬光嫌城里吵嚷，回一首诗拒绝。白居易只得亲自上山访晤，一起品茶吟诗。杭州灵隐韬光寺的烹茗井，相传就是白居易当年的烹茗处。

4．卢仝

卢仝（775—835）自号玉川子，范阳人（今河北涿州）。他才高有节，时人称誉他“志怀霜雪，操似松柏”，唐文宗太和九年（835）“甘露之变”时被误杀于宰相王涯家中，时年仅40岁。继陆羽的《茶经》之后，卢仝以一首《走笔谢孟谏议寄新茶》（也称为《卢仝茶歌》）被后人誉为诗化的《茶经》，堪称茶诗中的经典之作，全诗如下：

日高丈五睡正浓，军将打门惊周公。
口云谏议送书信，白绢斜封三道印。
开缄宛见谏议面，手阅月团三百片。
闻道新年入山里，蛰虫惊动春风起。
天子须尝阳羡茶，百草不敢先开花。
仁风暗结珠琲瓃，先春抽出黄金芽。
摘鲜焙芳旋封裹，至精至好且不奢。
至尊之馀合王公，何事便到山人家。
柴门反关无俗客，纱帽笼头自煎吃。
碧云引风吹不断，白花浮光凝碗面。
一碗喉吻润，二碗破孤闷。
三碗搜枯肠，唯有文字五千卷。
四碗发轻汗，平生不平事，尽向毛孔散。
五碗肌骨清，六碗通仙灵。
七碗吃不得也，唯觉两腋习习清风生。
蓬莱山，在何处？
玉川子，乘此清风欲归去。
山上群仙司下土，地位清高隔风雨。
安得知百万亿苍生命，堕在巅崖受辛苦！
便为谏议问苍生，到头还得苏息否？

诗的内容可分为3部分。开头写谢谏议送来的新茶，至精至好至为稀罕，这该是天子、王公、贵人才有的享受，如何竟到了山野人家，似有受宠若惊之感。中间叙述煮茶和饮茶的感受。由于茶味好，所以一连吃了七碗。吃到第七碗时，觉得两腋生清风，飘飘俗仙，写得浪漫极了。最后，忽然笔锋一转，转入为苍生请命，希望养尊处优的居上位者，在享受这至精至好的茶叶时，知道它是多少茶农冒着生命危险，攀悬在山崖峭壁之上采摘来的。诗人期待劳苦人民的苦日子能有尽头，有喘口气的一天。可知诗人写这首饮茶歌的本意，并不仅仅在夸说茶的神功奇趣，背后蕴藏了诗人对茶农的深切同情。

《卢仝茶歌》通过得茶、煎茶、品茶把中国茶道的审美体验描绘得淋漓尽致，特别是对品茶的感受更是写得出神入化。卢仝用优美的诗句阐述了中国茶道的高雅、神韵、精理和美感以及茶人在品茶时的心理感受，这首诗是继陆羽《茶经》之后的又一文学力作，因而卢仝也被后人尊称为茶仙。自宋以来，《卢仝茶歌》几乎成了人们吟唱茶的典故。嗜茶、擅烹茶的诗人墨客，常喜与卢仝相比，如明人胡文焕的诗句："我今安知非卢仝，只恐卢仝未相及。"品茶、赏泉、兴味酣然时，常以"七碗""两腋清风"代称，如宋人杨万里诗句"不待清风生两腋，清风先向舌端生"，苏轼诗句"何须魏帝一丸药，且尽卢仝七碗茶"。苏轼的《试院煎茶》诗句"不用撑肠拄腹文字五千卷，但愿一瓯常及睡足日高时"。就是化用饮茶歌的诗句而成。卢仝的这首饮茶歌是如何受到世人的仰慕与推崇，由此可知了。

5．元稹

我国诗歌繁荣昌盛，形式也多种多样，有五七言绝句、律诗，有四言古诗，有不拘声韵平仄的歌行古风，还有回文、宝塔等形式。以宝塔体写作的诗歌并非少数，但元稹以宝塔体写就的茶诗传诵千百年的仅有此一首，可说是弥足珍贵了。全诗如下：

茶

香叶，嫩芽。

慕诗客，爱僧家。

碾雕白玉，罗织红纱。

铫煎黄蕊色，碗转曲尘花。

夜后邀陪明月，晨前命对朝霞。

洗尽古今人不倦，将至醉后岂堪夸。

诗前有一小序："以题为韵。同王起诸公送白居易分司东郡作。"也就是说，这首诗是元稹与王起等人为欢送白居易以太子宾客分司东郡的名义去洛阳，元稹在茶宴即席所赋。诗人写了茶（香叶、嫩芽）、茶人（诗客、僧家）、茶具（碾雕白玉、罗织红纱、铫煎、碗转）、茶汤（黄蕊色、曲尘花）、品饮环境（明月夜、朝霞晨），最后又点题而出："洗尽古今人不倦，将知醉后岂堪夸。"以此来安慰好友，此去虽是暂别西京，作客东都，但却也是正如黄鹤杳飞，自由自在。

6．范仲淹

范仲淹是北宋著名的政治家、军事家、文学家。众人都知他的散文《岳阳楼记》名闻天下，其实他还写有一首在茶文化史上与《卢仝茶歌》具同等地位的茶诗《和章岷从事斗茶歌》。

"斗茶"又称为"茗战"，是一套品评、鉴别茶叶优劣的办法，它最先应用于贡茶的选送和市场价格品位的竞争。而后经蔡襄的介绍，朝中上下偕效法比斗，成为一时风尚。每年到了新茶上市时节，茶农们竟相比试各自的茶叶，评优论劣，争新斗奇，竞争激烈。范仲淹在《和章岷从事斗茶歌》中，对当时盛行的斗茶活动，做了非常精彩生动的描述，全诗如下：

年年春自东南来，建溪先暖水微开。
溪边奇茗冠天下，武夷仙人从古栽。
新雷昨夜发何处，家家嬉笑穿云去。
露芽错落一番荣，缀玉含珠散嘉树。
终朝采掇未盈檐，唯求精粹不敢贪。

研膏焙乳有雅制，方中圭兮圆中蟾。
北苑将期献天子，林下雄豪先斗美。
鼎磨云外首山铜，瓶携江上中泠水。
黄金碾畔绿尘飞，碧玉瓯中翠涛起。
斗茶味兮轻醍醐，斗茶香兮薄兰芷。
其间品第胡能欺，十目视而十手指。
胜若登仙不可攀，输同降将无穷耻。
吁嗟天产石上英，论功不愧阶前冥。
众人之浊我可清，千日之醉我可醒。
屈原试与招魂魄，刘伶却得闻雷霆。
卢仝敢不歌，陆羽须作经。
森然万象中，焉知无茶星。
商山丈人休茹芝，首阳先生休采薇。
长安酒价减百万，成都药市无光辉。
不如仙山一啜好，泠然便欲乘风飞。
君莫羡花间女郎只斗草，赢得珠玑满斗归。

诗人运用了夸张手法写斗茶盛事，于是也为它赋予了喜剧色彩。原本是一场患得患失的竞赛，入诗之后，因为有了美感的包装和热闹的动作场面，写出了引人入胜的故事情节。全诗内容分为3部分。首先写这些斗茶的生长环境及采制过程，并点出建茶的悠久历史，即“武夷仙人从古栽”。中间部分描写热烈的斗茶场面，斗茶包括斗味和斗香，比赛在众目睽睽之下进行，所以茶的品第高低都有公正的评价。因此，胜利者很得意，失败者觉得很耻辱。结尾多处用典故，衬托茶的神奇功效，把对茶的赞美推向高潮，认为茶胜过任何美酒、仙药，啜饮后能飘然升天。

7. 苏轼

到了宋代，首屈一指的文人当然是苏轼了，这位诗词文书画无一不能的宋代文化精英对茶也是一往情深。他一生写过的茶诗数以百计，精品也是举不胜举，《次韵寄壑源试焙新茶》就是至今仍为人津津乐道的诗作之一。全诗如下：

仙山灵草湿行云，洗遍香肌粉末匀。
明月来投玉川子，清风吹破武林春。
要知玉雪心肠好，不是膏油首面新。
戏作小诗君勿笑，从来佳茗似佳人。

苏轼用他那独特的审美眼光、审美感受，将茶独具的美比喻为“从来佳茗似佳人”。这是苏轼品茶美学的最高体现，也成为后人评品佳茗的习惯用语。

8. 爱新觉罗·弘历

历代帝王中爱茶好茶者可谓不在少数，但真正能够将自己品茶的独特感受见诸文字的则寥寥无几。但爱新觉罗·弘历则是一个例外，他一生中就曾写了250多首茶诗词。这位自称是“君不可一日无茶”的盛世天子好大喜功，最爱巡游，史书记载就有“六下江南”之说。而六次“南巡”就有4次到过西湖茶区，因而他写有多首与“龙井”有关的茶诗。

其中有代表性的一首是《观采茶作歌》，全诗如下：

火前嫩，火后老，惟有骑火品最好。
西湖龙井旧擅名，适来试一观其道。
村男接鐘下层椒，倾筐雀舌还鹰爪。
地炉文火续续添，乾釜柔风旋旋炒。
慢炒细焙有次第，辛苦工夫殊不少。
王肃酪奴惜不知，陆羽《茶经》太精讨。
我虽贡茗未求佳，防微犹恐开奇巧。
防微犹恐开奇巧，采茶竭览民艰晓。

9．其他茶诗欣赏

喜园中茶生
[唐]韦应物
洁性不可污，为饮涤尘烦；
此物信灵味，本自出山原。
聊因理郡余，率尔植荒园；
喜随众草长，得与幽人言。

尝茶
[唐]刘禹锡
生怕芳丛鹰嘴芽，老郎封寄谪仙家。
今宵更有湘江月，照出霏霏满碗花。

峡中尝茶
[唐]郑谷
簇簇新英摘露光，小江园里火煎尝。
吴僧漫说鸦山好，蜀叟休夸鸟嘴香。
合座半瓯轻泛绿，开缄数片浅含黄。
鹿门病客不归去，酒渴更知春味长。

重过何氏五首
[唐]杜甫
落日平台上，春风啜茗时。
石栏斜点笔，桐叶坐题诗。
翡翠鸣衣桁，蜻蜓立钓丝。

自今幽兴熟，来往亦无期。

对茶

[唐]孙淑

小阁烹香茗，疏帘下玉沟。
灯光翻出鼎，钗影倒沉瓯。
婢捧消春困，亲尝散暮愁。
吟诗因坐久。月转晚妆楼。

茶

[宋]林逋

石碾轻飞瑟瑟尘，乳香烹出建溪春。
世间绝品人难识，闲对茶经忆古人。

咏茶

[宋]苏轼

武夷溪边粟粒芽，前丁后蔡相宠加。
争新买宠各出意，今年斗品充贡茶。
吾君所乏岂此物，致养口体何陋耶？
洛阳相君忠孝家，可怜亦进姚黄花。

尝新茶

[宋]曾巩

麦粒收来品绝伦，葵花制出样争新。
一杯永日醒双眼，草木英华信有神。

水调歌头·咏茶

[宋]白玉蟾

二月一番雨，昨夜一声雷。
枪旗争展，建溪春色占先魁。
采取枝头雀舌，带露和烟捣碎，炼作紫金堆。
碾破春无限，飞起绿尘埃。
汲新泉，烹活火，试将来。放下兔毫瓯子，滋味舌头回。

唤醒青州从事，战退睡魔百万，梦不到阳台。
两腋清风起，我欲上蓬莱。

茗饮

[金]元好问

宿醒来破厌觥船，紫笋分封入晓前。
槐火石泉寒食后，鬓丝禅榻落花前。
一瓯春露香能永，万里清风意已便。
邂逅化胥犹可到，蓬莱未拟问群仙。

尝云芝茶

[元]刘秉忠

铁色皴皮带老霜，含英咀美入诗肠。
舌根未得天真味，鼻观先通圣妙香。
海上精华难品第，江南草木属寻常。
待将肢体侵微汗，毛骨生风六月凉。

二、茶联

茶联即以茶为内容的对联，是茶文化的一种文学艺术兼书法形式的载体。茶联这种高雅的艺术，不仅在茶馆、茶叶店中能看到，在茶道、茶礼中也能见到，以增加高雅古朴、和平宁静的气氛。这些茶联写茶、写水、写器，论茶品、写茶艺、叙茶人，内容涉及茶道，现部分摘录如下：

1）清代著名书画家郑板桥曾为扬州“青莲斋”题茶联：从来名士能评水，自古高僧爱斗茶。

2）明代画家陈道复一日与江南才子唐伯虎结伴出游至一道观，进内不见观主，由一道童用锅煮茶待客。两人品茗间，唐伯虎一时兴起，出对曰：“道童锅里煮茶，不知罐煮。”（“观主”的谐音）陈道复巧对曰：“和尚墙头递酒，必是私沽。”（“师姑”的谐音，江南称尼姑为师姑）

（3）苏东坡访某寺写对联一副，对人情冷暖进行了辛辣的讽刺。联曰：

坐，请坐，请上坐；
茶，敬茶，敬香茶。

此外，还有：

煮沸三江水，同饮五岳茶。
客至心肠热，人走茶不凉。
香飘屋内外，味醇一杯中。
诗写梅花月，茶煎谷雨春。

为爱清香频入座，欣同知己细谈心。
四海咸来不速客，一堂相聚知音人。
汲来江水烹新茗，买尽青山当花屏。
得与天下同其乐，不可一日无此君。
欲把西湖比西子，从来佳茗似佳人。
美酒千杯难成知己，清茶一盏也能醉人。
兀兀醉翁情，欲借斗杓共酌酒，
田田诗客句，闲倾荷露试烹茶。
一杯春露暂留客，两腋清风几欲仙。
大碗茶广交九州宾客，老二分奉献一片丹心。
兰芽雀舌今之贵，凤饼龙团古所珍。
为名忙，为利忙，忙里偷闲，且喝一杯茶去；
劳心苦，劳力苦，苦中作乐，再倒两壶酒来。

三、茶谚

谚语是群众中交口相传的一种易讲、易记而又富含哲理的俗语。我国就流传了很多与茶有关的谚语，现部分摘录于下：

千茶万桑，万事兴旺。
酒满敬人，茶满伤人。
酒喝头杯，茶吃二盏。
茶饭宜清淡，少盐少疾病。
午茶提精神，晚茶睡不宁。
清晨一杯茶，饿死卖药家。
人熟好办事，烟茶不分家。
粮收万担，也要粗茶淡饭。
宁可一日无食，不可一日无茶。
吃饭不宜过饱，喝茶不能太少。
粗茶淡饭能养人，饮食知节少疾病。
吃萝卜，喝姜茶，大夫急得满街爬。
春茶苦，夏茶涩，要好喝，秋露白。
粗茶淡饭少喝酒，一定活到九十九。
饭后饮茶助消化，酒后饮茶能解醉。
千杉万松，一生不空。千茶万桐，一世不穷。

四、茶的小说

在中国的许多优秀古典小说名著中，有很多关于茶的细腻描述，反映出茶在各个时代人民生活中的地位。元末明初施耐庵的名作《水浒传》中，对宋代各阶层人民以茶待客，及当时寺院和城镇开设的茶坊招待顾客等情况有生动的描绘。在吴敬梓的《儒林外史》、刘鹗的《老残游记》、李宝嘉的《官场现形记》等许多作品中，几乎都有关于茶在当时书场、茶馆，以及在喜庆婚丧和官场中应酬等情况的不同表述。

茶在小说中出现得最多的还是在清代曹雪芹的名著《红楼梦》中，全书言及茶的地方竟有两百六十多处，咏及茶的诗词（联句）有十几首。小说所载形形色色的饮茶方式、丰富多彩的名茶品目、珍奇精美的古玩茶具以及讲究非凡的沏茶用水，是我国历代文学作品中记述与描绘最全的，几乎每回都有待茶敬茶的叙述，故而有人说："一部《红楼梦》，满纸茶叶香。"曹雪芹是茶的千古知己，这样说是毫不为过的。

小资料 7-3

"茶圣"陆羽

陆羽（733—804），唐复州竟陵（今湖北天门）人，字鸿渐，季疵，一名疾，号竟陵子，桑苎翁、东冈子。陆羽精于茶道，以著世界第一部茶叶专著《茶经》而闻名于世，因被后人称为"茶圣"。

陆羽原来是个被遗弃的孤儿。唐开元二十三年（735），竟陵龙盖寺住持智积禅师，一天清晨在西湖之滨散步，忽然听到一阵雁叫，转身望去，不远处有一群大雁围在一起，他匆匆赶去，只见一个弃儿蜷缩在大雁羽翼下瑟瑟发抖，智积禅师念一声阿弥陀佛，快步把他抱回了寺庙。随后，智积禅师为给他起名，就以《易》占卦辞，"鸿渐于陆，其羽可用为仪"。于是就给他定姓为"陆"，取名为"羽"，"鸿渐"为字。

陆羽在智积禅师的抚育下，学文识字，习诵佛经，并为积公煮茶伺汤，但就是不肯削发为僧。智积为使陆羽听话，就用杂务来磨炼他，每天让他打扫寺院，清洁厕所，或练泥糊墙，负瓦盖屋，直至放牛120头。陆羽虽然备受劳役，但就是不肯就范。到了11岁时，他乘人不备逃出了寺院，到一个戏班子里作了优伶。陆羽诙谐善辩，虽其貌不扬，而且有口吃的毛病，但他在戏剧中演的丑角幽默机智，常常受到观众的欢迎。陆羽在演出实践中还编写了名为《谑谈》的3卷笑话书籍。

唐天宝五年，即公元746年，河南尹李齐物被贬，到竟陵来当太守，县令为太守接尘，便让戏班子来演出。太守看完后，对陆羽很赏识，于是召见他。赠以诗书，并介绍他到天门西北的火门山邹夫子那里去读书。读书之余，陆羽也为夫子煮茶烹茗。

陆羽20多岁时，便出游到河南的义阳和巴山峡州，耳闻目睹了蜀地彭州、绵州、蜀州、邛州、雅州、泸州、汉州、眉州的茶叶生产情况，后来又转道宜昌，品尝了峡州茶和蛤蟆泉水。公元755年夏天，陆羽回到竟陵定居在东冈村。公元756年，由于安史之乱，关中难民蜂拥南下，陆羽也随之过江。在此后的生活中，他采集了不少长江中下游和淮河流域各地的茶叶资料。

公元760年，他来到浙江湖州与僧皎然同住抒山妙喜寺，结成忘年之交。同时又结识了灵澈、李冶、孟郊、张志和、刘长卿等名僧高士，此间，他一面交游，一面著述，对以往收集到的茶叶历史和生产资料进行汇集和研究。公元780年，陆羽终于定稿完成了世界上第一部茶叶专著《茶经》。

陆羽不仅在总结前人的经验上做出了巨大贡献，而且身体力行，善于发现好茶，善于精鉴水品。例如，浙江长兴顾渚紫笋茶，经陆羽品评为上品而成为贡茶，名振京华。又如对义兴（今江苏宜兴）的阳羡茶，他品饮后认为，芬香甘洌，冠于他境，并直接推荐为贡茶。陆羽又能辩水，同一江中之水，能区分不同水段的品质，他还对所经之处的江河泉水加以排列高下，分为 20 等，对后世影响也很大。

陆羽逝世后不久，他在茶业界的地位就渐渐突出了起来，不仅在生产、品鉴等方面，而且在茶叶贸易中，人们也把陆羽奉为神明，凡做茶叶生意的人，多用陶瓷做成陆羽像，供在家里，认为这有利于茶叶贸易。

陆羽开创的茶叶学术研究，历经千年，研究的门类更加齐全，研究的手段也更加先进，研究的成果更是丰盛，茶叶文化得到了更为广泛的发展。陆羽的贡献也日益为中国和世界所认识。

第四节　茶与艺术

一、茶与民间歌舞

在中国的广大茶区，流传着代表不同时代生活情景的、发自茶农茶工的民间歌舞。现在流行在江西等省的采茶戏，就是从茶区民间歌舞发展起来的。众所周知的《采茶扑蝶舞》和《采茶舞曲》等就是深受人们喜爱的代表作。茶区山乡在采茶季节有“手采茶叶口唱歌，一筐茶叶一筐歌”之说。中华人民共和国成立后，茶农成为茶乡的主人，采茶山歌充满了新的内容，如福建茶区的民歌：“手提篮儿将茶采，一颗嫩芽一颗心。采到东来采到西，采茶姑娘笑眯眯。采满一筐又一筐，山前山后歌欢唱，过去采茶为别人，如今采茶为自己。”此外还有斗茶舞、茶馆中的自娱自乐活动、瑶族青年的茶山对歌等。

二、茶与美术

美术中的绘画、雕塑、建筑等均在茶文化中有所表现，它增加了美术的题材，也增强了美术中的生活气息，对于茶文化来说，又具有一种活跃和丰富的作用。

中国以茶为题材的古代绘画，现存或有文献记载的多为唐代以后的作品，如唐代的《调琴啜茗图卷》、北宋现存最完整的《妇女烹茶画像砖》、南宋刘松年的《斗茶图卷》、明代唐寅的《事茗图》和《陆羽烹茶图》、文征明的《惠山茶会图》、丁云鹏的《玉川烹茶图》、清代薛怀的《山窗清供图》等。

日本以茶为题材的绘画多仿中国画，如《茶旅行》卷图描绘日本历史上每年从宇治向东京进贡茶叶的 12 场景，冈田米山人的《松下煮茶图》则明显能看到对中国山水画和茶事画的仿效，另外西川祐信的《菊与茶》也是杰出的作品。

18 世纪，随着饮茶在欧美的兴起，以茶为题材的画作也陆续见之于西方各国，如爱尔兰画家 N·霍恩的《饮茶图》，摩兰的名画《巴格尼格井泉之茶会》，现藏于维多利亚阿尔培博物馆中的名画《村舍内》，以及苏格兰画家 D·威尔基的《茶桌之愉快》等。又如，美国纽约大都会美术博物院中有关茶的两幅画：一幅为恺撒的《一杯茶》，另一幅为派登的《茶叶》。比利时皇家博物院藏有《春日》《俄斯坦德之午后茶》《人物与茶事》以及《揶揄》等多幅以茶为题材的名画。前苏联列宁格勒美术院（今列宾美术学院）中也挂有艺术家戈基尔的《茶室》画一幅。这些均是深受人们喜爱的茶事名画。

茶文化中的雕塑技艺，主要集中在壶、碗、杯、盏等茶具和团茶、饼茶的形制及饰面上，如宋朝北苑的龙、凤贡茶，其饰面的花纹特别讲究，经常更新。宫中更有在贡茶上加上其他装饰物的活动，其时称之为绣茶。另外，工艺雕塑中的茶事内容例子也很多，如清代雕塑家杜士元的《东坡游赤壁》就刻有一船，船上 7 人风姿各异，船头有一童子在持扇烹茶，茶盘中有 3 只茶杯，清晰可见。至于与茶有关的建筑，主要有茶馆、茶寮、茶室和茶亭等。

三、茶与戏曲

在中国传统戏剧节目中，有不少表演茶事的场面和台词，有的甚至全剧以茶事为背景和题材，如我国传统剧目《西园记》的开场念词就有“买到兰陵美酒，烹来阳羡新茶”句，把观众一下引到特定的乡土风情之中。又如，我国著名作家老舍创作的话剧《茶馆》，全剧以旧时北京裕泰茶馆为场地，通过茶馆在 3 个不同时代的兴衰及其主人以及各种人的遭遇，揭露旧社会的腐败、黑暗和罪恶。这部话剧在国内久演不衰，在巴黎献演后轰动了法国和整个西欧。

茶在国外戏剧中也有反映，如日本电影《吟公主》就是以茶道为主要线索，反映丰臣秀吉时代的“茶道”宗师千利休宣扬“和敬清寂”的茶道精神，反对当时的权贵丰臣秀吉穷兵黩武侵略扩张的政策，最后不惜以身殉道的故事。还有 1692 年英国剧作家索逊在《妻的宽恕》剧本中，就特地插入了关于茶会场面的描述，英国剧作家贡格莱的《双重买卖人》、喜剧家费亭的《七副面具下的爱》中，也都有不少饮茶及有关茶事描写的场面。再如荷兰阿姆斯特丹 1701 年就开始上演的戏剧《茶迷贵妇人》，至今还在欧洲演出。

小资料 7-4

何谓“无我茶会”？

“无我茶会”是台湾陆羽茶艺中心研创的一种茶会形式，从创建到推广流行已有十多年的历史了，曾多次在福建、浙江以及日本、韩国、东南亚等地举办大型“无我茶会”，受到了中外茶人的一致好评。“无我茶会”为茶人自愿参与，具有浓郁的公众活动色彩。举行场地无特殊要求，或在室内，或在室外，只要环境宁静即可。茶人们按照茶会规定的程序自行到会，自行准备茶具、泡茶、奉茶，具有很强的参与性。

第五节 茶与民俗

茶俗是民间风俗的一种，它是民族传统文化的积淀，也是人们心态的折射，它以茶事活动为中心贯穿于人们的生活中，并且在传统的基础上不断演变，成为人们文化生活的一部分。

一、茶与婚俗

在我国历史上，茶被看作是一种高尚的礼品、纯洁的化身，由于茶性不二移，开花时籽尚在，被称为母子见面，表示忠贞不渝，所以在许多与人们生活密切相关的重要场合，茶也被作为一种吉祥的象征物，把茶的内涵上升到精神世界。茶与婚姻的关系就是一例。茶与婚礼的关系，简单来说，就是在婚礼中应用茶作为礼仪的一部分。它起源于唐代，从唐太宗贞观十五年（641）文成公主入藏时，按本民族的礼节带去茶开始，至今已有 1 300 多年的历史了。唐时，饮茶之风甚盛，社会上风俗贵茶，茶叶成为婚姻不可缺少的礼品。宋时，由原来女子结婚的嫁妆礼品演变为男子向女子求婚的聘礼。至元明时，“茶礼”几乎为婚姻的代名词。女子受聘茶礼称“吃茶”，姑娘受人家茶礼便是合乎道德的婚姻，清朝仍保留茶礼的观念，有“好女不吃两家茶”之说，如《红楼梦》中，王熙凤送给林黛玉茶后，诙谐地说：“你既吃了我家的茶，怎么还不做我家的媳妇。”如今，我国许多农村仍把订婚、结婚称为“受茶”“吃茶”，把订婚的定金称为“茶金”，把彩礼称为“茶礼”等。至于迎亲或结婚仪式中用茶，主要用于新郎、新娘的“交杯茶”“和合茶”，或向父母尊长敬献的“谢恩茶”“认亲茶”等仪式。

湓江江口是奴家，郎若闲时来吃茶。
黄土筑墙茅盖屋，门前一树紫荆花。

这是一首优美动人的竹枝词，诗人用了一个请郎喝茶的细节，惟妙惟肖地刻画出了一个智慧、质朴、纯洁的农家少女的可爱形象。读来如见其人，如闻其声，这首爱情诗像一杯甘醇浓郁的香茶令人回味。

在婚礼中用茶为礼的风俗也普遍流行于各民族。蒙古族订婚、说亲都要带茶叶表示爱情珍贵；回族称订婚为“定茶”“吃喜茶”；满族称“下大茶”。侗族定亲，请媒人到姑娘家提亲，并不直接点破，而是对姑娘的父母说：“某某家托我上你家来找碗油茶吃，不知二老意下如何？”姑娘的父母以同样的方式答复说：“啊！那我们就煮油茶吃吧！”媒人通过送过来的油茶判断做媒的成败，若是油茶碗底是凉饭，说明姑娘家对这门亲事冷淡；若是油茶碗底是热饭，说明姑娘及其父母同意这门亲事，媒已做成。下面介绍一些流行于我国各少数民族的饮茶习俗。

（1）求婚茶　云南拉祜族人民，当男方去女方家提亲时必须带去一包茶叶、两只茶罐及其他礼品，而女方家通过品尝男方送来的茶叶质量的好坏，作为了解男方劳动本领高低的主要参考条件。

（2）退婚茶　贵州侗族的男女婚姻由父母决定后，如姑娘本人不愿意，可以用退茶的方式退婚。具体做法是：姑娘悄悄包好一包茶叶，选择一个适当的机会亲自送到男家，对男方的父母讲：“舅舅、舅娘，我没有福分来服侍两位老人家，你们去另找一个好媳妇吧！”说完，把茶叶放在堂屋桌子上，离开男方家，退婚就算结束了。

（3）订婚茶　主要聚居在青海省循化撒拉族自治县和化隆回族自治县黄河谷地，以及甘肃省积石山保安东乡族撒拉族自治县大河家乡一带的撒拉族，男方请媒人说亲经女方家长或姑娘同意后，双方便择定吉日由媒人向女方家送“订婚茶”。订婚茶一般是 4 斤的茯砖茶 1 块、耳坠 1 对以及其他礼品。

（4）定茶　定茶是西北东乡族订婚的一种习俗。过去，东乡人有早婚的习惯。子女长到七八岁时，父母就替他们做主订婚，如果父母早亡，则由亲家伍（族）叔伯、兄长做主。先由男方请媒人到女方家说亲，当女方应允后，男方就要送“定茶”。定茶一般都是几斤细茶，几件衣物，送定茶后，就算正式订婚。东乡人用茶订婚的习俗由来已久。古时，东乡人就有喝茶的习惯，而茶叶要到遥远的南方才有，运输很不方便。有一回，一个东乡商人从南方挖来一株茶树种在自家地里，不久，茶树便干枯而死。后来，他们认为茶树是一种至性不移之物，一旦发芽、生根到长大成树，是不能移植的。否则，茶树将会死去。姑娘嫁人也好比茶树一样，送了定茶以后不许后悔，这就叫一家女不喝二家茶。

（5）送茶包 送茶包是我国西北回族、东乡族、保安族的婚俗。一对青年订婚，先要让媒人去女方家说亲。如女方家同意，媒人便将结果通知男方，男方准备一包茯砖（也有的用春尖或沱茶）用大红纸包封起来，或者用红纸剪成各种花样贴在茯砖上，再用红纸做成两个方盒，装上冰糖、红枣等食品，外用红线扎住，请媒人送到女方家中。至此，男女双方相互了解对方的品性和为人，以便立下是否缔结姻缘的决心。

（6）闹油茶 闹油茶是侗族沿袭已久的婚礼习俗。流行于广西三江平岩，于新娘回门之日的头天晚上举行。当夜幕降临的时候，山寨一些俏皮的后生伢子打扮得整整齐齐来到新娘家。新娘闻知，立即躲进洞房。后生故意把木楼蹬得咚咚响，然后自己动手到炉子里烧起大火。把铁锅烧得通红，丢许多鞭炮进去，炸得满屋子烟雾弥漫。新娘怕弄坏锅灶，只得装出又生气又无可奈何的样子出来打油茶。后生们见目的已达到，马上在房里的凳子上坐得规规矩矩，等着喝茶。新娘将早已备好的花生、芝麻等佐料倒入擂钵。新娘右手拿擂棒，左手扶擂钵，嘭嗵、嘭嗵……一会儿，擂茶就端出来了。按规矩，每人都得喝 3 碗，当喝完最后一碗时，后生们都得掏出一元钱左右，作为“针线钱”放在碗中，送给新娘。

（7）亲婆茶 侗族婚礼中有亲婆茶，也叫新人茶。亲婆即送婆、陪婆，由新娘家选定的上辈姑娘担任，有的 2 位，1 位也行。亲婆茶是指新娘进屋的当天正午，亲婆首先吃甜口茶，用白糖加茶叶，还有米花、麻叶、粑粑、酸姜、红枣子糖、步步高糕点等，每人一份，一般只象征性地吃一点，余下包好，待亲婆返回时全部送上。

（8）红豆茶 红豆茶是侗族象征吉祥如意的喜茶。红豆茶里有好几种食物：一是米花，用白米、糯米倒入油锅里煎开花；二是用炒得焦黄的炒米；三是包谷或黄豆；四是用从坡上摘来的新鲜茶叶。把这些放在一起倒入锅里煮，加上办喜事杀猪的猪血就成了香喷喷的红豆茶。

（9）婚礼茶 藏民把茶叶看作珍贵的礼品。藏民结婚，必须熬出大量色泽红浓的酥油茶来招待客人，以此象征婚姻美满幸福，夫妻相敬如宾，恩爱情深。这种古朴风俗沿袭至今。

（10）陪嫁茶 云南西双版纳的布朗族人举行婚礼这天，男方派一对夫妇接亲，女方派一对夫妇送亲。父母给女儿的嫁妆包括茶树、竹篷、铁锅、布和公鸡、母鸡各 1 对。富裕人家可陪送金银首饰和牛等。不管穷困还是富裕家庭，茶树是绝对不能少的。布朗族人把茶树当作至性不移之物。

（11）合合茶 湖南衡阳一带，闹新房是很有特色的。青年男女涌进张灯结彩的大门，将在门边迎客的新郎新娘连推带搡拉到堂屋里，七手八脚地把他们按在早已准备好的两条板凳上坐下。羞羞答答的新娘在大庭广众之下用背对着新郎。这时，2 位调皮的小伙子，使劲地将新郎扳过 180°，和新娘面对面坐下，膝盖挨着膝盖，不让新娘动弹半点。一位小伙子搬起新娘的左脚，搁在新郎的右大腿上；然后将新娘新郎的右手抬起；扳开他们的拇指与食指，合并成一个长方形。旁边的另外一个人将早就准备好的瓷茶杯放在长方形里，立即注满茶水，让前来道喜的亲朋好友轮流把嘴凑上去喝一口。喝干了，又注上，一边喝，一边说笑话，直到所有的人都喝遍为止。场面热闹有趣。这就是湖南衡阳一带闹新房的合合茶。

今天，除了那些少数民族地区之外，我国某些汉族地区也仍旧保留着茶礼风俗。如浙江省不少乡镇，至今仍颇有陆羽遗风，男女老少嗜茶成风，天天“三饭六茶”，每逢有娶亲嫁女之事，村里人总要登门喝茶以表祝贺。他们还盛行喝“新家婆茶”，讨“新娘子茶”，请“新娘子茶”。未出嫁的姑娘家里，也总是备好茶叶招待未来的女婿。家里女儿越多，茶叶吃得越多，姑娘总是把最好的茶叶给小伙子吃。此外，在大中城市，青年男女如今虽然不再用茶叶作为爱情的媒介，但也经常把茶叶作为礼品相赠。新婚燕尔之时，亲人也免不了用西湖龙井等名茶招待客人，在慢斟细品中，宾主共叙，互相勉励，同祝幸福。至于日常生活中，男女青年饮茶交谈，对茶生情，更是极普遍的一种生活现象。

总之，从古到今，我国的许多地方，在结婚的每一个过程中，往往都离不开茶来做礼仪。

二、茶与祭祀

祭祀是我国古代社会中较婚姻更为经常的一种礼制和生活内容。那么，茶是什么时候开始用来作祭的呢？一般认为，茶是在被用作饮料以后才派生出一系列的次生文化的。也就是说，只有在茶叶成为日常生活用品之后，才慢慢地被用到或吸收到我国礼制包括丧礼之中。

我国以茶为祭，大致是在南北朝时逐渐兴起的。南北朝齐武帝萧赜永明十一年（公元493年）遗诏说：“我灵上慎勿以牲为祭，唯设饼、茶饮、干饭、酒脯而已，天上贵贱，咸同此制。”齐武帝萧颐是南朝比较节俭的少数统治者之一，他提倡以茶为祭，把民间的礼俗吸收到统治阶级的丧礼中，并鼓励和推广了这种制度。晋《神异记》中有这样一个故事：余姚有个叫虞洪的人，一天进山采茶，遇到一个道士，把虞洪引到瀑布山，说：“我是丹丘子（传说中的仙人），听说你善于煮饮，常常想能分到点尝尝。山里有大茶树，可以相帮采摘，希望他日有剩茶时，请留一点给我。”虞洪回家以后，“因立奠祀”，每次派家人进山也都能得到大茶叶。不难看出在二晋南北朝时，茶叶便开始广泛地用于各种祭祀活动了。

古代用茶作祭，一般有3种形式：在茶碗、茶盏中注以茶水；不煮泡只放干茶；不放茶，只置茶壶、茶盘作象征。但也有例外者，如明徐献忠《吴兴掌故集》载：“我朝太祖皇帝喜顾渚茶，今定制，岁贡奉三十二斤，清明年（前）二日，县官亲诣采造，进南京奉先殿焚香而已。”在宜兴县志中也有类似记载。这就是说，在明永乐迁都北京以后，宜兴、长兴除向北京进贡芽茶以外，还要在清明前两日，各贡几十斤茶叶供奉先殿祭祖焚化，祭茶采用焚烧的特殊形式。

我国许多少数民族，也有以茶为祭品的习惯。例如，布依人的祭土地活动，每月初一、十五，由全寨各家轮流到庙中点灯敬茶，祈求土地神保护全寨人畜平安。祭品很简单，主要是茶。

祭祀活动中以茶作祭品，可以说是茶文化发展过程中衍生出来的一种带封建迷信的副文化，但却真实地反映了人类的历史现象。

三、中国各地饮茶习俗

从史料记载看，中国的饮茶历史最早，也最懂得饮茶的真趣。“客来敬茶，以茶代酒，用茶示礼”历来是我国各民族的饮茶之道。我国是一个多民族国家，共有56个兄弟民族，由于所处地理环境和历史文化的不同，以及生活风俗各异，使每个民族的饮茶风俗也各不相同。在生活中，即使是同一民族，在不同地域，饮茶习俗也各有千秋。因此就有了“千里不同风，百里不同俗”的说法。各民族在长期传统的生活方式中，形成了丰富多彩的饮茶习俗，藏族的酥油茶、白族的三道茶、土家族的擂茶、蒙古族的奶茶和傣族的竹筒香茶等，无不显示出各民族浓郁的文化色彩。

中国地域辽阔，人口众多，民族众多，饮茶习俗千姿百态，各呈风采。一般来说，北方人爱喝花茶，江南人流行喝绿茶，岭南人喜饮乌龙茶，至于中国的各少数民族，其饮茶风俗更是丰富多彩。

1．汉族的饮茶方式

汉族的饮茶方式，大致有品茶、喝茶和吃茶之分。古人饮茶重在“品”，近代饮茶多为“喝”，至于“吃”，则为数不多。品茶，重在意境，以鉴别茶叶香气、滋味和欣赏茶汤、茶舞、茶色为目的。品饮时，得细品慢啜，“三口方知真味，三番才能动心”。《红楼梦》第四十一回“贾宝玉品茶栊翠庵”中，妙玉借用当时的流行俗语：“一杯为品，二杯即是解渴的蠢物，三杯便是饮驴了。”此话虽然过于偏激，但也说明了品茶重在欣赏，细细品味，注重精神享受，解渴倒是次要。如果是手捧大碗急饮，只能称之为喝茶了。

汉族人民饮茶的主要方式是清饮，其方法就是将茶直接用开水冲泡，无须在茶汤中加入姜、椒、盐、糖等佐料调味，属纯茶原汁本味饮法。在汉族人心目中，凡有客自远方来，或者是在一些重大的场合，尽管招待规格有高低之分，但清茶一杯总是不会少的。至于工作期间，饭前饭后，都免不了清茶一杯，自娱自乐。而最有汉族饮茶代表性的，则要数品龙井、啜乌龙、吃盖碗茶、泡九道茶和喝大碗茶了。

（1）品饮龙井茶　龙井茶向以“色绿、香郁、味甘、形美”四绝著称，与其说它是一种饮料，还不如说它是一种艺术珍品，“其贵如珍，不可多得”。品饮龙井茶，首先要选择一个幽雅的环境。其次要学会龙井茶的品饮技艺。沏龙井茶的水以80℃左右为宜，泡茶用的杯以白瓷杯或玻璃杯为上，泡茶用的水以山泉水为最。每杯撮上3～4克茶，加水7～8分满即可。品龙井茶时，应先慢慢提起清澈透明的玻璃杯或白底瓷杯，细看杯中翠芽碧水，交相辉映，一旗（叶）一枪（芽），簇立其间；两三分钟后将杯送至鼻端，深深吸一口龙井茶的嫩香，叫人清心舒神，细细品味，清香、甘甜、鲜爽之味应运而生，妙不可言。正如清人陆次云曰：“龙井茶真者，甘香如兰，幽而不冽；啜之淡然，似乎无味。饮过后觉有一种太和之气，弥沦于齿颊之间，此无味之味，乃至味也。”

（2）啜乌龙茶　乌龙茶是产于福建、台湾、广东等省的半发酵茶叶，乌龙茶采用独特的采制技术，风味自成一体，泡茶技术讲究，品饮方法别致。其中最具代表性的要数潮汕工夫茶的品饮方法。所用茶具，人称“茶室四宝”：一是玉书碨（烧水壶），多为扁形赭褐色，显得既朴素又淡雅；二是潮汕风炉（燃木炭的火炉）；三是孟臣罐（紫砂壶），大如香瓜，小若拳头；四是若琛瓯（茶杯），只有乒乓球那么大，一般只能容纳4～8毫升的茶汤。

泡茶用水应选择甘冽的山泉水，而且必须做到沸水现冲。经温壶、置茶、洗茶、冲泡、斟茶入杯，便可品饮。啜茶的方式更为奇特，先要举杯将茶汤送入鼻端闻香，只觉浓香透鼻。接着用拇指和食指按住杯沿，中指托住杯底，举杯倾茶汤入口，含汤在口中回旋品味，顿觉口有余甘。一旦茶汤入肚，又觉鼻口生香，咽喉生津，回味无穷。这种饮茶方式，其目的并不在于解渴，主要在于鉴赏乌龙茶的香气和滋味，重在物质和精神的享受。

（3）吃早茶　吃早茶是广东人独特的饮食习俗。茶点，即茶水与点心。茶有红茶、绿茶、乌龙茶、花茶、元堡茶等种类，点心的种类就更多了，最常见的是各种包子，如叉烧包、水晶包、虾仁小笼包、蟹粉小笼包，以及其他各类干蒸烧卖、各种酥饼，还有鸡粥、牛肉粥、虾仁粉、云吞等。很多当地人清晨起床以后，在开始一天的工作、生意之前，来到茶楼，吃名茶美点（早点），既解决了早餐，也是一种绝妙享受。

当然，茶楼并不仅仅是为早茶才开的。茶客从早到夜总是不断，茶楼多是早上 5 点多钟开门迎客，直到午夜才收市。在广东，饮茶有“礼节”，服务员倒茶时，客人一般以食指和中指轻扣桌面表示谢意。传说这一风俗源于乾隆皇帝下江南，微服出巡。一次扮作仆从的皇帝给扮作主子的随从斟茶，随从感恩戴德、惊恐万状，本应下跪叩拜，但又怕暴露了皇帝身份，于是灵机一动，遂以两指微屈，轻扣桌面代之叩礼，并一直沿袭至今。

当客人需要续水时，只要把壶盖打开，服务员便会意而来。关于这一礼仪的由来，相传是过去有一富商到茶楼饮茶，叫堂倌给他加水，堂倌刚把壶盖打开，他大叫一声，赖称壶中有只价值千金的画眉给堂倌放飞了，定要茶楼赔偿。老板无奈之下，从此规定，茶客凡要加水者，自己打开壶盖，以防有诈。时至今日，这个习惯动作已成为茶客要加水的示意信号，无须叫唤服务员了。

此外，广东地区还流行一种凉茶，是广东特有的一种茶，具有清凉散热、解暑去湿的功效，起到保健止渴作用。广东凉茶，主要成分是夏枯草、冬桑叶、野菊花、绵因陈、崩大碗、岗梅、车前草、地胆头、水翁花、金银花、紫苏、薄荷、布渣叶、半边莲等。卖凉茶主要有 3 种形式。第一类是药店，出售制造凉茶的大小包或干品，顾客买回后煎服，或用开水冲服。第二类是凉茶店，除了销售干品的大茶包以外，为了方便群众，他们还在通衢大道设肆贩售已经煲好的现成凉茶，供过客和街坊饮用。第三类是凉茶档，多为个体摊档，一般多是向药店购回凉茶包，也有自购草药配制的，经过加工煎制，以瓷碗或水杯出售。

（4）喝大碗茶　喝大碗茶的风尚，在汉民族居住地区随处可见，特别是在大道两旁、车船码头、半路凉亭，直至车间工地、田间劳作，屡见不鲜。自古以来，卖大碗茶被列为三百六十行之一。这种饮茶习俗在我国北方最为流行，尤其早年北京的大碗茶更是闻名遐迩，如今中外闻名的北京大碗茶商场就是由此沿袭命名的。

大碗茶多用大壶冲泡或大桶装茶，大碗畅饮，热气腾腾，提神解渴。这种清茶较粗犷、随意，不需要楼、堂、馆、所等饮茶场所，一张桌子，几条长凳，若干只粗瓷大碗便可，因此常以茶摊或茶亭的形式出现，主要为过往客人解渴小憩。

大碗茶由于贴近社会、贴近生活、贴近百姓，自然受到人们的喜爱，即便是生活条件不断得到改善和提高的今天，仍不失为一种重要的饮茶方式。

2．我国各少数民族的饮茶习俗

（1）蒙古族奶茶　蒙古族人喜欢喝与牛奶、盐巴一道煮沸而成的咸奶茶，选用的茶叶多为青砖茶和黑砖茶，并用铁锅烹煮咸奶茶时，应先把砖茶打碎，并将洗净的铁锅置于火上，盛水 2～3 千克。至水沸腾时，放上捣碎的砖茶约 25 克。再沸腾 3～5 分钟后掺入牛奶，用量为水的 1/5 左右。少顷，按需加适量盐巴，等整锅茶水开始沸腾时，咸奶茶就算煮好了。

煮咸奶茶看起来简单，其实滋味的好坏、营养成分的多少与煮茶时用的锅、放的茶、加的水、掺的奶、烧的时间以及先后次序都有关系。如茶叶放迟了，或者将加入茶与奶的次序颠倒了，茶味就会出不来。而烧煮时间过长，又会使咸奶茶的香味逸尽。蒙古族人民认为，只有器、茶、奶、盐、温五者相互协调，才能煮出咸甜相宜、美味可口的咸奶茶。为此，蒙古族妇女还练就了一手煮咸奶茶的好手艺。大凡女孩从懂事起，做母亲的就会悉心向女儿传授煮茶技艺。当姑娘出嫁时，在新婚燕尔之际，也得当着亲朋好友的面显露一下煮茶的本领。要不，就会有缺少家教之嫌。

蒙古族人酷爱喝茶，往往是“一日三次茶”，却只习惯于“一日一顿饭”。每日清晨起来，主妇们先煮上一锅咸奶茶，供全家喝一天。蒙古族人民喜欢喝热茶，早上一边喝茶，一边吃炒米。早茶后，将其余的咸奶茶放在微火上暖着，以便随需随取。通常一家人只在晚上放牧回家后才正式用一餐，但早、中、晚 3 次喝咸奶茶一般是不能少的。如果晚餐吃的是牛羊肉，那么睡觉前全家还会喝一次茶。至于中老年男子，喝茶的次数就更多。

如有客人到蒙古族人家作客，总会受到敬奶茶的款待。主人在客人面前放置小茶几一张，几个碗中分别放盐、糖、炒米和奶豆腐。女主人将一碗茶端上后，可根据各人爱好，在茶中添加盐或糖、炒米等饮用，奶豆腐则可蘸白糖吃。奶茶不可一次喝尽，而要有剩余，可让主人不断添加以示礼节。喝完最后一碗奶茶后，客人可施礼道谢，主人则要送行，“奶茶敬客”之礼至此完毕。

蒙古族人年人均茶叶消费高达 8 千克左右，多的在 15 千克以上。蒙古族人民如此重饮（茶）轻吃（食），却又身强力壮，这固然与当地牧区气候、劳动条件有关，但还由于咸奶茶营养丰富，成分完全，加之蒙古族喝茶时常吃些炒米、油炸果之类充饥的缘故。

（2）藏族酥油茶　西藏有“世界屋脊”之称，茶叶是当地人民补充营养的主要来源，因此成了藏族人民不可缺少的生活食品。目前，西藏年人均茶叶消费量达 15 千克，为全国各省、区之首。藏族饮茶，有喝清茶的，有喝奶茶的，也有喝酥油茶的，名目较多，喝得最普遍的还是酥油茶。所谓酥油，就是把牛奶或羊奶煮沸，用勺搅拌，倒入竹桶内，冷却后凝结在溶液表面的一层脂肪。至于茶叶，一般选用的是紧压茶类中的普洱茶、金尖等。酥油茶的加工方法比较讲究，一般先用锅子烧水，待水煮沸后，再用刀子把紧压茶捣碎，放入沸水中煮半小时左右，待茶汁浸出后，滤去茶叶，把茶汁装进长圆柱形的打茶桶内。与此同时，用另一口锅煮牛奶，一直煮到表面凝结一层酥油时，把它倒入盛有茶汤的打茶筒内，再放上适量的盐和糖。这时，盖住打茶筒，用手把住直立茶筒并上下移动长棒，不断击打，直到筒内声音从“咣当、咣当”变成“嚓咿、嚓咿”时，茶、酥油、盐、糖等即混为一体，酥油茶就打好了。

打酥油茶用的茶筒多为铜质，甚至有用银制的。而盛酥油茶用的茶具多为银质，甚至还有用黄金加工而成的。茶碗虽以木碗为多，但常常是用金、银或铜镶嵌而成，更有甚者，用翡翠制成，这种华丽而又昂贵的茶具，常被看作传家之宝。而这些不同等级的茶具，又是人们财产拥有程度的标志。

由于酥油茶是一种以茶为主料，并加有多种食料经混合而成的液体饮料，所以，滋味多样，喝起来咸里透香，甘中有甜，既可暖身御寒，又能补充营养。在西藏草原或高原地带，人烟稀少，家中少有客人进门。偶尔有客来访，可招待的东西很少，加上酥油茶的独特作用，因此，敬酥油茶便成了西藏人款待宾客的珍贵礼仪。

喝酥油茶是很讲究礼节的，大凡宾客上门入座后，主妇立即会奉上糌粑，这是一种炒熟的青稞粉和茶汁调制成的粉糊，是捏成团状的。随后，再分别递上一只茶碗，主妇很有礼貌地按辈分大小，先长后幼，向众宾客一一倒上酥油茶，再热情地邀请大家用茶。这时，主客一边喝酥油茶，一边吃糌粑，这种不可多见的饮茶风俗，对多数人而言，真有别开生面之感。不过，按当地习惯，客人喝酥油茶时，不能端碗一喝而光，这种狼吞虎咽的喝茶方式被认为是不礼貌、不文明的。一般每喝一碗茶都要留下少许，这被看做是对主妇打茶手艺不凡的一种赞许。这时，主妇早已心领神会，又来斟满。如此二三巡后，客人不想再喝了，就把剩下的少许茶汤有礼貌地泼在地上，表示酥油茶已喝饱了，主妇也不再劝喝了。

由于藏族喝酥油茶有着比其他民族喝茶更为重要的作用，所以，不论男女老少，每天喝茶多达 20 碗左右，很多人家把茶壶放在炉上，终日熬煮，以便随取随喝。当地有一种风俗，当喇嘛祭祀时，虔诚的教徒要敬茶，有钱的富庶要施茶。他们认为，这是积德、行善。所以，在西藏一些大的喇嘛寺里，往往备有一个特大的茶锅，锅口直径达 1.5 米以上，可容茶水数担，在朝拜时煮水熬茶，供香客取喝，算是佛门的一种施舍。在男婚女嫁时，藏族兄弟视茶为珍贵礼品，象征婚姻美满和幸福。

（3）维吾尔族的香茶和奶茶　新疆维吾尔自治区，地处西北边陲，是一个以维吾尔族为主的多民族聚居地区，维吾尔族人口约占全区的 2/3，此外还有汉族、哈萨克族、蒙古族、回族、柯尔克孜族等民族。维吾尔族以及居住在这里的其他兄弟民族，平生酷爱喝茶，茶成了当地人民生活的必需品，看成与吃饭一样重要。他们认为，茶有养胃提神的作用，是一种营养价值极高的饮料。所以日常生活中“宁可一日无米，不可一日无茶”。当地居民的体会是“一日三餐有茶，提神清心，劳动有劲；三天无茶落肚，浑身乏力，懒得起床”。当地人连喝过的茶渣也舍不得丢掉，认为用茶渣喂马饲驴，能使马驴有神，毛色油光明亮。

到维吾尔族人家做客，一般由女主人用托盘向客人敬第一碗茶。第二碗开始，则由男主人敬。倒茶时要缓缓地倒入茶碗内，茶不能满碗。客人如不想再喝，可用手将碗捂一下，即是向主人示意“已喝好”。喝完茶后，还要有长者做“都瓦”（默祷）。做都瓦时，要将两手伸开合并，手心朝脸抹几秒钟后轻轻地从上到下摸一下脸，“都瓦”即告完毕。主人做都瓦时，客人不能东张西望，不能嬉笑，需待主人收拾完茶具后客人才能离席，否则被视为失礼。

维吾尔族人分布于新疆天山南北，饮茶习俗也因地域不同而有所差别。北疆人常喝奶茶，一般每日需“二茶一饭”。喝奶茶通常以一种用小麦面制成的圆形面饼“馍”为佐食。喝茶讲究喝足、喝透，要喝到出汗才算是喝好了。客人如果已经吃饱喝足，只要在女主人敬茶时用右手分开五指，轻轻地在碗上一盖，就表示“谢谢”，请不要再加了。南疆人则常喝清茶或香茶。南疆维吾尔族煮香茶时，使用的是铜制的长颈茶壶，也有用陶质、搪瓷或铝制长颈壶的，而喝茶用的是小茶碗，这与北疆维吾尔族煮奶茶使用的茶具是不一样的。喜欢香茶是南疆维吾尔族的一大特色，使用的茶叶是茯苓茶，先是准备好的适量姜、桂皮、胡椒等细末香料，放进煮沸的茶水中，再轻轻搅拌，3～5 分钟即成。为防止倒茶时茶渣、香料混入茶汤，在煮茶的长颈壶上往往套有一个过滤网，以免茶汤中带渣。南疆维吾尔族喝香茶，习惯于一日 3 次，与早、中、晚 3 餐同时进行，通常是一边吃馕，一边喝茶，这种饮茶方式，与其说是一种解渴的饮料，还不如说是一种佐食的汤料，实是一种以茶代汤、用茶当菜之举。

（4）傣族的竹筒香茶　竹筒香茶因原料细嫩，又名“姑娘茶”，产于西双版纳傣族自治州的勐海县。竹筒香茶的傣族语叫“蜡跺”，拉祜族语叫“瓦解那”，是傣族和拉祜族人民别具风味的一种饮料。

竹筒香茶的制法有两种：一是采摘细嫩的一芽二三叶，经铁锅杀青、揉捻，然后装入生长一年的嫩甜竹（又名香竹、金竹）筒内，这样香茶既有茶叶的淳厚茶香，又有浓郁的甜竹清香；二是将一级晒青毛茶 0.25 千克放入小饭甑里，甑子底层堆放厚度 6～7cm 浸透了的糯米，甑心垫一块纱布，上放毛茶，约蒸 15 分钟，待茶叶软化充分吸收糯米香气后倒出，立即装入准备好的竹筒内。用这种方法制成的竹筒香茶，三香齐备，既有茶香又有甜竹的清香和糯米香。竹筒的筒口直径为 5～6 厘米，长约 22～25 厘米，边装边用小棍筑紧，然后用甜竹叶或草纸堵住筒口，放在离炭火高约 40 厘米的烘茶架上，以文火慢慢烘烤，约 5 分钟翻动竹筒一次，待竹筒由青绿色变为焦黄色，筒内茶叶全部烤干时，剖开竹筒，即成竹筒香茶。竹筒香茶外形为竹筒状的深褐色圆柱，具有芽叶肥嫩、白毫特多、汤色黄绿、清澈明亮、香气馥郁、滋味鲜爽回甘的特点。只要取少许茶叶用开水冲泡 5 分钟即可饮用。

傣族在田间劳动或进原始森林打猎时，常常带上制好的竹筒香茶。休息时，他们砍上一节甜竹，上部削尖，灌入泉水在火上烧开，然后放入竹筒香茶再烧 5 分钟，待竹筒香茶变凉后慢慢品饮。饮用竹筒香茶，即解渴又解乏，令人浑身舒畅。

（5）纳西族的盐巴茶与“龙虎斗”　纳西族主要生活在云南省丽江地区，海拔多在 2 000 米左右。由于海拔高，气候干燥，主食杂粮，缺少蔬菜，茶叶早已成为他们必不可少的生活资料。冲盐巴茶是纳西族较为普遍的饮茶方法，其制法是：先将特制的容量为 200～400 毫升的小瓦罐洗净后放在火塘上烤烫，抓一把青毛茶（约 5 克）或掰一块饼茶放入罐内烤香，再将火塘旁茶壶里的开水冲入瓦罐，罐内的茶水即沸腾起来，冲出泡沫。有的地方将第一道茶汁倒掉，因为不太干净。第二次再向瓦罐中充入开水，待沸腾停止后，将一块盐巴放在罐内茶水中，再用筷子搅拌三五下，将茶汁倒入茶盅，一般只倒至茶盅的一半，再加入开水冲淡即可饮用。边饮边煨，一直到瓦罐中的茶味消失为止。这种茶汤色橙黄，既有强烈的茶味，又有咸味，喝起来特别解乏。

“龙虎斗”的纳西语叫“阿吉勒烤”，其饮用方法非常有趣，也是他们用来治感冒的药用茶。首先将水烧开。另选一只小陶罐，放上适量茶，连罐带茶烘烤。为不使茶叶烤焦，还要不断地转动陶罐，使茶叶受热均匀。待茶叶发出焦香时，向罐内冲入开水，烧煮 3～5 分钟。同时，准备茶盅，再放上半盅白酒，然后将煮好的茶水冲进盛有白酒的茶盅内。这时，茶盅内会发出“啪啪”的响声，纳西族人将此看作是吉祥的征兆。声音愈响，在场者就愈高兴。纳西族人认为“龙虎斗”还是治感冒的良药，因此提倡趁热喝下。

（6）傈僳族油盐茶　傈僳族主要聚居在云南的怒江，散居于云南的丽江、大理、迪庆、楚雄、德宏以及四川的西昌等地。喝油盐茶是傈僳人们广为流传的一种古老的饮茶方法。

傈僳族喝的油盐茶，制作方法奇特。首先将小陶罐在火塘（坑）上烘热，然后在罐内放入适量茶叶在火塘上不断翻滚，使茶叶烘烤均匀。待茶叶变黄并发出焦糖香时，加入少量食油和盐。稍时，再加水适量，煮沸 2～3 分钟，就可将罐中茶汤倾入碗中待喝。

油盐茶因在茶汤制作过程中加入了食油和盐，所以喝起来香喷喷，油滋滋，咸兮兮，既有茶的浓醇，又有糖的回味。傈僳族人常用它来招待客人。

（7）白族的三道茶和响雷茶　白族散居在我国西南地区，但主要分布在云南省大理白族自治州，这是一个十分好客的民族。白族人家，不论在逢年过节、生辰寿诞、男婚女嫁等喜庆日子里，还是在亲朋好友登门造访之际，主人都会以“一苦二甜三回味”的三道茶款待宾客。

三道茶，白族语叫“绍道兆”，是白族待客的一种风尚。大凡宾客上门，主人一边与客人促膝谈心，一边吩咐家人忙着架火烧水。待水烧开，由家中或族中最有声望的长辈亲自司茶：先将一只特制的小砂罐置于文火上烘烤，待罐烤热后，随即取一撮茶叶放入罐内并不停地转动罐子，使茶叶受热均匀。等罐中茶叶“啪啪”作响，色泽由绿转黄，且发出焦香时，随手向罐中注入已烧沸的开水，少顷，主人将罐中翻腾的茶水倾注到一种叫牛眼盅的小茶杯中，但茶汤容量不多，只有半杯而已，一口即干。由于茶叶是经烘烤、煮沸而成的浓汁，因此看上去色如琥珀，闻起来焦香扑鼻，喝下去滋味苦涩。冲好头道茶后，主人就用双手举茶敬献给客人，客人双手接茶后，通常一饮而尽。此茶虽香但是非常苦涩，因此谓之“苦茶”。白族人称这道茶为“清苦之茶”，寓意做人的道理：“要立业，就要先吃苦。”喝完第一道茶后，主人会在小砂锅中重新烤茶置水（也可用留在砂罐内的第一道茶重新加水煮沸）。与此同时，将盛器牛眼盘换成小碗或普通杯子，在碗或杯子中放上红糖和核桃肉，冲茶至八分满时敬于客人。此茶甜中带香，别有一番风味。如果说第一道茶是苦的，那么苦尽甘来，第二道茶就叫甜茶了，白族人称为糖茶或甜茶，寓意“人生在世，做什么事，只要吃得了苦，才会有甜香来”。第三道茶更有意思，主人先将一满匙蜂蜜及3～5粒花椒放入杯（碗）中，再冲上沸腾的茶水。客人接过茶杯后，一边晃动茶杯使茶汤和作料均匀混合，一边“呼呼”作响，趁热饮下。此茶可谓甜、苦、麻、辣，各味俱全，因此白族人称它为“回味茶”。有的主人更是别出心裁，取来一张用牛奶熬成的乳扇，将它置于文火上烘烤，当乳扇受热起泡呈黄色时，随即用手揉碎将它加入第三道茶中。这种茶喝起来，既能领略茶香茶味，还能尝到白族的传统食品，真是回味无穷。

此外，在白族聚居区，还盛行喝响雷茶，白族语叫“扣兆”。这是一种十分富有情趣的饮茶方式。饮茶时，大家团团围坐，主人将刚从茶树上采回来的芽叶或经初制而成的毛茶放入一只小砂罐中，然后用钳夹住在火上烘烤。片刻，罐内茶叶“噼啪”作响，并发出焦糖香时，随即向罐内充入沸腾的开水，这时罐内立即传出似雷响的声音，响雷茶也就因此而得名，据说这也是一种吉祥的象征。当响雷茶煮好后，主人就提起砂罐，将茶汤一一倒入茶盅，再由小辈女子用双手奉献给各位客人。在一片赞美声中，主客双方一边喝茶，一边叙述友谊，预示着未来生活的幸福美满和吉祥。

（8）土家族的擂茶　土家族主要居住在川、黔、湘、鄂4省交界的武陵山区一带，这里到处古木参天，绿树成荫，有“芳草鲜美，落英缤纷”之美誉，是我国著名的旅游胜地之一。由于当地生态环境适宜种茶，所以历史上一直是我国优质茶和许多名茶的重要产地。山美、茶美固能引人入胜，而土家族同胞喝擂茶的习俗更令人拍案叫绝。

擂茶，又名三生汤。此名的由来，说法有二：一是因为擂茶是用生叶（茶树上新鲜的幼嫩芽叶）、生姜和生米3种生原料加水烹煮面成，故而得名。二是传说三国时，张飞曾带兵进攻武陵壶山头（今湖南省常德市境内），路过乌头村时正值炎热酷暑，士兵个个精疲力竭，加上当时这一带正好瘟疫蔓延，使得张飞部下数百将士病倒，连张飞本人也未能幸免。正在危难之际，村上一位老中医有感于张飞部下纪律严明，对百姓秋毫无犯，为此特将祖传秘方除瘟擂茶分给众将士，结果茶到病除。为此张飞感激不已，称老汉为神医下凡，说这是三生有幸。从此人们也就称擂茶为三生汤了。

制作擂茶时，先将生叶、生姜、生米按各人口味、一定比例倒入用山楂木或是茶木制成的擂钵中，用力来回研捣，直至3种原料混合研成糊状时再起钵入锅，加水煮沸，便成了擂茶。由于茶叶能提神去邪、清火明目，生姜能理脾解表、去湿发汗，生米能健脾理肺，所以对高寒多湿的山区人民来说，喝擂茶也就成了当地的一种习俗，于是代代相传，甚至连当地居住的其他一些民族也养成了喝擂茶的习惯。一般人中午干活回家，在吃饭之前，总以先喝上几碗擂茶为快，有的老人甚至只要一天不喝擂茶，就会感到全身乏力，精神不爽。如今随着人们生活水平的提高，擂茶的制作和选料更为讲究，通常将炸得金黄的芝麻、炒得油亮的花生米拌进茉莉花茶，再加上白砂糖，拌匀擂碎，然后充入沸水调制成擂茶，喝起来清凉可口，滋味甘醇，又有防病健身、延年抗衰之功效。

（9）侗族、苗族、瑶族的打油茶　在桂北、湖南交界地区和贵州遵义地区，聚居着侗族、苗族、瑶族人民，他们虽然衣食住行的风俗习惯有所不同，但是家家户户都喜欢打油茶，人人都爱喝油茶。特别是在喜庆节日或亲朋好友登门时，他们更是以打法讲究、作料精选的油茶款待客人。油茶起于何时，尚无资料可以考证。但是在他们看来，清茶喝多了要胀肚，油茶吃多了反觉神清气爽。所以当地流传着一句赞美油茶的顺口溜：“香油芝麻加葱花，美酒蜜糖不如它。一天油茶喝三碗，养精蓄力有劲头。”可见居住在那里的人们，已经把喝油茶看得如同吃饭一样重要。男女青年还以喝油茶作为相爱的媒介。

打油茶一般经过4道程序。首先是选茶，通常有两种茶可供选用，一是经专门烘炒的末茶，二是刚从茶树上采下的幼嫩新梢，这可根据各人口味而定。其次是选料，打油茶用料通常有花生米、玉米花、黄豆、芝麻、糯粑、笋干等，应预先制作好待用。第三是煮茶，先生火，待锅底发热，放入适量食油，待油冒青烟时立即投入适量茶叶入锅翻炒，当茶叶发出清香时，加上少许芝麻、食盐，再炒几下，即放水加盖，煮沸3～5分钟，即可将油茶连汤带料起锅盛碗待喝。一般家庭自喝，这又香、又爽、又鲜的油茶已算打好了。如果打的油茶是作庆典或宴请用的，那么还得进行第四道程序，即配茶。配茶就是将事先准备好的食料，先行炒熟，取出放入茶碗中备用。然后将油炒水煮而成的茶汤，捞出茶渣，趁热倒入备有食料的茶碗中供客人食用。

最后是奉茶，一般当主妇快要把油茶打好时，主人就会招待客人围桌入座。由于喝油茶时碗内加有许多食料，因此还得用筷子相助。所以，说是喝油茶，还不如说吃油茶更为贴切。吃油茶时，客人为了表示对主人热情好客的回敬，赞美油茶的鲜美可口，称道主人的手艺不凡，总是边喝、边啜、边嚼，在口中发出“啧、啧”声响，还赞不绝口。一碗吃光，主人马上添加食物，再喝两碗。按照当地习俗，客人喝油茶，一般不少于3碗，这叫“三碗不见外”。

（10）回族的刮碗子茶　回族主要分布在我国的大西北，以宁夏、青海、甘肃3省（区）最为集中。回族居住地多在高原沙漠，气候干旱寒冷，蔬菜缺乏，以食牛羊肉、奶制品为主。而茶叶中存在的大量维生素和多酚类物质，不但可以补充蔬菜的不足，而且还有助于去油除腻，帮助消化。所以，自古以来，茶一直是回族同胞的生活必需品。

回族人在日常生活中尤其爱好饮茶，并以茶代酒。因而长期以来，有待客敬茶、三餐泡茶、馈赠送茶、聘礼包茶、斋日散茶、节日宴茶和喜庆品茶等诸多茶俗，且长盛不衰。

回族饮茶，方式多样，其中有代表性的是喝刮碗子茶。刮碗子茶用的茶具，俗称“三件套”。它由茶碗、碗盖和碗托或盘组成。茶碗盛茶，碗盖保香，碗托防烫。喝茶时，一手提托，一手握盖，并用盖顺碗口由里向外刮几下，这样一则可拨去浮在茶汤表面的泡沫，二则使茶味与添加食物相融，刮碗子茶的名称也由此而生。

回族人以茶待客，注重轻、稳、静、洁的饮茶礼节。“轻”指冲、刮、喝要轻，不得出声。“稳”指沏茶要稳要准，落点准，似蜻蜓点水，不浅不溢、不漫不流。“静”指环境幽雅，窗明几净，无干扰，无噪音，凝神品味。“洁”指茶碗、茶水清洁卫生，一尘不染。

回族茶谚又说：“一刮甜，二刮香，三刮茶露变清汤。”即是说，刮第一遍时只能喝到最先溶化的糖甜味；刮第二遍时，茶叶与佐料经过炮制，香味完全散发，其时味道最佳；刮第三遍时只剩下茶叶淡淡的香气，只能起解渴作用。回族同胞认为，喝刮碗子茶次次有味，且次次不同，又能去腻生津，滋补强身，是一种甜美的养生茶。

（11）布朗族的青竹茶　布朗族主要分布在我国云南西双版纳傣族自治州，以及临沧、澜沧、双江、景东、镇康等地的部分山区。喝青竹茶是一种既方便又实用的饮茶方法，一般在离开村寨务农或进山狩猎时饮用。

布朗族的青竹茶，制作方法较为奇特。首先砍一节碗口粗的鲜竹筒，一端削尖，插入地下，再向筒内加上泉水，当作煮茶器具。然后，找些干枝落叶，当作燃料点燃于竹筒四周。当筒内水煮沸时加上适量茶叶，待 3 分钟后，将煮好的茶汤倾入事先已削好的竹罐内，便可饮用。竹筒茶将泉水的甘甜、青竹的清香、茶叶的浓醇融为一体，所以喝起来别有风味，久久难忘。

（12）拉祜族的烤茶　拉祜族主要分布在云南澜沧、孟连、沧源、耿马、勐海一带。在拉祜语中，称虎为“拉”，将肉烤香称之为“祜”，因此拉祜族被称之为“猎虎”的民族。饮烤茶是拉祜族古老、传统的饮茶方法，至今仍普遍饮用。饮烤茶通常分为 4 个操作程序。

1）装茶抖烤：先将小陶罐在火塘上用文火烤热，然后放上适量茶叶抖烤，使之受热均匀，待茶叶叶色转黄并发出焦糖香时为止。

2）沏茶去抹：用沸水冲满盛茶的小陶罐，随即泼去上部浮沫，再注满沸水，煮沸 3 分钟后待饮。

3）倾茶敬客：将在罐内烤好的茶水倾入茶碗，奉茶敬客。

4）喝茶啜味：拉祜族人认为，烤茶香气足，味道浓，能振精神，是上等好茶。因此，拉祜族喝烤茶，总喜欢热茶啜饮。

（13）哈尼族的土锅茶　哈尼族主要居住在云南的红河、西双版纳地区，以及江城、澜沧、墨江、元江等地。喝土锅茶是哈尼族的嗜好，这是一种古老而简便的饮茶方式。

哈尼族煮土锅茶的方法比较简单，一般凡有客人进门，主妇先用土锅（或瓦壶）将水烧开，随即在沸水中加入适量茶叶，待锅中茶水再次煮沸 3 分钟后，将茶水倾入用竹制的茶盅内，一一敬奉给客人。平日，哈尼族同胞也总喜欢在劳动之余，一家人喝茶叙家常，以享天伦之乐。

（14）基诺族的凉拌茶和煮茶　基诺族主要分布在我国云南西双版纳地区，尤以景洪为最。他们的饮茶方法较为罕见，常见的有两种，即凉拌茶和煮茶。

1）凉拌茶：是一种较为原始的食茶方法，其历史可以追溯到数千年前。此法以现采的茶树鲜嫩新梢为主料，再配以黄果叶、辣椒、食盐等佐料而成，一般可根据各人的爱好而定。

做凉拌茶的方法并不复杂，通常先将从茶树上采下的鲜嫩新梢，用洁净的双手捧起，稍用力搓揉，使嫩梢揉碎，放入清洁的碗内；再将黄果叶揉碎，辣椒切碎，连同食盐适量投入碗中；最后，加上少许泉水，用筷子搅匀，静置15分钟左右即可食用。

2）煮茶：这种方法在基诺族中较为常见。方法是先用茶壶将水煮沸，随即在陶罐取出适量经过加工的茶叶，投入到正在沸腾的茶壶内，3 分钟左右，当茶叶的汁水已经溶解于水时，即可将壶中的茶汤注入竹筒，供人饮用。对于竹筒，基诺族既用它当盛具，劳动时可盛茶带到田间饮用，又用它作饮具。因它一头平，便于摆放，另一头稍尖，便于用口吮茶，所以就地取材的竹筒便成了基诺族喝煮茶的重要器具。

（15）佤族的烧茶　佤族主要分布在我国云南的沧源、西盟等地，也有部分居住在澜沧、孟连、耿马、镇康等地。佤族至今仍保留着一些古老的生活习惯，喝烧茶就是一种流传久远的饮茶风俗。

佤族的烧茶，冲泡方法很别致。通常先用茶壶将水煮开。与此同时，另选一块清洁的薄铁板，上面放适量茶叶，移到烧水的火塘边烘烤。为使茶叶受热均匀，还得轻轻抖动铁板。待茶叶发出清香，叶色转黄时，随即将茶叶倾入开水壶中进行煮茶。约 3 分钟后，即可将茶置入茶碗，以便饮用。如果烧茶是用来敬客的，通常得由佤族少女奉茶敬客。

（16）景颇族、德昂族的腌茶　居住在云南省德宏地区的景颇族、德昂族等民族，至今仍保留着一种以茶做菜的食茶方法。

腌茶一般在雨季进行，所用的茶叶是不经加工的鲜叶。制作时，姑娘们首先将从茶树上采回的鲜叶用清水洗净，挖去鲜叶表面的附着水后待用。腌茶时，先用竹匾将鲜叶摊晾，减去少许水分，而后稍加搓揉，再加上辣椒、食盐适量拌匀，放入罐或竹筒内，层层用木棒舂紧，将罐（筒）口盖紧，或用竹叶塞紧。静置两三个月，至茶叶色泽开始转黄，就算将茶腌好。腌好的茶从罐内取出晾干，然后装入瓦罐，随食随取。讲究一点的，食用时还可拌些香油，也有加蒜泥或其他佐料的。

四、国外饮茶习俗

1. 亚洲茶俗

（1）日本茶道　中国茶叶大约在唐代，随着佛教的传播进入朝鲜半岛和日本列岛。公元 1168 年，日本国荣西禅师历尽艰险来到中国学习佛教，在修习佛法的同时对中国的茶道产生了浓厚的兴趣，因而刻苦钻研“茶学”。回国时，他将大量中国茶种与佛经带回日本，在日本遍植茶籽，赠饮他人，并在佛教中大力推行“供茶”礼仪。当时他曾用茶叶治好了镰仓幕府将军源实朝的糖尿病，又撰写了《吃茶养生记》，以宣传饮茶之神效。因此，荣西被日本人尊为日本国的“茶祖”。

15 世纪，日本著名禅师一休的高足村田珠光首创了“四铺半草庵茶”，从而被称为日本“和美茶”之祖。村田珠光认为茶道的根本在于清心，清心是“禅道”的中心。他将茶道从单纯的享受转化为节欲，体现了修身养性的禅道核心。其后日本茶道经武野绍鸥的进一步推进而达到茶中有禅、茶禅一体的意境。享有“茶道天才”之称的千利休，于16世纪将以禅道为中心的“和美茶”发展成贯彻“平等互惠”的利休茶道，成为平民化的新茶道，并在此基础上归结出以和、敬、清、寂为日本茶道的宗旨，至此，日本茶道初步形成。

1）日本茶道的茶室和茶具。日本茶道的茶室又称本席、茶席，为举行茶道的场所。日本的茶室一般用竹木和芦草编成。茶室面积一般以置放四叠半榻榻米为度，约9～10平方米，小巧雅致，结构紧凑，以便于宾主倾心交谈。茶室除了讲究室外的幽雅环境外，还很讲究室内的布局与装饰。茶室设有一个高60厘米侧身而入的四方小门，这种隐秘的入口代表内部的茶室是非现实的、虚拟的空间。茶室内的装饰壁龛里挂着被称为茶挂的挂轴。欣赏茶挂要求同时具有宗教和文学修养，因为茶挂以禅色素朴的墨迹最为珍贵，此外与茶事有关的中国画、古字等也多被采用。茶室内配上一枝或几枝鲜花装饰，虽简单却显得高雅幽静，插花品种多视四季而有不同。这些装饰用具使茶室显得既雅静又富有生机，客人一进门就被这朴素而又新鲜的装饰所吸引。

日本茶道的茶具也源于中国工夫茶具。基本茶具与潮州工夫茶具一样也分四大件：凉炉——煮水用的风炉；茶釜——煮水用的铁制的有盖大钵；汤瓶——泡茶用的带柄有嘴罐，称“急需”；茶碗——盛茶汤用的瓷碗。

另外，还有研磨茶叶的茶磨、夹白炭用的火箸、盛冷水的水注、盛白炭的炭篮、清洁茶具用的水翻、装香用的香盒、沏茶时用于搅拌的茶筅、取茶粉用的竹制茶勺、擦拭茶碗的茶巾、盛茶叶末的茶罐、用3根大鸟羽毛制成用于拂尘的羽帚、盛炭的炭斗、盛炉灰的灰器、取水用的水勺等。日本茶道用具名目繁多，不但有大小之分，还有和物（日本）与唐物（中国）、高丽物（朝鲜）之区别。

与中国茶道相比，日本仪式的规则更严格，这是经过精心提炼后形成的最周到、最简练的动作，如入茶室前要净手，进茶室要弯腰、脱鞋，以表谦逊和洁净。日本有一句格言：“茶室中人人平等。”从前，进入茶室要把象征阶级和地位的东西留在茶室外，武士的宝剑、佩刀、珠宝等都不能带进茶室。现在虽不强调这些，但进茶室不能交头接耳，因为茶室必须保持和谐、尊重、纯净、安宁的环境。

2）日本茶道的礼仪。客人进入茶室坐定后，主人先要招待客人用餐，一般是三菜一汤，这种饭食被称为怀石料理。据《南方录》记载，和尚为了修行不食，以在怀中放一石来抵抗饥饿。因此怀石料理就有粗茶淡饭的意思。主人的茶道观一般通过其烹饪的饭菜表现出来。怀石料理的菜肴决不丰盛，但要特别注意强烈的季节感和菜谱的搭配，所用原料必须是新鲜的水产和蔬菜。吃饭时，主人必须备有清酒一杯，饮酒要用小盏分3口慢慢品饮，吃饭时也要细嚼慢咽。

怀石料理结束后，客人要先回避一下，给主人做点茶前的准备工作。客人再次进入茶室入座，主人端上精美的点心，正式开始点茶。茶道对点茶和饮茶都有特别严格的规定，力求使点茶和饮茶时身体动作更合理、更优美，同时又带有宗教修行的性质，体现了佛教的思想。

茶客应安静、恭谨地跪在榻榻米上，身穿和服的主人也跪在榻榻米上，开始生火、加水。先打开绸巾擦茶具、茶勺，然后用开水再消毒一次，这才是正式的点茶：主人用精致的小茶勺往茶碗中放入适量的浅绿色茶末，用竹宪搅拌茶沫，再用竹制的水舀将沸水注入茶碗内。注水时水不能外溢，而且倒水时要尽量发出潺潺的水声。茶碗小而精致，一般使用黑色陶器，日本人认为幽暗的色彩自有朴素、清寂之美。点茶完毕主人用双手捧起茶碗献给客人，客人要向主人致谢才可接茶，喝到最后一口还应发出轻叹声以表示对茶的赞赏。茶有浓淡之分，如果主人以浓茶待客一般要配糯米做的豆焰点心；如果是淡茶，则配小脆饼。完成一套简单的点茶仪式，一般需要 20 分钟。

（2）韩国饮茶习俗　韩国的饮茶史也有数千年的历史。公元 7 世纪时，饮茶之风已遍及全国，并流行于广大民间，因而韩国的茶文化也就成为韩国传统文化的一部分。

历史上，韩国的茶文化也曾兴盛一时。韩国茶文化以韩国的“茶礼”为中心，普遍流传中国宋元时期的点茶。约在我国元代中叶以后，中国的茶文化进一步为韩国理解并接受，众多的茶房、茶店、茶席、茶食也更为时兴和普及。20 世纪 80 年代，韩国的茶文化又再度复兴、发展，并专门成立了“韩国茶道大学院”，教授茶文化。现在韩国每年 5 月 25 日举行茶文化祭祀。其主要内容有韩国茶道协会的传统茶礼表演，韩国茶人联合会的成人茶礼和高丽五行茶礼等。和日本茶道一样，源于中国的韩国茶道的宗旨是和、敬、俭、真：“和”即善良之心地；“敬”即彼此间敬重，礼遇；“俭”即生活俭朴，清廉；“真”即心意、心地真诚，人与人之间以诚相待。

韩国的茶礼种类繁多，各具特色，如按名茶类型区分有末茶法、饼茶法、钱茶法和叶茶法 4 种。

高丽五行茶礼是古代茶祭的一种仪式，茶叶在古高丽的历史上，历来是“功德祭”和“祈雨祭”中必备的祭品。韩国传统茶礼的形式与日本茶道相似，基本上是对茶的冲泡和品饮；而高丽五行茶礼则大大突破了韩国茶礼的传统模式，其规模宏大、人数众多、内涵丰富，成为韩国最高层次的茶礼。

（3）印度饮茶习俗　印度是目前世界上的产茶大国，印度人爱茶的风气遍及全国，今天的印度人普遍喜爱喝茶。印度人通常把红茶、牛奶和糖放入壶中，加水煮开后，滤掉茶叶，将剩下的浓似咖啡的茶汤倒入杯中饮用。这种甜茶已经成为他们日常生活和待客中必不可少的饮料。将红茶与羊奶以各占 1/2 的比例调和煮沸，再放入生姜片、茴香、肉桂、槟榔和肉豆蔻等，使茶香味更浓并富有营养价值。还有一种饮用方式奇特的马萨拉茶，以红茶加姜或小豆蔻冲泡而成。说它饮用方式奇特，是指这种茶要倒入盘子中用舌头舔饮，所以又叫舔茶。印度人待客敬茶方式也很有特色。客人到访，主人会请客人坐在地上的席子上。客人的坐姿必须是男士盘腿而坐，女士双膝并拢屈膝而坐。主人给客人捧上一杯甜茶，客人先要礼貌地表示感谢和推辞。主人再敬，客人才能以双手接茶。

（4）巴基斯坦饮茶习俗　巴基斯坦属伊斯兰国家，居民中 95%以上都信仰伊斯兰教。在巴基斯坦，人们普遍饮茶。巴基斯坦气候炎热，终年少雨，加上人们长期食用牛肉、羊肉、乳类等油脂含量高的食物，所以茶这种解渴消暑、提神生津、消食除腻的饮料对他们是再合适不过了。

巴基斯坦的饮茶贯穿于人们每天的生活之中。主妇们每天起床第一件事就是为全家人烹煮红茶，待家人起床后饮用。早餐、中餐和晚餐的食物中也有茶。说巴基斯坦人“一日三茶”一点也不为过。家庭中饮茶如此，出门上班后还得喝茶，有的大型企业还派专人为职员煮红茶；所有的饭店、冷饮店几乎都有茶水供应；还可在露天茶摊上投钱取饮。

巴基斯坦的饮茶方式受英国的影响，饮用红茶，而且加奶和糖。一般将红茶放入水壶中烹煮后滤掉茶叶，在茶汤中加牛奶和白糖再饮。在巴基斯坦西北部，人们喜饮绿茶。到了冬天，有些习惯饮用红茶的地区也会改饮绿茶，这是因为巴基斯坦人认为绿茶偏温、红茶偏凉，正好与我国的看法相反。他们饮用绿茶的方法与红茶相似，也要加奶或糖饮用。

（5）新加坡、马来西亚饮茶习俗　新加坡和马来西亚夏季温高暑重，人们出汗多，体力消耗大，因此多饮用肉骨茶。肉骨茶，即用茶叶、排骨肉配以中药材、盐、胡椒和味精，并在锅中煮煲而成的饮品。这种茶是19世纪初从我国传到新加坡和马来西亚的，现在我国已不多见，但在新加坡和马来西亚是常见的一种饮料。肉骨茶中的茶叶和中药使之具有抗寒、抗热、缓解疲劳的作用。一般肉骨茶中的茶叶多选用中国的名茶铁观音、白毛猴等，中药材则包括丁香、八角、熟地、党参、百合、淮山、当归、川芎、枸杞、罗汉果、甘蔗、蒜头、胡椒粒等，这些都是营养丰富、补气补血的良药。

（6）土耳其饮茶习俗　土耳其也是一个豪饮之国，土耳其人一大早起床先要喝一壶茶，再刷牙、洗脸、吃早饭。在土耳其到处可以看到茶馆，茶馆里的服务员手托托盘，托盘上盛着一杯杯滚烫的茶，他们来回穿梭，为顾客送茶。不仅如此，他们还要为附近的店铺送茶，在茶馆外面只需吹个口哨、打个手势，茶馆的服务员就能领会意思，迅速地端出茶来。学校、机关、企业和公司都有专人负责煮茶、卖茶、送茶。可以说，茶在土耳其人的生活中是无处不在的。

土耳其人喜欢喝红茶，煮茶的方式十分别致。煮茶时，使用一大一小2把铜茶壶，先将大茶壶放在木炭火炉子上煮水，再将小茶壶放在大茶壶上，待大茶壶中的水煮沸后，就将沸水冲入放有茶的小茶壶中，经3～5分钟后，将小茶壶中的浓茶汁根据每个人对茶浓淡的需求，将数量不等的浓茶汁分别倾入各个小玻璃杯中。再将大茶壶中的沸水冲入盛有浓茶汁的各个小玻璃杯中。加上一些白糖，用小匙搅拌几下，使茶、水、糖混匀后便可饮用。

土耳其人煮茶，讲究调制功夫，认为只有色泽红艳透明、香气扑鼻、滋味甘醇可口的茶，才是恰到好处。因此，土耳其人煮茶时，总希望当着客人的面夸奖自己煮茶的功夫。

2．欧美茶俗

（1）英国茶礼　茶是英国人普遍喜爱的饮料，80%的英国人每天饮茶，茶的销量约占各种饮料总消费量的一半。英国本土不产茶，而茶的人均消费量占全球首位，因此，茶的进口量世界第一。

英国人饮茶始于17世纪。1662年葡萄牙凯瑟琳公主嫁与英王查尔斯二世，将饮茶风尚带入英国皇室。凯瑟琳公主视茶为健美饮料，嗜茶、崇茶，被人称为“饮茶皇后”。由于她的倡导和推动，使饮茶之风在朝廷盛行起来，继王公贵族和贵豪世家，乃至深入普通百姓之家。为此，英国诗人沃勒在凯瑟琳公主结婚一周年之际，特地写了一首有关茶的赞美诗：“花神宠秋月，嫦娥矜月桂；月桂与秋色，难与茶比美。”

英国人好饮红茶，特别崇尚汤浓味醇的牛奶红茶和柠檬红茶。英国人喝茶，多数在上午10时至下午5时进行。他们特别注重午后饮茶。倘有客人进门，通常也只有在这段时间段内才有用茶敬客之举。在英国的饮食场所、公共娱乐场所，都供应下午茶。在英国的火车上还备有茶篮，内放茶、面包、饼干、红糖、牛奶、柠檬等，供旅客饮下午茶用。下午茶实际上是一餐简化了的茶点，一般只供应1杯茶和1碟糕点。只有招待贵宾时，内容才会丰富。品饮下午茶已成为当今英国人重要的生活内容，并已开始传向欧洲其他国家，并有扩展之势。

这种品茶方式产生的最初只是在家中用高级、优雅的茶具来享用茶，后来渐渐演变成招待友人欢聚的社交茶会，进而衍生出各种礼节。虽然下午茶现在已经简单化，但是正确的泡茶方式、喝茶的优雅摆设以及丰盛的茶点则被视为下午茶的传统而继续流传下来。

在英国一些重大的社交场合，请重要亲友，多半以正统的英国奶茶来招待宾客，这也是英国很多家庭主妇的一门必修课。

（2）荷兰饮茶习俗　荷兰最初从中国传入的是绿茶，到 18 世纪中叶，红茶走进荷兰并席卷荷兰市场，从此荷兰人普遍饮用红茶。与茶同时传入荷兰的还有中国精致的茶杯、茶壶等茶具。一般来说，荷兰人午后才开始饮茶。如果客人在午后 2 时到访，就会受到主人用茶接待的礼遇。相互寒暄后，主人从镶银的小瓷茶盒中取出各种茶叶，放入小瓷茶壶中冲泡。每个小瓷茶壶中都配有银制的滤器。茶冲泡好后，主人请客人任意挑选自己爱喝的茶，为其倒入小杯中。如客人喜欢调饮，则另用较大杯盛少量茶以便客人自行调配。荷兰人饮茶时会加糖消苦除涩，后来又时兴加奶油。

午后茶是荷兰人家居习惯，一直沿袭至今。主妇们用初开的沸水泡茶，冲泡 3～6 分钟，将茶壶放在茶套内保温，饮用时再加作料，随时可饮用。现在，饮茶已是荷兰人生活中不可缺少的内容，有些普通家庭甚至打破了午后饮茶的习惯，在早餐时也以茶为饮料。在荷兰快餐饮茶也不少见。

（3）俄罗斯的饮茶风俗　俄罗斯幅员辽阔，民族众多，饮茶风格也各有特点，其中最为典型的是具有俄罗斯传统风格的沙玛瓦特茶炊。茶炊实际上就是喝茶用的热水壶。俄式茶炊的内下部安小炭炉，炉上为一中空的筒状容器，加水后可加盖。炭火在加热容器内水的同时，还可烤热安置在顶端中央的茶壶。茶炊的外下方安有小水龙头，取用沸水极为方便。水开后，把茶壶从茶炊上取下，直接注入沸水泡茶。茶炊的形状变化多样，有圆形、筒形，还有奖杯状的，但一般都装有把手、龙头和支脚。制作材料以铜、银、铁等各种金属原料为多，也有陶瓷或耐热玻璃制成的。后来又出现了暖水瓶式的保温茶坎，内部分为 3 格，第一格盛茶，第二格盛汤，第三格盛粥。有些用金、银、铜等贵重金属制成的茶炊，工艺十分精巧，还可作为装饰工艺品陈设在室内。现在俄罗斯市场销售的茶炊只是在外观上与真正的沙玛瓦特相似，其内部结构已经大相径庭了。俄罗斯人使用的茶具，除瓷茶杯外，还多了一样茶碟。因为他们喜欢将茶从杯里倒入茶碟中饮用。茶碟的形状如浅底小平碗或圆盒。玻璃茶杯的使用也很常见。

还有一种最古老的蒙古式的饮茶法，流行于西南伏尔加河、顿河流域以东，至与蒙古接壤的亚洲地区。其饮法是：首先将紧压绿茶碾细，每升水加入 1～3 匙茶末加热，水开后再加入 1/4 升牛奶（羊奶或骆驼奶）、动物油 1 匙、油炒面粉 50～100 克，最后加入半杯大米或优质小麦。可根据各人口味自行加入适量食盐煮 15 分钟即可。这种饮茶方法是调饮法，颇似我国藏族的饮茶习惯。

俄罗斯的卡尔梅克族居住在伏尔加河下游的卡尔梅克自治共和国，也有部分在西西伯利亚、中亚等地居住。他们的饮茶法属调饮法，但起初不用紧压茶而用散茶。先用水煮开，再倒进茶叶（每升水倒茶叶量为 50g），分 2 次加入大量动物奶，搅拌均匀。煮沸后，用细孔滤器滤出茶渣后方可饮用。

（4）法国饮茶习俗　法国位于欧洲西部，西靠大西洋。自从以茶作为饮料传到欧洲后，就立即引起法国人的重视。17 世纪中期在法国《传教士旅行记》中，叙述了“中国人之健康与长寿，当归功于茶，此乃东方常用之饮品”。以后，几经宣传和实践，激发了法国人对“可爱的中国茶”的向往与追求，使法国饮茶从皇室贵族和有钱阶层逐渐普及到民间，成为人们日常生活和社交中不可缺少的内容。

现在，法国最爱饮的是红茶、绿茶、花茶和沱茶。饮用红茶时，习惯于采用冲泡法或烹煮法，类似英国人饮红茶习俗。通常取一小撮红茶或一小包袋泡红茶放入杯内，冲上沸水，再配以糖，或牛奶和糖。有的地方，也有在茶中拌以新鲜鸡蛋，再加糖冲饮的；还有流行在饮用瓶装茶水时，加柠檬汁或橘子汁的；甚至有的还会在茶水中掺入杜松子酒或威士忌酒，做成清凉的鸡尾酒饮用。

法国人饮绿茶，要求绿茶必须是高品质的。饮绿茶方式，与西非饮绿茶方式一样，一般要在茶汤中加入方糖和新鲜薄荷叶，做成甜蜜透香的清凉饮料饮用。

花茶，主要在法国的中国餐馆和旅法华人中供应，其饮花茶的方式，与中国北方人饮花茶的方式相同，习惯于用茶壶加沸水冲泡，通常不加佐料，推崇清饮。法国人对花茶产生了浓厚的兴趣。近年来，特别是在一些法国青年人中，又对带有花香、果香、叶香的加香红茶产生兴趣，成为时尚。

沱茶，主产于中国西南地区，因它具有特殊的药理功能，所以也深受法国一些养生益寿者，特别是法国中老年消费者的青睐，每年从中国进口量达 2 000 吨，有袋泡沱茶和小沱茶等种类。

（5）德国饮茶习俗　德国人饮茶一般是在晚餐后饮用茶味浓厚的高档红茶。德国人的饮茶方式与英国人不一样，一般将冷水煮沸后，先温壶，再按 1 茶杯 1 匙茶的比例将茶叶置于壶内，注入沸水冲泡 3 分钟。倒出茶汤于杯中，添加牛奶、白糖或柠檬饮用。午后茶仅在德国有些地方的富有人家有此习惯。此外柏林、汉堡、慕尼黑等大都市的高级旅馆、咖啡馆或酒吧里会供应英式茶饮。在东部地区的一些家庭中，还有用俄式铜茶壶泡茶的习惯。

中国的高级绿茶在德国也有一定的市场，饮用方法与中国相同。在德国，青年人喜欢根据自己的爱好随意调配茶水。近年来，出现了奶糖茶、香料茶、茉莉花茶、柠檬茶、甜茶、葡萄茶、橙子茶、苹果茶、樱桃茶和各式各样的香精茶等，很受年轻人的欢迎。

（6）美国的饮茶习俗　美国人一般早餐不饮茶，而在午餐时饮茶，并佐以烘脆的面包和家庭自制的果酱。20 世纪 20 年代，由于跳舞热方兴未艾，午后茶这一旧式的习俗也随之复兴，饮茶风俗得以普及，城市中茶室如雨后春笋般出现。茶饮种类增多，除红茶外，还有绿茶和乌龙茶，佐以糖、乳酪和柠檬。除了高级旅馆的餐厅外，许多商业部门、工厂车间甚至火车的餐厅中都有午后茶供应。

在美国，不同民族、不同地区的饮茶习惯都有不同。有些地区饮茶的人很多，有些地区则较少，而有些地区饮茶则具有一定的季节性，如南部一些州市，冬季饮热茶，夏季则大量饮用冰茶。城镇街道上冰茶室到处可见。近年来，冰茶更是风靡全美，并登上大雅之堂，食谱上正式列入热茶与冰茶两种饮料。

（7）加拿大饮茶习俗　加拿大是美洲国家中仅次于美国的饮茶大国。加拿大人主要喝红茶，绿茶只销往少数地区。加拿大人泡茶通常用陶制茶壶，以每匙 2 杯的比例放入茶叶，开水冲泡 5～8 分钟。泡好后，将茶汤滤进另一事先温热过的茶壶中，加入乳酪和糖调制好后就可饮用了。与美国人不同的是，加拿大人很少在茶汤中加柠檬，他们也不像中国人那样喜欢清饮。

加拿大人一般在用餐时和临睡前都饮茶，也有饮午后茶的风俗，旅馆、剧院、茶室、火车站都供应午后茶。现在，加拿大人也爱饮袋泡茶。

3．非洲茶俗

（1）埃及饮茶习俗　生活在尼罗河畔、金字塔下的埃及人，在数百年前当阿拉伯人将茶叶经丝绸之路运达时，就逐渐接受并喜爱上了这种来自东方文明古国的神秘之物。埃及的饮茶历史可谓由来已久，至今，埃及饮茶之风已深入寻常百姓之中，成为非洲国家中最大的茶叶消费国。

埃及人喜欢喝浓厚醇烈的红茶，加糖热饮是他们的习惯。埃及普通家庭的饮茶习俗与俄罗斯十分相似。他们喝茶时使用的是俄式茶炊——沙玛瓦特。冲泡器皿一般较小，比如小瓷茶壶、小玻璃杯等。沙玛瓦特是将水煮沸后，先将小瓷茶壶凑近茶炊的“水龙头”，拧开，让沸水流进茶壶。但这不是为了泡茶而是温壶，所以要盖好壶盖，上下左右摇晃茶壶，使沸水与壶充分接触。埃及人认为，温壶以后，茶香更容易散发出来，这一点与中国饮茶之道颇有相通之处。然后，把温壶水倒掉，再拧开龙头，冲半壶沸水，此时再放入一小撮茶叶，把沸水加满，盖上壶盖。不过，这壶茶现在还不能饮用，还要再放到茶炊上加热片刻，泡茶才算结束。茶水斟入杯中后，可加入蔗糖，用小勺在茶杯中搅动，待茶稍凉后，再端起杯子大口饮茶。埃及人一般喝茶至少喝 3 杯，不能少喝，只能多喝。他们认为第一杯茶仅用来消除正餐中煎炒类食品的火气，而第二杯茶才是真正的品茶。

（2）摩洛哥饮茶习俗　与埃及人同属北非的摩洛哥也是个酷爱饮茶的国家，不同的是，他们嗜饮中国绿茶，每年进口绿茶数量居世界第一位。摩洛哥地处炎热的非洲，以食牛羊肉为主，蔬菜几乎没有。因而具有消暑解渴、除油去腻功效的绿茶无疑是最适合他们的健康饮料，因此，摩洛哥人无论地位高低，每天都要喝一杯绿茶。不仅如此，摩洛哥人的茶具还是闻名世界的珍贵艺术品。摩洛哥国王和政府赠送来访贵宾的礼品，一是地毯，二是茶具。一套讲究的摩洛哥茶具重达 100 千克以上，包括尖嘴的茶壶、雕有花纹的大铜盘、香炉型的糖缸、长嘴大肚子的茶杯等，一般上面都刻有富有民族特色的图案，赏心悦目，风格独特。

摩洛哥人泡茶时，先往已放入茶叶的茶壶中冲入少量沸水，但必须立即将水倒掉，重新冲入开水，加白糖和鲜薄荷叶，泡几分钟后再倒入杯中饮用。茶叶泡过 2～3 次之后，还要适量加入茶叶和白糖，使茶味保持浓淡适宜、香甜可口。这样一壶三沏，最少需用 10 克茶叶和 150 克白糖，而茶加入薄荷后，味香清凉，入口暑气顿消，能提神醒脑，因而深受摩洛哥居民的喜爱。

除了这种用具精美、冲泡讲究的家庭饮茶外，在摩洛哥的茶馆中还能享受到另外一种风格的薄荷茶。在熊熊燃烧的灶火上，大锡壶中的沸水“突突”作响，老板根据来客的多少另取一小锡壶，从一个麻袋里抓出一大把茶叶，又用榔头从另一个麻袋里砸一块白糖，再顺手揪上一把新鲜薄荷叶，一起放入小锡壶中，加上大锡壶中的滚水，放到火炉上烹煮。

水滚 2 遍后，小锡壶里的薄荷茶就可端给客人饮用了。

（3）毛里塔尼亚饮茶习俗　毛里塔尼亚是一个以畜牧业为主的国家，全国领土有 90% 以上是沙漠地带，因此素有“沙漠之国”之称。干旱的沙漠气候使人容易疲劳，以牛羊肉、骆驼奶为主的生活方式更使人容易营养不均。饮茶能助消化，振奋精神，消除疲劳，增强体质，所以“沙漠之国”的人民对茶叶有特别的爱好，如果 3 天不饮茶，就感到头痛难受，全身疲软无力，所以这里的居民已达到“尝茶成瘾”的程度。这个人口不足 150 万的国家，每年消费茶叶三千多吨，即使在大旱之年、畜牧业大幅度减产、居民生活遇到很大困难时茶叶的消费量也不见减少，国家甚至不惜举债进口茶叶。毛里塔尼亚人也喜欢喝绿茶，他们进口的眉茶和珠茶都是从中国输入的。

毛里塔尼亚人喝的是浓甜茶，这个信奉伊斯兰教的国家，每天早晨都以向真主祈祷而开始新的一天。祈祷完毕，人们就开始喝茶。通常将茶叶放入小瓷壶或小铜壶内煮，待茶水开后，再加入白糖和新鲜薄荷叶，然后将茶汁注入酒杯大小的玻璃杯内就可饮用了。茶水色如咖啡，味道香甜醇厚，带有清凉的薄荷味。

小资料 7-5

各民族的茶俗和地方特殊茶俗

中国地大物博，民族众多，历史悠久，民俗也多姿多彩。而饮茶是中华各族人民的共同爱好，无论哪个民族，都有各具特色的饮茶习俗。现将我国 55 个少数民族的日常饮茶品类摘录如下，以飨读者。

我国 55 个少数民族的饮茶习俗：

（1）藏族：酥油茶、甜茶、奶茶、油茶羹。

（2）维吾尔族：奶茶、坊皮茶、清茶、香茶、甜茶、炒面茶、茯砖茶。

（3）蒙古族：奶茶、砖茶、盐巴茶、黑茶、咸茶。

（4）回族：三香碗子茶、糌粑茶、三炮台茶、茯砖茶。

（5）哈萨克族：酥油茶、奶茶、清真茶、米砖茶。

（6）壮族：打油茶、槟榔茶。

（7）彝族：烤茶、陈茶。

（8）满族：红茶、盖碗茶。

（9）侗族：豆茶、青茶、打油茶。

（10）黎族：黎茶、芎茶。

（11）白族：三道茶、烤茶、响雷茶。

（12）傣族：竹筒香茶、煨茶、烧茶。

（13）瑶族：打油茶、滚郎茶。

（14）朝鲜族：人参茶、三珍茶。

（15）布依族：青茶、打油茶。

（16）土家族：擂茶、油茶汤、打油茶。

（17）哈尼族：煨酽茶、煎茶、土锅茶、竹筒茶。

（18）苗族：米虫茶、青茶、油茶、茶粥。

（19）景颇族：竹筒茶、腌茶。

（20）土族：年茶。

（21）纳西族：酥油茶、盐巴茶、龙虎斗、糖茶。

（22）傈僳族：油盐茶、响雷茶、龙虎斗。

（23）佤族：苦茶、煨茶、擂茶、铁板烧茶。

（24）畲族：三碗茶、烘青茶。

（25）高山族：酸茶、柑茶。

（26）仫佬族：打油茶。

（27）东乡族：三台茶、三香碗子茶。

（28）拉祜族：竹筒香茶、糟茶、烤茶。

（29）水族：罐罐茶、打油茶。

（30）柯尔克孜族：茯茶、奶茶。

（31）达斡尔族：奶茶、荞麦粥茶。

（32）羌族：酥油茶、罐罐茶。

（33）撒拉族：麦茶、茯茶、奶茶、三香碗子茶。

（34）锡伯族：奶茶、茯砖茶。

（35）仡佬族：甜茶、煨茶、打油茶。

（36）毛南族：青茶、煨茶、打油茶。

（37）布朗族：青竹茶、酸茶。

（38）塔吉克族：奶茶、清真茶。

（39）阿昌族：青竹茶。

（40）怒族：酥油茶、盐巴茶。

（41）普米族：青茶、酥油茶、打油茶。

（42）乌孜别克族：奶茶。

（43）俄罗斯族：奶茶、红茶。

（44）德昂族：砂罐茶、腌茶。

（45）保安族：清真茶、三香碗子茶。

（46）鄂温克族：奶茶。

（47）裕固族：炒面茶、甩头茶、奶茶、酥油茶、茯砖茶。

（48）京族：青茶、槟榔茶。

（49）塔塔尔族：奶茶、茯砖茶。

（50）独龙族：煨茶、竹筒打油茶、独龙茶。

（51）珞巴族：酥油茶。

（52）基诺族：凉拌茶、煮茶。

（53）赫哲族：小米茶、青茶。

（54）鄂伦春族：黄芹茶。

（55）门巴族：酥油茶。

在我国 55 个少数民族中，除赫哲族人历史上很少吃茶外，其余各民族都有饮茶的习俗。

本章小结

茶在中国历史发展过程中占有重要的地位，无论是高官名士，还是市井平民，都与茶叶结下了不解之缘，本章主要从茶与茶书、茶与宗教、茶与文学、茶与艺术、茶与民俗几个方面对与茶叶相关的知识进行介绍。

思考与练习

一、选择

1. (　　) 是指与茶有关的文学作品。
   A. 茶文化　B. 茶文学　C. 茶诗　D. 茶联
2. 我国以茶为祭，是从 (　　) 时期逐渐兴起的。
   A. 唐宋　B. 明清　C. 南北朝　D. 元代
3. 喝酥油茶是 (　　) 的风俗。
   A. 白族　B. 满族　C. 回族　D. 藏族
4. 陆羽的《茶经》属于 (　　) 茶书。
   A. 综合类　B. 汇编类　C. 地域类　D. 专题类
5. (　　) 是人们通过茶饮活动所能感受到的生活真理。
   A. 茶德　B. 茶道　C. 茶文化　D. 茶经

二、判断

1. 茶联是以茶为内容的对联。(　　)
2. 茶谚是群众中交口相传的一种易讲、易记而又富含哲理的俗语。(　　)
3. 道教与茶结缘晚于佛教。(　　)
4. 茶书按内容可以分为综合类、地域类、专题类和汇编类。(　　)
5. 刘源长的《茶史》属于汇编类茶书。(　　)

三、简答

1. 简述佛、道、儒三教对于中国茶文化的影响。
2. 《茶经》对于茶文化的贡献包括哪些方面？
3. 中国民族众多，常见的饮茶习俗有哪些？

四、实际操作项目训练

实训：茶俗知识训练

实训项目	茶俗知识练习
实训时间	50 分钟
实训要求	掌握我国各民族及世界各国的茶俗知识
实训方法	以知识竞赛的形式，提出与茶俗有关的问题，学生回答

参 考 文 献

[1] 叶羽．茶事服务指南[M]．北京：中国轻工业出版社，2004．

[2] 劳动和社会保障部中国就业培训技术指导中心．茶艺师（基础知识）[M]．北京：中国劳动社会保障出版社，2004．

[3] 劳动和社会保障部中国就业培训技术指导中心．茶艺师（初级技能、中级技能、高级技能）[M]．北京：中国劳动社会保障出版社，2004．

[4] 韩明绪．生活茶艺[M]．延边：延边人民出版社，2005．

[5] 吕玫，等．喝遍好茶[M]．上海：上海科学普及出版社，2005．

[6] 郑春英．茶艺概论[M]．北京：高等教育出版社，2006．

[7] 杨涌，等．茶艺服务与管理[M]．南京：东南大学出版社，2007．

[8] 阮浩耕，江万绪．茶艺[M]．杭州：浙江科学技术出版社，2005．

[9] 林治．中国茶艺集锦[M]．北京：中国人口出版社，2005．

[10] 徐晓村．中国茶文化[M]．北京：中国农业大学出版社，2005．

[11] 吴觉农．茶经评述[M]．北京：中国农业出版社，2005．

[12] 舒玉杰．中国茶文化今古大观[M]．北京：北京出版社，1996．

[13] 陈文华．中国茶文化学[M]．北京：中国农业出版社，2006．